化学工业出版社"十四五"普通高等教育规划教材

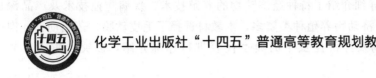

特种经济动物养殖

王学杨　戴立上　主编

化学工业出版社

·北京·

内 容 简 介

《特种经济动物养殖》详细介绍了特种经济动物的养殖技术、疾病防控技术及产品深加工技术。鉴于近年来特种经济动物养殖种类繁多，本教材选择了毛皮动物、药用动物、肉用动物、观赏动物、蛋用动物及经济昆虫中的典型代表进行详细介绍，以突出重点、节约篇幅。

本教材可作为高等院校动物医学、动物科学专业师生教材，也可作为相关生产、管理、科研人员参考用书。

图书在版编目（CIP）数据

特种经济动物养殖 / 王学杨，戴立上主编. -- 北京：化学工业出版社，2025. 6. --（化学工业出版社"十四五"普通高等教育规划教材）. -- ISBN 978-7-122-47720-0

Ⅰ. S865

中国国家版本馆 CIP 数据核字第 2025TZ0286 号

责任编辑：尤彩霞　　　　　　　　文字编辑：白华霞
责任校对：宋　玮　　　　　　　　装帧设计：韩　飞

出版发行：化学工业出版社
　　　　　（北京市东城区青年湖南街 13 号　邮政编码 100011）
印　　装：北京云浩印刷有限责任公司
787mm×1092mm　1/16　印张 12¼　字数 296 千字
2025 年 8 月北京第 1 版第 1 次印刷

购书咨询：010-64518888　　　　　售后服务：010-64518899
网　　址：http://www.cip.com.cn
凡购买本书，如有缺损质量问题，本社销售中心负责调换。

定　　价：49.00 元

《特种经济动物养殖》
编者名单

主　编　王学杨　戴立上

副主编　邵作敏　刘秋宁

本书编写人员（按姓氏拼音排序）：

　　　　戴立上（温州医科大学）

　　　　李　涛（云南省农业科学院蚕桑蜜蜂研究所）

　　　　厉成敏（江苏科技大学）

　　　　刘秋宁（盐城师范学院）

　　　　秦　凤（安徽省农业科学院蚕桑研究所）

　　　　秦　笙（江苏科技大学）

　　　　邵作敏（江苏科技大学）

　　　　沈曼曼（江苏科技大学）

　　　　孙　霞（江苏科技大学）

　　　　王学杨（江苏科技大学）

　　　　张　彦（安徽省农业科学院蚕桑研究所）

　　　　张尚志（湖南人文科技学院）

　　　　张瑜娟（江苏科技大学）

前　言

随着经济的快速发展，人们对畜牧产业的需求日益多样化。相较于传统的畜禽生产，特种经济动物生产具有投资少、见效快、收益高、附加值高等显著优势，能够提供符合新时代需求的特殊动物产品。这样的市场环境为特种经济动物产业的蓬勃发展创造了良好的条件，使其在农业产业结构中逐渐占据了重要地位。

特种经济动物产业的快速发展，不仅为农民拓宽了收入渠道，创造了更多就业机会，还吸引了大量务工人员返乡，契合了我国乡村振兴战略。同时，这一产业的兴起也显著推动了相关产业的发展，促进了农业产业结构的调整与稳定。因此，特种经济动物产业的健康持续发展将为我国新农村建设提供坚实的支撑。

尽管特种经济动物产业发展势头强劲，但作为一门新兴学科，其许多方面的知识仍不够完善，尤其是针对不同需求群体的教材更新较慢，高校本科生和研究生相关专业教材相对匮乏。为了满足特种经济动物饲养、畜牧兽医相关专业学生在特种经济动物养殖方面的教学需求，笔者特邀了多位在特种经济动物研究和生产领域具有丰富经验的专家，经过反复商讨，结合实际教学和产业现状，并参考了大量国内外最新资料，共同编写了本教材《特种经济动物养殖》。

发展特种经济动物产业，需要综合考虑当地的生态环境、特种经济动物的生物学特性及市场需求，采用因地制宜的策略，提升特种经济动物的饲养水平和疾病防控能力。在这一过程中，应注重特种经济动物产品的深加工和综合开发，以拓宽产业链条、增加附加值。同时，还应加强产业链上下游的协调发展，推动与相关行业的合作与交流，形成产业联动效应，共同促进特种经济动物产业的健康发展。为此，本教材详细介绍了特种经济动物的养殖技术、常见疾病防控技术及产品深加工技术。鉴于近年来特种经济动物养殖种类繁多，本教材选择了毛皮动物、药用动物、肉用动物、观赏动物、蛋用动物及经济昆虫中的典型代表进行详细介绍，以突出重点、节约篇幅。

编者尽力确保了内容的科学性、先进性和实用性，旨在为特种经济动物饲养及畜牧兽医相关专业的学生提供有价值的参考。本教材编写过程中，得到了众多同仁的支持，谨此致以诚挚的感谢。

由于特种经济动物产业的发展历史较短，相关资料尚不完善，加之编写时间和作者水平有限，教材中可能存在一些错漏和不足之处，恳请读者批评指正。

编　者

2025 年 1 月

目 录

第1章

特种经济动物产业概述

1.1 特种经济动物养殖的概念

特种经济动物是指那些经过人工规模化驯养的，具有特定经济用途和价值、能够为人类提供特殊产品，满足不同需求的动物。其范围几乎涵盖了各种高等哺乳类、鸟类、爬行类动物，以及一些较低等的两栖类、鱼类、节肢类、软体类和少数昆虫类动物。与之相比，家畜（禽）、野生动物和驯养动物各自有着明显的特征，它们的主要区别如下：

家畜（禽）是经过人类长期驯化的动物，是人类劳动和社会发展的产物。它们具备独特的经济性状，能够满足人类的各种需求。在人工饲养条件下，它们能够正常繁殖后代，并且其性状可随着人工选择和生产方向的改变而改变。同时，它们的性状可以稳定地遗传下去，因此属于特种经济动物的范畴。

野生动物则是指在自然环境中生长、未经人工驯养的各类动物。它们只有种（亚种）和变种的区分，并不像家畜那样形成不同的品种。野生动物是自然选择的产物，与人类的干预无关。

驯养动物是指那些被人类从自然界捕获回来，并经过一定程度的驯服后进行人工驯养的动物。驯养的目的是保护它们，并利用它们所具有的特定经济价值。然而，驯养并不改变动物的遗传特性，因此这类动物通常繁殖困难，适应性差，很难实现规模化生产。

需要明确的是，无论是野生动物还是驯养动物，只有在经过规模化饲养、形成产业化生产的情况下，才能被归类为特种经济动物。否则，它们并不属于这一范畴。

1.2 特种经济动物的种类及特点

1.2.1 特种经济动物的种类

目前，饲养的特种经济动物一般按照经济用途和动物类别进行分类。通过对特种经济动物进行分类，可以更有效地组织生产与科学管理，提高资源利用效率，促进特种经济动物产业的健康发展。

1.2.1.1 按照经济用途分类

毛皮动物是指以生产毛皮为主要目的而饲养的动物，典型代表有水貂、貉、狐、海狸鼠、水獭、艾虎、獭兔等。

药用动物主要是指为了获取或制造动物药材而饲养的动物种类，典型代表有鹿、麝、熊、蝎子、蜈蚣和土鳖虫等。

肉用动物是指为了提供肉类食品而饲养的动物，典型代表有肉鸽、牛蛙、甲鱼、蜗牛等。

玩赏动物是指供人们玩赏或作为伴侣而饲养的动物，典型代表有猫、侏狨、毛狨、猴、松鼠、孔雀、雉鸡、鱼等。

蛋用动物是指以生产蛋类为主要目的而饲养的动物，典型代表有鹌鹑、鸵鸟等。

除了上述提及的动物之外，还有一些其他动物具有不同的用途。例如，产蜂蜜的蜜蜂是重要的传粉昆虫，可为农作物的生长提供必要的服务；吐丝的家蚕是丝绸生产的重要来源，丝绸被广泛应用于服装等领域；转化餐余垃圾的黑水虻能够有效地处理有机废物，对环境保护具有积极意义。

1.2.1.2 按照动物类别分类

特种哺乳动物，主要指那些药用、毛皮和肉类价值较高的哺乳动物，如鹿、水貂、貉、狐、麝鼠等。它们因其珍贵的药用成分、高雅的毛皮以及美味的肉产品而备受人们追捧。

特种禽类动物，通常简称为特禽，主要包括鹌鹑、雉鸡、乌骨鸡、鹦鹉、鹧鸪等。它们以其高品质的肉类、丰富的蛋制品以及迷人的观赏价值而著称。

特种水产动物，简称特种水产，涵盖了诸如金鱼、热带鱼等观赏鱼类，以及龟、鳖、黄鳝和泥鳅等经济价值较高的水生动物。这些动物不仅在观赏业和食品业中具有重要地位，还在生态系统中发挥着重要的调节功能。

特种昆虫类，主要指环节动物门、节肢动物门中经济价值较高的一类昆虫，例如蜜蜂、家蚕、黑水虻、蚯蚓、蝎子、土鳖等。它们在生态系统中扮演着重要的角色，不仅对农业生产和生态平衡具有积极影响，还在医学和科学研究方面具有重要价值。

1.2.2 特种经济动物的特点

1.2.2.1 满足人们特殊的经济用途需求

特种经济动物与传统畜禽产品相比，能够提供各类特定产品，这些产品往往具备独特的用途和价值。它们不仅可以提供食用性产品，如鸽肉、牛蛙肉和鹿肉等，满足人们对美食的追求；同时，它们还具备药用价值，如鹿茸、麝香、全蝎等，被广泛应用于中药材的制备；此外，特种经济动物的毛皮也具有高价值，如貂皮、狐皮、獭兔皮等，用于制作高档服装和饰品；还有一些特种动物具备观赏性，如金鱼、画眉、鹦鹉等，成为人们家庭中的宠物或者是观赏园林中的亮点。

这些不同类型的产品在市场上都有各自的特点和价值，为特种经济动物产业的发展提供了广阔的空间。因此，在发展特种经济动物产业时，必须充分认识到这些产品的多样性和特殊性，制订相应的发展策略，以满足不同层次的市场需求。同时，还需要加强对特种经济动物产品的深加工和价值提升，以进一步拓展产业链条，促进产业的健康发展。

1.2.2.2　饲养技术要求高

特种经济动物因其独特的生态和生物学特性，需要采用相应的饲养技术和管理方式。这些技术和方式通常具有一定的特殊性，需要根据动物的生活习性进行科学管理和技术创新。

在饲养技术方面，针对特种经济动物的特殊需求，需要制订适宜的饲料配方和喂养方案，确保其获得充足的营养和健康生长。同时，还需要营造科学的饲养环境，包括合理的养殖密度、适宜的温度湿度以及清洁卫生的场所等，以提供良好的生长条件。

在管理方面，需要采取有效的疾病防控措施，包括定期检查和预防接种，以防止疾病的发生和传播。此外，还需要加强动物行为的观察和分析，及时调整管理措施，确保动物的健康和生长状况。

1.2.2.3　经济价值高

特种经济动物备受青睐的主要原因之一在于它们的高经济价值。以蚕为例，蚕是丝绸产业的关键原料提供者，其生产的茧能够加工成丝绸、丝绒等高档纺织品，因其优质的纤维特性而备受市场欢迎。通过培育高品质的蚕种，生产的茧质量更佳、数量更多，能够有效提高丝绸的产量和品质，从而带来更丰厚的经济效益。此外，蚕丝还被广泛用于医疗、化妆品等领域，其多样的应用也为蚕养殖带来了更广泛的市场需求，进一步提升了蚕养殖的经济效益。

特种经济动物所体现的高经济价值不仅仅局限于丝绸产业，还涉及其他领域。例如，养殖高品质的藏羚羊可获取到极为珍贵的羊绒，用于制作高档羊绒产品；而高产优质的鹅可供应丰富的优质鹅肉和鹅脂，广泛用于美食领域。因此，特种经济动物的高经济价值不仅带动了相关产业的发展，也为养殖者带来了丰厚的经济收益。

1.2.2.4　生长周期短、繁殖速度快

某些特种经济动物，如一些水产种类和昆虫，拥有较短的生长和繁殖周期，因此经济回报快速。这些动物通常能够在相对较短的时间内达到成熟，并开始生产有价值的产品或后代，为养殖者带来经济收益。例如，某些水产种类如虾、鱼类等，经常在数月内就可以达到成熟并开始产卵，而昆虫类如蜜蜂也能在短时间内完成生命周期并开始繁殖。这种快速生长与繁殖的特性使得这些特种经济动物成为许多养殖者的首选，因为他们能够在短时间内实现投资的回报，这为养殖业的发展提供了重要的动力。

1.3　我国特种经济动物养殖现状

1.3.1　我国特种经济动物养殖业的现状及发展趋势

我国目前养殖的特种经济动物主要指原国家林业局在 2003 年发布的 54 种陆生野生动物，还包括一些特殊品种的畜禽，以及因特殊需要而被驯养繁殖利用的陆生野生动物。随着社会进步和生活水平提高，传统的畜牧业已无法满足人们不断增长的物质文化需求，特种经济动物养殖业成为近十多年来新兴的产业之一。

特种经济动物养殖业的兴起为我国畜牧业带来了新的机遇和挑战。许多特种动物及其产品已进入国际市场，成为我国重要的出口产品。据行业统计，当前我国特种经济动物养殖规模呈现分化趋势：水貂皮年产量曾于 2010 年代初期达 3000 万张峰值，近年受国际市场需求萎缩影响，已缩减至 390 万张左右（2023 年）；貉存栏量从 2010 年高峰期的 1600 万只减少到 350 万只左右（2023 年）；鹿存栏量近十年翻倍增长至 100 万头，梅花鹿占比近 90%；鹌鹑饲养量稳居全球首位，2023 年存栏量约 3.2 亿只，占世界总量超 50%。

特种养殖业的发展，不仅丰富了市场供应，满足了不同消费层次的需求，还为广大农民带来了可观的收入。在优化畜牧业产业结构、促进农村经济发展方面，特种经济动物养殖业发挥着重要作用。未来，随着人们对高品质、多样化产品需求的增加，特种经济动物养殖业将继续朝着科技化、智能化、生态化的方向发展，为我国畜牧业注入新的活力，助力农村经济的持续增长。

特种经济动物养殖业的发展趋势显示出一系列新的特点和方向。首先，随着生活水平的提高和消费观念的转变，人们对高品质、安全、健康的特种动物及其产品的需求不断增加。因此，养殖业将更加注重品质管理和生产标准，推动养殖技术的创新和提升，以满足市场需求。其次，随着科技的进步和信息技术的普及应用，特种经济动物养殖业将朝着智能化、数字化的方向发展。利用大数据、人工智能等技术手段，可实现养殖过程的精准监控、智能化管理，提高生产效率和产品质量，降低生产成本。此外，生态环境保护意识的提高将促使特种经济动物养殖业向生态化、环保型发展。总之，应采取科学合理的养殖方式，减少对自然环境的影响，保护生物多样性，实现特种经济动物养殖业可持续发展。

1.3.2 我国特种经济动物养殖业面临的挑战

近年来，我国特种经济动物养殖业取得显著进展，但与国际先进水平相比，仍存在较大差距。目前，该产业仍面临诸多问题，主要包括以下几个方面。

（1）品种资源有限导致生产结构不稳定

我国特种经济动物养殖涉及多种品种，但部分品种资源相对有限，可能由于历史或其他因素导致遗传单一性问题，缺乏足够的遗传多样性。这会降低动物的适应性和抗病能力，增加养殖风险，并可能导致遗传退化，限制养殖业长期发展。因此，为了保护和发展特种动物资源，需加强品种保存与繁育工作，推动种群多样化，提高养殖品种的适应性和生产力。

（2）盲目性养殖，育种和良种繁育体系不均衡

在我国特种经济动物养殖市场中，除了国家许可的品种外，还存在一些经济特征不明确、开发难度大或缺乏市场需求的品种。部分被列为重点保护的野生动物被引入特种经济动物养殖业，对行业发展造成负面影响。行业因高利润潜力存在过度炒作和盲目扩张，忽视了专业知识和技术更新，导致市场波动增加和养殖风险上升。全国范围内，良种繁育体系的发展不均衡，大多数品种缺乏有效的良种繁育体系，仍采用自繁自养和随机配种方式扩张，导致品种退化、生产效率和质量严重降低。特种经济动物养殖业需要加强法律法规意识，合理规划养殖种类和技术应用，以促进行业的健康可持续发展，并减少不良影响和风险。

（3）饲养管理水平低，疾病防控问题突出

由于养殖历史短、品种众多，研究机构和人员稀少，许多技术问题无法解决。如养殖水平低，环境恶劣，大部分品种缺乏生产标准，采用传统饲养方式饲养，管理粗放，营养不足，使动物生产潜力受限，产量和质量均有所下降。此外，技术落后，缺乏适配饲料和兽药，疾病防控薄弱，多年来疫病广泛蔓延，造成了严重经济损失。

（4）综合加工开发利用落后导致没有系统产业链条

我国特种经济动物的养殖规模主要以小规模分散为主，技术水平相对滞后。尤其是在产品深加工技术和经济动物产品的综合开发利用方面，存在较大的发展潜力未被充分挖掘，这对整个产业的发展造成了限制。因此，小规模生产者与大市场之间难以有效对接，导致了系统的产业链条无法形成。

（5）市场需求不明确、价格波动等挑战给农民带来生产风险

我国特种经济动物市场需求波动大，价格不稳定，这使得养殖户难以准确预测市场动向，可能导致养殖规模与产品结构不匹配，进而导致产品滞销等问题。

（6）环境保护意识差，影响可持续发展

在特种经济动物养殖领域，一些规模化、密集化的养殖方式可能对周边环境造成一定影响，如水体、土壤和气体污染等。这些问题不仅威胁着周围生态环境的健康，也可能对养殖业的长期可持续发展构成威胁。

（7）养殖管理不规范导致效益波动较大

部分特种经济动物养殖场存在基础设施不完善、卫生条件差等问题，易引发动物疾病传播，从而影响养殖效益。这种情况导致了养殖效益的波动较大。

1.4　发展特种经济动物养殖的措施及意义

1.4.1　发展特种经济动物养殖的措施

（1）加强品种资源保护

建立完善的品种资源保护机制包括品种鉴别、保存、繁育和推广等多方面工作。通过冷冻种子库、胚胎库等设施对重要品种资源进行保存和保护，加强遗传育种工作，推动品种改良和优良品系的培育，提高特种经济动物的遗传质量和适应性，从根本上保障产业的健康发展。

（2）规范养殖管理

建立规范的养殖管理制度和标准，加强养殖场的规划设计与建设，提高管理水平和生产效率。加强疫病监测与防控，建立健全的动物卫生监测体系，提高防控能力，保障特种经济动物养殖的生产安全和产品质量。加强养殖业从业人员的技术培训和管理指导，提升素质，形成良好的管理和文化氛围。动物福利对产品贸易的影响日益显现，世界贸易组织中有相关条款，未按标准执行将影响产品出口，这对养殖业提出了新要求。

（3）提升养殖技术水平

加强技术研究和培训，推广先进的养殖管理模式和技术装备，提高养殖从业人员的专业素养和操作水平。引进先进的养殖技术，如智能化养殖系统、远程监控技术等，优化生产流程，提高养殖效率和产品质量，为产业的可持续发展奠定良好基础。

（4）完善配套服务机制

特种经济动物养殖业的快速发展，必然促使相应的饲料、兽药种类和市场需求量的扩大。开发和生产特种经济动物专用饲料和兽药，建立完善的饲料、兽药生产、供应及配套技术综合服务，可最大限度地发挥特种经济动物生产的潜力，增加经济效益，减少不必要的经济损失，保证特种经济动物养殖业稳定健康发展。

(5) 完善市场监测机制

建立健全的市场监测机制，通过收集、分析和发布市场信息，及时掌握市场需求变化和动态，为养殖户提供科学的市场决策依据。探索建立产销对接机制，促进供需双方的信息对接与互动，优化产业链条，提升产品附加值。通过市场监测机制的完善，可以引导养殖户根据市场需求进行灵活调整，提高市场反应速度和市场竞争力。

(6) 推进绿色发展

推进绿色发展，实施清洁生产技术，减少养殖业对环境的负面影响，促进生态经济的形成。建立绿色认证体系，鼓励和支持养殖户采用绿色、有机的养殖方式，提高产品的品质和市场竞争力。加强环境科学监管，防止养殖业对生态环境造成破坏，促进绿色发展路径的可持续性和稳定性。

(7) 创新科技支持

加强科技研发投入，推动养殖业与现代信息技术、智能化技术的深度融合，提高养殖生产的智能化水平和信息化水平。推广种植技术、信息化管理平台等，提高生产效率和产品质量，降低养殖成本。推动产学研用结合，鼓励科研院所与企业开展合作研究，加速科研成果转化应用。通过科技支持的创新，特种经济动物养殖业可以更好地适应市场需求变化和产业结构调整，实现高质量、可持续发展。

1.4.2 特种经济动物生产的意义

(1) 满足人们对特殊产品的需求

随着生活水平提高，人们对动物产品的需求越发多样化，数量也与日俱增，同时产品质量也逐步提升。特种经济动物生产可供应更多、更优质的特定产品，包括毛皮、肉类、动物药材和玩赏动物等，可满足人类日益增长的物质文化和精神文化需求。

(2) 提供多样化的经济来源和就业

农民通过养殖特种经济动物，不仅可以获得稳定的高附加值产品，如肉类、奶制品、皮毛等，还能实现多方面的风险分散，从而减轻经济压力，提升经济韧性。这种多样化的经济来源不仅扩宽了农民的收入渠道，也有助于提高农产品市场供给的多样性和稳定性。养殖特种经济动物不仅可为当地农民提供丰富的就业机会，还可吸引一部分外出务工的人员返乡就业。不仅可增加农村的劳动力，也可促进农村经济的发展和稳定。

(3) 推动农业结构调整

特种经济动物生产作为农业产业结构调整的重要组成部分，可以推动农业结构的优化和调整。引导农民发展特种经济动物生产，有助于实现农产品生产的差异化、高效化和专业化，提升农业的整体经济效益和市场竞争力，推动农业向现代化、智能化发展，也有利于实现农业绿色发展目标，促进农业可持续发展。

(4) 协助动物资源保护和利用

通过科学的养殖管理，可以促进珍稀动物的繁殖和保护工作，提高动物资源的可持续利用率，同时推动珍稀动物保护事业的开展，有利于维护生物多样性和生态平衡。

【本章小结】

本章深入探讨了特种经济动物生产学这一综合性学科，从概念的定义到实际的生产应用，旨在为读者提供一个全面的理解框架。通过本章的学习，读者不仅能够掌握特种经济动物的基本知识，还能对其在实际生产中的应用有更深入的了解。这将为未来的研究和实践提供宝贵的理论支持与实践指导。

【复习题】

1. 请简要论述特种经济动物的概念及其与家畜、野生动物和驯养动物的区别。

2. 请简要论述特种经济动物的分类方法及其主要特点。

3. 我国特种经济动物养殖业面临多方面的挑战，请对这些挑战提出相应的改进建议。

4. 讨论如何通过技术创新和产业链条完善来促进特种经济动物产业的可持续发展。

5. 结合内容讨论"提升养殖技术水平"和"创新科技支持"对特种经济动物养殖业发展的重要性。

6. 特种经济动物养殖的绿色发展措施包括哪些方面？如何通过这些措施减小对环境的负面影响并提升产品市场竞争力？

（王学杨）

第2章

特种经济动物养殖技术

2.1 特种经济动物的引种与驯化

引种与驯化作为特种经济动物养殖的基础工作，技术上既复杂又与家畜家禽的引种驯化有着明显的不同之处。目前，大多数特种经济动物人工驯养尚未达到家畜家禽水平，仍处于半驯化状态。这些驯养技术呈现出多样性和特殊性，与家畜家禽的驯化方法有着显著差异。

2.1.1 引种

特种经济动物的引种是指从不同地域（包括国内外）引入高质量的动物品种、亚种或种群到本地区进行驯养和推广，或用作育种的基础材料。这一过程可以通过直接引进种用活体进行，或者通过引入优良的精液和受精卵来实现。有时，特种经济动物的引种也可能涉及从自然环境中捕捉野生个体，并通过驯化使其适应养殖环境。

2.1.1.1 引种的基本原则

在引种过程中常常出现各种问题，如动物不适应新环境、生产力无法达到预期、死亡率增加以及疫病流行等，这些问题给养殖带来了巨大威胁，甚至形成长期的疫病隐患。为了有效应对这些问题，特种经济动物引种应当遵循以下基本原则：

① 科学性原则　引种必须经过科学论证和研究，确保引入的品种符合当地的气候、土壤和养殖条件，并具有适应性和生产潜力。在引种之前，应全面评估引进品种的生长特性、遗传背景和抗病性，以确保引种计划的科学性和可行性。

② 生态适应性原则　引入新品种时，必须谨慎评估其对生态环境可能产生的负面影响，以确保生态平衡和生物多样性的稳定不受影响。这意味着需要进行全面的生态风险评估，并采取相应的管理措施来减轻或消除潜在的生态风险。

③ 综合效益原则　必须确保新物种的引入不仅能够在经济上带来利益，还要考虑其对当地社会的影响以及生态系统的稳定性。只有这样，引入的新物种才能够真正促进当地养殖业的可持续发展，并带动相关产业的增长。

④ 合作共赢原则　与相关行业、科研机构和政府部门等建立合作关系，以充分利用各

方的资源和经验，促进信息共享、技术交流，推动引种工作的顺利进行，达到合作共赢。

⑤ 长期发展原则　长远规划和管理，培育适应当地养殖环境、市场需求和养殖者利益的优质品种，关注引种后续的养殖、推广和管理工作，确保引入的品种在长期内产生持久的效果，为经济和社会带来良好的效益。

2.1.1.2　特种经济动物引种的注意事项

引入动物是一项复杂且至关重要的工作，需要制订切实可行的引种计划，做好充分的准备工作。

① 制订切实可行的引种计划　需要根据引入动物的用途、养殖目的以及需求等因素，制订切实可行的引种计划和方案。通常情况下，要求动物原产地与引入地的自然环境条件大体相似。例如，将热带动物引入寒带地区，或将寒带地区的动物引入热带地区，都会面临很大的困难和风险。

② 做好引种前的准备工作　准备合适、充足且新鲜的饲料，以及彻底消毒处理的隔离舍。在运输中，严格消毒运输车辆，携带所需疫苗和药物，以应对潜在风险。

③ 选择合乎要求的引种场家　引种原种场或养殖场应位于国家相关部门确定的非疫区，且拥有健全完善的卫生防疫制度和严格的管理措施，具备国家相关职能部门许可的法定售种资格，优先选择那些信誉度高、提供良好配套服务的场家，以提高引种成功的概率，确保引入动物的健康和安全。

④ 取得合法引种手续　引种前，应及时向当地动物防疫监督机构提出引种申请和登记，获得相关部门的批准。同时，应向引种场地所在地的动物防疫监督机构报告，取得相关证明。完成法定程序后，才能确保引入动物的合法性和安全性，避免可能的疾病传播风险和其他风险。

⑤ 严格选择引种动物　引种时，优先选择经过标准人工驯化的动物，不宜引入未经过驯化的野生动物、无法证明已经被人工驯化的动物。此外，还应注意其种属特征的明显性、系谱的清晰性、遗传性能的稳定性以及生产性能的较高性。

⑥ 重视免疫监测，加强饲养管理和疾病预防　要求场家提供免疫档案和相关资料，避免引入动物暴发疾病。准备好良好的圈舍条件，特别是温度环境，如冬季保温，夏季降温。做好饲料过渡工作，让动物逐步适应新的饲养环境。做好必要的隔离饲养观察，隔离观察期不少于 20 天。在引入后，加强饲养管理，提供清洁饮水和适量的原场饲料，可适当添加抗生素类药物，预防疾病的发生。

2.1.1.3　特种经济动物引种的关键技术

引种是特种经济动物养殖的关键环节，涉及一系列重要的技术工作，任何一个引种技术环节的忽视，都可能导致失败。因此，必须切实做好以下几项关键技术工作。

(1) 生态习性调查

大多数特种经济动物的驯化程度较低，仍保持着野生状态下的生活习性。只有充分了解其野外栖息环境、食性和行为，才能人为创造合适的生活条件，以保障其正常的生活、繁殖、生长发育和生产等活动。

① 栖息环境调查　主要调查生活条件、栖息地范围和特征，以及四季气候和景观变化等，以为人为创造生活条件提供重要参考。例如，对于北方养殖场而言，如果越冬棚舍或巢

箱的温度低于野外栖息地，轻则发生营养代谢改变、内分泌失调，甚至影响生活、繁殖和生长发育，重则导致大规模死亡。尤其对于变温动物而言，冬眠期的环境温度更需要密切关注。

② 食性调查　每种动物都有其独特的饮食喜好，可能还会随着季节和生长阶段变化，甚至在某些时期表现出特殊的食性。在不了解食性的情况下，盲目开展养殖将难以成功。例如，梅花鹿在春季偏爱采食嫩叶和幼芽，夏季为青绿的枝叶，秋季为橡子，冬季为枯枝落叶和树皮。蛤士蟆（中国林蛙）在蝌蚪期以浮游生物和水草为食，成蛙后转而以活虫为食。黑熊在冬眠后，会选择一些具有泄泻作用的植物，以清除冬季长时间内直肠中积存的干硬粪便。

③ 行为调查　首先，明确是群居性还是独居性，以确定群养还是单独饲养。其次，明确昼夜活动规律，包括捕食、饮水、运动和休息等，有些动物白天活跃，有些则是夜行动物，还有一些是晨昏性的。最后，明确季节性活动规律，包括生长发育、生殖、休眠、蜕皮、换毛或换羽等，有的在春季繁殖，有的在秋季繁殖，还有的存在冬眠或夏眠，形成了不同的季节性活动周期。

（2）检疫

引种动物的检疫工作至关重要，如果检疫不严格，可能会引入当地原本没有的传染病，给养殖业带来巨大损失，甚至可能对生态环境造成严重影响。引种前，应充分了解引种地检疫工作，特别需要注意普遍存在的疾病，如鹿的布鲁氏菌病、驯鹿的结核病、野猪的囊虫病以及雉鸡的结核病等，以确保引种动物没有携带。运输回来后，引种动物应先隔离开来，进行一段时间的隔离观察。只有在确保引种动物健康状况良好、没有传染病的情况下，才能够将其与原有群体合群。

（3）动物运输

特种经济动物驯化程度较低，比运输家畜家禽更为复杂。应选择合适的运输工具且进行严格清洗消毒。运输途中应尽量缩短时间并避免中途变换工具，同时在运输工具内铺设垫料，以减少可能的伤害。针对不同体型的动物，应分装并视情况使用镇静剂减少应激。夏季时，应选择阴凉天气出行，保证水源，防止过热和中暑；冬季运输则需注意保温防寒，避免贼风。一旦发现传染病，应及时向动物防疫监督机构报告，并采取紧急措施，避免传播。

一般而言，成年、雄性、独居性和肉食性动物的运输难度较大，需要根据季节、体型、生理和行为特征等因素采取相应的技术措施。

① 季节　从温暖地区到寒冷地区或反之，最好选择适宜的季节运输，以减少环境的突然变化。

② 装运　特种经济动物通常胆小易惊，装运时除了避免身体损伤外，尤其要注意精神上的影响，往往不易察觉，但可能导致动物死亡。

③ 运输方式　遮光运输可帮助动物保持安静，减少活动和能量消耗，避免冲撞和拥挤。麻醉运输适用于个别运输困难或距离较近的情况。淋水湿运方式多应用于鱼类、两栖类和部分爬行类动物。增水缩食方式适用于陆生动物的运输，有利于保持良好食欲，防止过饱。代谢率较高的鸟类和小型哺乳动物宜增加喂食次数，代谢率较低、耐饥的动物宜减少喂食次数。

（4）适应性锻炼和选择

适应性锻炼能够增强动物对新环境的适应能力，引种环境差异较大时应做好适应性锻炼，但不同个体对新环境的适应性存在差异，因此通过择优留种，可以维持种群的生活力，避免退化。

2.1.1.4 特种经济动物引种后的主要表现

引种后，动物的特征和特性会因自然环境、饲养管理条件、选择方法以及交配制度的改变而发生变异，这种变异可以分为暂时性变化和遗传性变化。

暂时性变化是指在体质外形、生长发育、生产性能等方面发生短暂的变化，但这些变化不能遗传，一旦环境逐渐得到满足，就会恢复。

遗传性变化是指发生了可遗传的变化，即可以遗传给下一代。如果是自然突变型的，大概率会出现不利的变异，遗传给下一代会造成不可逆的退化；如果是杂交方面的突变，可能会出现适应性变异，这些变化能显著提高其适应性。因为引种驯化的目的并非要求所有特征都保持原样，而是在保持原有特征的基础上提高适应性。

2.1.2 驯化

驯化是指在保持其原有的基本特征和特性不变的基础上，提高其在新环境下的存活、繁殖和生长发育能力。通常个体发育的早期阶段是成功驯化的关键时期。动物的行为与生产性能密切相关，因此掌握动物的行为规律和特点，通过人工定向驯化，可以促进生产性能的提高。通过掌握和实施驯化技术手段，可以使动物按照人类的需求产生变异。实践证明，动物的驯化是完全可行的，掌握合适的驯化途径和方式方法，可以有效提高驯化的成功率。

2.1.2.1 驯化的途径

① 人工选择　是根据特种经济动物个体的性状和表现，选取具有优良性状的个体进行繁殖，以期后代继承这些有益性状。连续的选种和育种可以逐步改良动物品种，提高其生产性能、适应性和抗病能力等。

② 隔离驯化　是将野生动物捕获并隔离至受人类控制的环境中进行驯化，需要通过观察了解动物的生活习性和行为表现，逐步建立与动物间的信任和互动。

③ 人工驯化　是通过与特种经济动物建立密切的关系，通过合理的方法和技巧进行训练和引导，以培养动物的服从性和适应性，促进人与动物之间的合作与互动。

④ 基因改良　是利用现代生物技术手段对特种经济动物的基因组进行修改和调整，以改善其性状和表现。通过引入外源基因或调节内源基因的表达，可以提高动物的生长性能、繁殖能力和抗病能力等，从而增加经济效益和生产效率。

2.1.2.2 驯化的方式与方法

(1) 驯化的方式

特种经济动物的驯化旨在通过驯化方式实现对动物的全面控制和再生产。目前，常用的方式主要有以下几种：

① 渐进式训练　这是一种逐步引导动物学习和适应的方法。首先对特种经济动物进行基本的行为引导和训练，随着动物逐渐习得基本技能，再逐步引入更复杂的训练内容。这种方法注重训练的连贯性和系统性，学习效率和训练成果较好，同时也减少了对动物的过大压力。

② 正向强化　通过奖励来加强动物展示符合预期的行为。及时给予食物、赞美或其他奖励，有利于增加这种行为的出现频率。该法建立在动物的欲望和奖励机制上，可以激发动物的积极性和学习欲望，促进训练效果的达成。

③ 负向强化　通过惩罚来抑制动物的不良行为。当动物表现出不符合预期的行为时，可采取某种惩罚措施，如口头警告、声音惩罚等，减少这种行为的再次出现。此法，需要谨慎使用，以避免对动物造成伤害或产生负面影响，同时也需要结合正向强化，建立正确的行为模式和规范。

④ 建立信任关系　通过耐心、爱心和稳定的训练方式，建立起动物与人类之间互相信赖的关系，这有助于训练的顺利进行，可促进动物与人类之间的合作与沟通。信任关系的建立需要时间和精力的投入，但一旦建立起来，将有助于训练的顺利进行。

⑤ 使用工具和装备　合理使用各种工具和装备可以提高训练效率和安全性。例如，套索可以用来引导动物的移动和控制姿势，马术器械可以协助训练动物的驾驭和表演技巧等。选择适合的工具和装备可以帮助训练者更有效地与动物互动，达到预期的训练效果。

(2) 驯化的方法

根据各种特种经济动物的人工饲养实践，驯化的方法可以根据不同的目标和需求分为以下五种情况：

① 早期发育阶段的驯化　幼龄动物可塑性强，早期发育阶段进行人工驯化往往能取得较好的效果。例如，驯化仔鹿时，如果在它们出生后 30 天内开始人工哺乳，效果会比较好；而如果母鹿哺乳期超过 30 天，再进行人工驯化，仔鹿不容易接受。黄鼬如果在出生 30 天内，且尚未睁眼时进行人工饲养，其很容易适应人工环境，但如果黄鼬已经经历母鼬的哺乳期，再进行驯化，野性就难以改变。

② 个体驯化与集群驯化　个体驯化是指对每个动物个体进行单独驯化，比如马戏团表演的动物都是单独训练的，以培养其独特的表演技能；农民对幼龄动物进行役用驯化；动物园对动物单独饲养的驯化，可以降低其惊慌和激怒的情绪。

集群驯化是指在统一的信号指引下，使群体中的每个动物建立相同的条件反射，实现一致的群体活动。在养殖场的生产实践中，集群驯化通常更有用，比如在喂食、饮水和放牧时，集群驯化可以让动物在统一信号下同步行动，便于管理。在实践中，对于集群中驯化效果较差的个体，还可以进行补充性的个体驯化。

③ 直接驯化与间接驯化　直接驯化主要包括个体驯化和集群驯化，而间接驯化则是通过已驯化的动物引导未驯化的动物。例如，使用已驯化的母鹿带领未经驯化的仔鹿去放牧，这样可以借助幼龄动物模仿学习的特点，通过母鹿的行为引导，达到驯化的目的。

④ 性活动期的驯化　动物在性活动期往往会表现出特殊行为，比如易激怒、求偶、斗殴、食欲降低或离群独走等，因此需要针对性地驯化以减少养殖损失。例如，在性活动期，可以对初次参加配种的动物进行配种训练，或使用特定信号来引导动物定时交配、饮食和休息，以帮助它们形成规律性的活动。

⑤ 生活环境适应性驯化　当特种经济动物进入新的环境时，需要一定的时间来适应。可以通过人工模拟野生环境，确保温度、湿度和空气质量稳定，且食物充足。

2.1.2.3　驯化的关键技术

特种经济动物种类繁多，而且各自的进化水平不同，因此在人工驯化过程中所面临的技术和问题也各异。以下介绍驯化过程中的几个关键技术：

（1）人工环境创造

野生动物通常根据自身需求选择适宜的生存环境，但在人工驯化情况下，提供的环境与野外条件并不相同，因此动物必须适应这些人工环境。良好的人工生活环境应在模拟野外环境的基础上，结合人类养殖需求而设计。一般来说，稳定的气候、充足的食物和减少的敌害会显著提高动物的繁殖成活率。然而，如果人工环境只是简单模仿而缺乏对动物生物学特性的了解，可能会导致驯养个体无法生存、无法繁殖或后代发育不良等问题的出现。

（2）食性训练及营养管理

动物的食性在长期的演化过程中形成，难以改变。不同种类的动物具有不同的食性，甚至同一种动物在不同季节或生长发育阶段也会有所不同。研究表明，在满足基本生理需求的基础上，可以在一定程度上改变动物的食性。因此，在动物驯养的实践中，应当善于进行各种饲料的比较实验，以筛选出最佳的饲料配方，以降低饲养成本并提高产品质量。

（3）群居性的形成

在自然环境下已经形成群体生活习性的，在人工条件下更容易培养出群居性；但对于那些在自然条件下习惯独居的动物，人工驯养中培养其群居性则相对复杂；尽管如此，人工饲养的实际操作表明原本独居的动物也能培养出群居性。例如，野外独居的麝可以在人工驯养的群体环境中，适应集群饲养和固定地点排泄。对于某些动物种类，成年后形成集群可能较难，但可以尝试在幼年时期进行集群饲养。

（4）休眠期的打破

许多温带动物都有休眠的行为，这是它们在野外环境中应对逆境的一种保护性适应。在人工驯养条件下，可采取一定技术手段，如控制温度等环境因素、提供食物等，来打破它们的休眠状态，使其不再进入休眠而持续生长、发育和繁殖，以达到缩短养殖周期、增加产量的目的。例如，"土鳖虫快速繁育法"就是通过提供合适的温湿度和食物打破土鳖虫世代中的两次休眠，将养殖周期缩短了一半，产量成倍增加。

（5）就巢性的克服

就巢性是禽（鸟）类的一种生物学特征，其在野外表现较为强烈。在人工驯养后，就巢性可逐渐减弱，产卵率也会显著提高。例如，野生鹌鹑每年只产约20枚蛋，经过驯化，克服就巢本能，年产蛋量已经提高到300枚以上。但是一些特种禽（鸟）类尽管经过长期人工驯化，其就巢性仍然很强，较难改变。例如，乌骨鸡虽然经历了百年的人工驯养，但其每产10枚蛋就会出现"抱窝"行为，持续20天以上，因此年产蛋量仅50枚左右。

（6）诱发排卵和缩短胚胎游离期

有些哺乳类野生动物具有刺激排卵和胚胎游离期的生物学特征，这导致其妊娠期相对较长，也限制了人工驯养条件下的人工授精等繁殖技术的应用；对繁殖、妊娠期的人工驯养条件要求较高，否则可能导致不孕、胚胎吸收或早期流产，从而影响繁殖效果。目前，针对这类动物的研究还不够充分，尽管经过多年的人工驯养，但其在人工条件下的繁殖力与野生状态相比仍未见明显提高。例如，紫貂的发情交配期在每年的6～8月，妊娠期为229～276天，受精卵在次年2～3月才着床发育，可见受精卵的游离期相当长，而真正的胚胎发育期仅约1个月。

（7）基因遗传改良

运用现代生物技术手段，对特种经济动物进行选育和遗传改良，可以显著提高其生产性能和产品质量。这一过程涉及多种技术，如分子标记辅助育种、基因编辑等，通过这些手段，可以快速筛选和培育出具有适应性强、生长速度快、抗病能力强等特点的优良个体，不仅可提高养殖业的竞争力，也可提升养殖效率。但是这种经过基因改良的动物存在一定的生物安全和伦理争议问题，导致目前进入市场存在较大的阻碍。

2.2 特种经济动物营养与饲料

根据特殊经济动物的食性，可将其分为食草动物、食肉动物和杂食动物。在实际养殖中，必须根据它们的食性和营养需求，提供科学合理的饲料。食草动物需要高纤维、低蛋白质的饲料，如青贮饲料、青草等，以满足其消化系统的需求。食肉动物则需要高蛋白质、高能量的饲料，如肉类、鱼类等，以支持其生长和发育。杂食动物则需要混合饲料，包括谷物、蔬菜、水果等，以确保各种营养均衡摄入。

2.2.1 营养需求

2.2.1.1 能量

动物从饲料中摄取各种营养物质和能量，以维持生命活动并产生各种产品，如毛羽、肉、药等。不同生物学阶段的动物具有不同的新陈代谢特点，因此它们对营养物质和能量的需求也各有不同。一般来说，特种经济动物的能量水平可以分为半饥饿、维持和生产三种状态。半饥饿状态下，动物面临着能量不足的情况，首先消耗体内的糖储备，然后消耗体脂肪和蛋白质，导致动物逐渐消瘦，严重时会导致死亡。维持状态很少见，通常动物处于恢复和储备状态，即使是成年动物在休闲或非生产期间也处在这种状态下。动物的生产水平受到能量水平和其他营养物质的影响，在饲养不同种类的特种经济动物时，需要根据它们的特性和需求采取不同的能量水平，不能一概而论，需要具体分析处理。

2.2.1.2 蛋白质

在营养需求中，蛋白质占据着关键位置，它构成了动物体内各种组织和产品，同时也是酶类、抗体、激素等活性物质的主要成分。蛋白质由 20 多种氨基酸组成，其中一些是动物体内可以自行合成的非必需氨基酸，而另一些则是不能合成的必需氨基酸，必须通过饲料摄取。动物体内缺乏必需氨基酸会导致蛋白质代谢紊乱，影响生长发育和生产性能。动物体内的蛋白质不断发生复杂的生化变化，6～7 个月内约有 50% 的体蛋白质会被新蛋白质所取代。这些新蛋白质的形成主要依赖于日粮中的含氮物质。当日粮的能量水平较低时，蛋白质还可以氧化分解释放能量。

食肉类特种经济动物主要依赖动物性饲料获取蛋白质，其中最重要的氨基酸包括色氨酸、蛋氨酸、胱氨酸和赖氨酸。对于长期以蛋类为主要日粮的动物，容易出现色氨酸不足的情况。因此，在妊娠期和哺乳期，应该适当添加瘦肉和鱼类饲料。与动物性饲料相比，植物性饲料通常含有较少的必需氨基酸，如赖氨酸、组氨酸和蛋氨酸。因此，需要注意在日粮中合理搭配不同类型的饲料，以满足特种经济动物对必需氨基酸的需求。合理配合不同种类的饲料可以实现蛋白质的互补作用，提高饲料的营养价值。这种互补作用实质上是氨基酸的互相补充。例如，动物日粮中的一些氨基酸可以弥补其他饲料中的不足部分，从而维持动物体内氨基酸的平衡。

2.2.1.3　脂肪

脂肪分为油脂和类脂两大类，其中油脂由甘油和脂肪酸构成，而类脂包括磷脂、糖脂和胆固醇等。脂肪在动物体内是不可或缺的营养物质，不仅是能量储存的主要形式，也是脂溶性维生素（如维生素 A、维生素 D、维生素 E、维生素 K 等）的有机溶剂。动物体内缺乏脂肪会导致脂溶性维生素缺乏，影响生长发育和生产性能。脂肪还是热的不良导体，对于特种经济动物的繁殖性能也有重要影响。

在饲料中，脂肪含量的变动范围很大，从 0.1%～20% 不等。脂肪酸又可分为饱和脂肪酸和不饱和脂肪酸。其中，有些不饱和脂肪酸是动物体内不能合成的必需脂肪酸，必须通过饲料供给。长期以来，人们认为亚油酸、亚麻酸和花生四烯酸是特种经济动物的必需脂肪酸，但最新研究表明，实际上只有亚油酸是必需脂肪酸。必需脂肪酸对特种经济动物的生理功能至关重要，尤其是对于幼龄反刍动物的生长发育和繁殖性能。

2.2.1.4　碳水化合物

碳水化合物（即糖类）在动物的消化道内能够被转化为单糖并被吸收，参与调节机体的生理功能。作为机体热能的重要来源之一，如果动物缺乏碳水化合物的供应，将增加蛋白质和脂肪的消耗。此外，碳水化合物还能防止脂肪酸氧化产生过多的酮体，具有解毒和利尿的功能，有助于避免动物患上尿湿症（一般指尿失禁，即一种尿液不受控制流出的症状）。

在植物性饲料中，碳水化合物是主要的组成部分，其含量可占干物质的 50%～80%。碳水化合物主要分为粗纤维和无氮浸出物两类。粗纤维是植物细胞壁的主要组成成分，不容易溶解。饲料中粗纤维的含量与植物的生长阶段相关，通常幼嫩的植物含量较少。而无氮浸出物则是一类容易溶解的物质，包括单糖、二糖和淀粉。

2.2.1.5　维生素

维生素分为脂溶性和水溶性两类。脂溶性维生素能够在动物体内积累数日，而水溶性维生素则不能在体内积累，需要定期通过饲料摄入。

(1) 脂溶性维生素

凡能溶解于脂肪中的维生素，统称为脂溶性维生素，包括维生素 A、维生素 D、维生素 E、维生素 K 等。

① 维生素 A　对维持上皮细胞的正常生长与结构至关重要，不足时会导致上皮组织干燥和角质化，生殖腺上皮细胞角化，影响繁殖功能。维生素 A 可以与脂肪和各种脂肪溶剂相溶，但不溶于水。在热和酸、碱条件下相对稳定，但易受光和氧的破坏。维生素 A 主要存在于动物性饲料中，植物性饲料中则富含胡萝卜素，动物可通过体内的胡萝卜素酶将其转化为维生素 A，但不同动物种类的转化能力有所不同。

② 维生素 D　在动物体内参与调节钙、磷平衡，对骨骼发育和代谢有重要影响。幼龄动物缺乏维生素 D 易导致佝偻病。维生素 D 不溶于水而溶于脂肪，相对稳定，不易被酸、碱破坏，但酸败的脂肪和碳酸钙等可破坏其稳定性。它存在两种形式：一种是植物中的麦角固醇经紫外线转变形成的，另一种是动物皮肤内 7-脱氢胆固醇形成的。鱼肝油、乳类、蛋黄、肝脏等食物含有丰富的维生素 D。

③ 维生素 E　在动物体内扮演着催化和抗氧化的重要角色，与硒一起保护多种不饱和

脂肪酸，维持细胞膜的结构。它对骨骼肌、心肌、平滑肌和外周血管系统的结构和功能至关重要，也影响生殖机能，如促进性腺发育、受孕、防止流产和调节性激素代谢等。维生素 E 耐热、耐酸，但对光、氧、碱敏感，易被破坏。反刍动物在正常条件下不会缺乏维生素 E，但要发挥其营养作用，需要有足够的硒存在。

（2）水溶性维生素

水溶性维生素包括 B 族维生素和维生素 C。它们不易在体内积累，短期内缺乏或不足会降低体内某些酶的活性，影响代谢过程，从而影响动物的生产性能和免疫力。

① 维生素 B_1（硫胺素）　是许多动物细胞酶的辅酶，参与碳水化合物代谢。缺乏维生素 B_1 会影响生长发育、食欲，引起下痢、羽毛问题、运动障碍和神经炎。反刍动物通常能在消化道内合成维生素 B_1，因此不易缺乏。

② 维生素 B_2（核黄素）　是许多动物氧化还原酶的辅基，参与能量代谢，传递氢原子，促进生物氧化，对蛋白质、脂肪和碳水化合物的代谢至关重要。维生素 B_2 微溶于水，易溶于碱性溶液，对光、碱性溶液和重金属敏感，易受损。动物若缺乏维生素 B_2，则对葡萄球菌和链球菌的抵抗力降低，易导致脓肿、肝脂肪变性和肾脂肪变性。

③ 维生素 B_{12}（氰钴胺素）　是含钴的维生素，对造血有调节作用，可预防恶性贫血。反刍动物只要摄入足够的钴，就不会缺乏维生素 B_{12}。

④ 维生素 B_5（泛酸）　以结合形式存在于动植物组织中，是一种黄色黏性油状物。作为辅酶 A 的一部分，泛酸参与机体的新陈代谢过程。泛酸不稳定于酸和碱，耐热性差，易被热破坏。雏禽类常见泛酸缺乏，表现为皮肤炎症，先出现在嘴角和眼周，随后在喙鼻等处。兽类缺乏可导致毛发褪色、皮肤脱屑和神经系统损伤。

⑤ 维生素 B_3（烟酸）　是一种抗糙皮病的维生素。它是辅酶 Ⅰ 和辅酶 Ⅱ 的组成部分，与含有核黄素的酶有互补作用。辅酶 Ⅰ 和辅酶 Ⅱ 参与氧化过程，包括细胞利用碳水化合物、蛋白质和脂肪的过程。严重缺乏烟酸可能引发糙皮病，其症状包括皮肤炎、消化道上皮组织损伤、消化功能失调和神经错乱。犬科动物或禽类可能出现黑舌病，表现为口腔黏膜和食道上皮呈褐紫色，伴有炎症。

⑥ 维生素 B_6　包括吡哆醇、吡哆醛、吡哆胺三种化合物，它们在动物体内能相互转化。动物体内的吡哆醇最终以活性较强的磷酸吡哆醛和磷酸吡哆胺的形式存在，并参与各种代谢过程。这两种磷酸化合物是多种酶的辅酶，参与氨基酸代谢以及不饱和脂肪酸的代谢等过程。维生素 B_6 缺乏表现各异，如食欲不振、消化率下降、增重缓慢，皮下水肿、脱毛、后肢麻痹，神经病变导致运动失调，甚至间歇性惊厥致死。

⑦ 生物素　又称为生长促进素，是一种与蛋白质结合的维生素，在消化过程中被酶水解释放出来。作为许多羧化酶的辅酶，生物素在 CO 固定反应中发挥关键作用，作为 CO 的载体传递给适当的受体，参与各种有机物质的代谢。牲畜很少出现生物素缺乏，只有禽类和毛皮动物可能出现不足情况。禽类主要表现为皮炎（喙及趾部皮炎）或骨短粗病。毛皮动物易患湿疹、脱毛以及瘙痒症。对于鼬科动物和犬科动物，严重时可能导致毛皮质量下降、皮肤变厚、脱落鳞屑，以及自身剪毛现象。

⑧ 维生素 B_9（叶酸）　广泛存在于动植物组织和微生物中，通常以结合物形式存在。只有在肠道内经叶酸结合酶作用后才能被动物吸收利用。叶酸对热较稳定，但对酸和光不稳定。叶酸缺乏可引起血细胞生成障碍、口腔和肠道黏膜改变、皮炎、生殖功能障碍和骨改变等症状。

2.2.1.6 矿物质

根据特种经济动物体内矿物质含量的不同，可将其分为常量元素和微量元素。常量元素占体重 0.01% 以上，如钙、磷、镁、钠、钾、氯、硫等；微量元素占体重 0.01% 以下，如铁、铜、锌、锰、碘、钴、硒、铬等。必需元素缺乏或不足会导致动物代谢障碍，生产能力降低，甚至死亡。以下对几种重要矿物质元素的作用进行介绍：

① 钙 是动物体内的主要矿物质成分，约 99% 存在于骨骼和牙齿中，其余存在于血浆和软骨组织中。钙对维持神经和肌肉组织的正常功能至关重要。低血钙会增加神经和肌肉的兴奋性，导致抽搐。补充钙需注意饲料中钙磷比例，最佳范围为 2∶1 至 1∶1，以提高吸收率。

② 磷 约 80% 存在于骨骼和牙齿中，其余用于构成软骨组织，少量存在于体液中。缺乏磷会导致幼龄动物发生佝偻症，成年动物则易患软骨症。动物的异食癖会使缺磷症状更为严重，常表现为啃食毛、泥土和破布等行为。

③ 镁 约 70% 以磷酸盐和硫酸盐的形式存在于骨骼和牙齿中。镁缺乏症主要发生在反刍动物中，可能导致健康问题。

④ 钠和氯 主要存在于细胞外液中，起着维持外液渗透压和酸碱平衡的关键作用，同时参与水的代谢过程。大多数饲料中缺乏足够的钠和氯，因此需要向饲料中补充适量的食盐。

⑤ 铁 60%～70% 存在于血红蛋白和肌红蛋白中，约 20% 与蛋白质结合形成铁蛋白，贮存于肝、脾和骨髓中，其余铁则存在于细胞色素酶中。铁主要是作为氧的载体，确保氧气能够正常输送到组织中。同时，也参与调节细胞内的生物氧化过程，对代谢活动至关重要。

⑥ 硒 是谷胱甘肽过氧化酶的主要组成成分，类似于维生素 E，具有强大的抗氧化功能。硒可通过抑制自由基的生成，保护细胞免受氧化应激的损害，维持动物体内的生物活性物质平衡。

2.2.2 饲料种类

(1) 粗饲料
粗饲料涵盖干草、农副产品、树叶和糟渣等多种类型，是食草特种经济动物在冬季和春季的主要营养来源之一。其来源广泛、种类丰富、价格低廉，能够满足动物在这些季节的营养需求，促进其生长发育和保持健康状态。

(2) 青饲料
青饲料包括天然牧草、人工栽培牧草、叶菜类、根茎类、水生植物等。其水分含量高，一般大于 60%，因此热能值较低。青饲料的长期堆放和保管不当，容易导致霉菌污染造成腐败，煮熟后焖在锅里保存 24～48h 后，亚硝酸盐的含量可达 200～400mg/kg。在使用青饲料时，需注意存储和处理，以确保动物的健康和营养需求。

(3) 青贮饲料
青贮是保留青绿植物营养的有效方式，其能有效保存植物的营养成分。通常植物成熟后晒干，营养降低 30%～50%，但经过青贮处理，仅降低 3%～10%。青贮窖每立方可贮藏 450～700kg 青贮饲料，既经济又安全。青贮技术能确保动物获得高质量饲料，满足其营养需求，促进生长发育及保持健康状态。

(4) 能量饲料

能量饲料包括谷类、糠麸、草籽、块根、块茎、瓜果等，粗纤维含量低于18%，粗蛋白含量低于20%的饲料。这些饲料主要提供高能量，而纤维和蛋白质含量相对较低。能量饲料的优势在于满足动物的热量需求，而不过多增加纤维和蛋白质摄入，有助于维持其正常的生长和生产水平。合理使用能量饲料可以确保动物获得足够的能量，同时减少对其他营养素的过剩摄入。

(5) 蛋白质饲料

蛋白质饲料的特点是粗纤维含量低于18%，而粗蛋白含量在20%及以上。主要分为植物性和动物性两种：

① 植物性蛋白质饲料　主要包括各种饼粕类、豆科籽实以及一些加工副产品。需要注意的是，大豆饼粕中含有抗胰蛋白酶，适当加热可以分解其有害作用，但过度加热会降低赖氨酸和精氨酸的活性，同时也会破坏胱氨酸。

② 动物性蛋白质饲料　主要包括畜禽、水产副产品等，比如鱼粉、肝渣粉、血粉、蚕蛹干和羽毛粉等。这些饲料中蛋白质和赖氨酸含量较高，但蛋氨酸含量较低。血粉虽然蛋白质含量高，但缺少异亮氨酸，灰分和B族维生素（尤其是维生素 B_2 和维生素 B_{12}）含量却很高。可以在幼龄鸟、兽的日粮中添加10%，成龄兽类中添加5%。

(6) 矿物质饲料

矿物质对特种经济动物的生长、发育和繁殖至关重要。尽管动植物饲料中含有一些矿物质，但在舍饲条件下往往无法满足其生命活动的需要。因此，需要额外添加矿物质饲料来满足其需求。

① 常量矿物质饲料　包括食盐（石粉）、蛋壳粉、贝壳粉和骨粉等。例如，鹿类每日需要15～40g的食盐，麝需要20g，禽类需要0.5～1g，大型反刍动物需要20～40g。只要石粉中的铅、汞、砷、氟等含量符合国家饲料标准，就可以用于饲料中。

② 微量矿物质饲料　包括氯化钴、硫酸铜、硫酸锌、硫酸亚铁、亚硒酸钠等。应根据特种经济动物的需求，适量添加到饲料中，以确保其获得充足的微量矿物质供给。

(7) 饲料添加剂

饲料添加剂主要用于增强基础日粮的营养价值、促进动物的生长发育以及预防和治疗疾病。这些添加剂通常分为营养性和非营养性两大类。非营养性添加剂如生长促进剂、着色剂和防腐剂等，主要用于改善饲料的质量和效果。而营养性添加剂则包括维生素、矿物质、微量元素和合成氨基酸等，这些成分对于满足动物特定的营养需求至关重要。

近年来，使用草药作为饲料添加剂在养殖特种经济动物的实践中变得越来越普遍。这些草药添加剂不仅资源丰富、成本低廉，而且具有广泛的作用，包括营养补充以及防病治病的双重功能，且没有毒副作用和抗药性问题。这种天然的添加剂为动物健康管理提供了一个安全有效的选择，有利于促进动物的整体健康和提高养殖效率。

2.2.3 日粮拟定

制订特种经济动物的日粮需要严格科学，同时应考虑地方条件，力求降低成本。由于动物种类繁多，食性各异，制订统一日粮配方很困难，通常应根据动物的分类和食性相近性制订近似的饲料日粮配方。目前，我国对特种经济动物的营养需求研究尚不完善，还没有统一的饲养标准，但有以下几个一般原则需要遵循：

(1) 精确控制营养需要量

了解动物的营养需要量可以避免由于营养不足或营养失衡导致的各种健康问题和疾病，如维生素缺乏症、骨骼疾病等。精确控制动物的营养供给量，可以避免过度喂养或不足喂养，从而可节约饲料成本，提高养殖效益。此外，还可以避免饲料过剩导致的排泄物过量排放，有助于减少对环境的污染。特种经济动物通用营养需要量见表 2-1。

表 2-1 特种经济动物通用营养需要量

营养成分类别	食草类	杂食类	食肉类
热量/（MJ/100g）	1.38～1.42	1.38～1.46	1.38～1.42
粗脂肪/%	5～6	4～5	13～15
粗蛋白/%	14～15	14～16	15～20
碳水化合物/%	57～58	59～60	40～50
粗纤维/%	4～5	4～5	2.5～4
灰分/%	4～5	5～6	4.5～5
钙/%	1～1.5	1～1.1	0.8～0.9
磷/%	0.9～1	0.8～0.9	0.5～0.6

(2) 精确控制精饲料搭配比例

不同种类的特种经济动物在不同生长发育阶段以及生产期有不同的营养需求，精确搭配精饲料可以满足它们的生理和生长发育需要，促进其健康成长；同时，还可以最大限度地提高动物对饲料中营养物质的吸收利用率，减少浪费，降低养殖成本，提高经济效益。具体精饲料通用搭配比例见表 2-2。

表 2-2 特种经济动物精饲料搭配比例　　　　　　　　　　　　单位：%

饲料类别	食草类	杂食类	食肉类
玉米	30	35	50
麸皮	20	20	10
豆饼	15	10	10
大麦	15	—	10
小麦	—	9	—
高粱	15	20	10
面粉	—	—	5
鱼粉	—	3	3
骨粉	3	2	—
食盐	2	1	2

(3) 根据实践调整

根据特种经济动物的营养需求和实际养殖情况，可在适用的经验饲养标准基础上，灵活调整饲料配方。首先要考虑满足能量的基本需求，然后再考虑蛋白质、脂肪、碳水化合物、维生素和矿物质等营养成分的需求。若能量需求得到满足，可通过添加适量的各类营养补充物来解决其他营养素的不足。为避免饲料浪费，需根据日粮中的能量蛋白质比来合理调整能量和蛋白质的比例。例如，当日粮中能量较低时，需相应降低蛋白质含量。对于幼龄动物和非反刍动物，由于其对粗纤维的消化能力较弱，应控制日粮中粗纤维的含量，以免浪费饲料。

（4）满足基本动物福利

动物福利不仅关乎着动物个体的健康和生存，更关系到整个养殖系统的可持续性和社会责任。因此，在制订日粮配方时，需要全面考虑动物的福利需求，以确保其获得最佳的生活质量和生产效益。在确定日粮配方时，必须充分考虑动物的生理和行为需求，确保饲料能够满足其健康、舒适和行为表现的需要。这包括了解动物的特征，保证日粮营养均衡、可消化，并确保饲料的安全卫生。日粮中不能含有对动物有害的物质，如重金属、农药残留、添加剂等超标，均会影响动物的健康和生产性能。

2.3　特种经济动物养殖影响因素

不同的特种经济动物生活的野外环境各不相同，温度、湿度、光照、气流以及气体组分等环境因素变化均可直接影响它们的生活和生存。尽管驯化后动物逐渐适应了人工环境，但环境变化仍然会对它们产生较大的影响。规模化养殖中，环境因素与工程设施之间的相互作用，包括采暖、通风和温控等环境调节设备，以及生产工艺的技术水平，都直接关系到特种经济动物的生产效率和生存能力。因此，采取科学合理的环境管理和技术措施，对于确保特种经济动物的健康生长和高效生产至关重要。

2.3.1　饲养环境因素对养殖的影响

（1）温度

温度对特种经济动物的生存和产量产生直接或间接影响。直接作用表现在调节动物体温，直接关系到动物新陈代谢、生长发育速度以及繁殖能力等方面；间接影响表现在温度还通过影响气流和降雨等间接影响特种经济动物的生存环境和生产状况。

极端温度的适应表现在生活在高纬度地区的恒温动物体型通常比低纬度地区的同类大，这是因为大型动物单位体重的散热量相对较少（贝格曼规律）。在低温环境下，恒温动物四肢、尾巴和外耳等突出部分会有变小的趋势（阿伦规律）；毛发或羽毛的数量和质量会显著增加，或增加皮下脂肪厚度，以提高隔热性能；另外，特种经济动物可通过休眠（抗寒）和迁徙（避寒）来适应低温环境。在高温环境下，动物体内酶的活性受到严重影响，导致蛋白质凝固变性，引发缺氧、排泄功能失调和神经系统麻痹等问题。不同特种经济动物对高温的耐受度不同，一般哺乳动物不能忍受超过42℃的高温，爬行动物和鸟类不能忍受超过48℃的高温，淡水动物不能忍受超过40℃的水温，海水动物则不能超过30℃。否则，动物将通过夏眠、穴居或昼伏夜出等方式来适应高温环境。

温度对动物生产的影响是多方面的，包括影响动物的发情、交配、受精、胚胎成活以及动物产品生产等。例如，当温度超过30℃时，獭兔食欲和性欲都会下降。持续高温会导致公兔睾丸产生精子减少，甚至不产生。尽管公兔的性欲在高温后能迅速恢复，但精液品质则需要大约两个月才能恢复，因为精子从产生到成熟排出需要一个半月的时间。随着环境温度的持续升高，獭兔采食量减少，产毛量会逐渐减少，每千克兔毛的饲料消耗也会下降。当温度低于5℃时，獭兔需要消耗更多的营养来保持体温，性欲也会减退，影响繁殖。但在低温下，兔子的采食量增加，产毛量也会增加。再如鳖，温度对稚鳖的消化率没有显著影响，但对其最大摄食率、特定生长率和转化效率都有显著影响，并且随着温度升高而增加。通过人为控制孵化温度可以决定龟的性别比例，孵化温度越高，雄性比例越大。

（2）湿度

湿度与特种经济动物的生长发育、产毛、健康、繁殖和疾病有密切关系，但因种类而异。在40%～70%的相对湿度范围内，大多数动物能够适应。然而，在高温高湿条件下，容易患上某些传染性和非传染性疾病，因为高湿度有利于微生物繁殖，而低湿度（低于40%）会引起灰尘飞扬，都对健康不利。湿度还与体温调节密切相关，特别是在高温条件下更为明显。例如，空气湿度过高会导致舍内潮湿、被毛污染，影响兔毛品质，并促进细菌和寄生虫的繁殖，引发疥癣和湿疹。相反，过低的湿度会导致被毛粗糙、兔毛品质下降，甚至导致呼吸道黏膜干裂，增加细菌和病毒感染的风险。因此，在动物舍内应尽量保持稳定的湿度，可以通过加强通风或使用吸湿材料等方法来降低湿度。

（3）空气质量与气流

通风有助于清除动物圈舍内的污浊气体、灰尘和多余的水汽，可有效降低呼吸道疾病的发病率，同时可以调节圈舍的温湿度。例如，圈舍内的兔子排出物和受污染的垫草在特定温度下会释放出氨、硫化氢、二氧化碳等有害气体。兔是敏感的特种经济动物，其对有害气体的耐受性低于其他动物，如果处于高浓度的有害气体环境中，很容易发生呼吸道疾病，进而加剧巴氏杆菌病、传染性感冒等的传播，做好通风就可以有效避免这些问题的发生。

通风方式一般分为自然通风和机械通风两种。小型饲养场通常采用自然通风，即通过门窗或屋顶的排气孔和进气孔来进行通风量调节。而大中型饲养场则更倾向于使用抽气式或送气式的机械通风，这种方式在炎热的夏季特别有效，是自然通风的一种辅助形式。舍内适宜的风速为：夏季0.4m/s；冬季0.1～0.2m/s。值得强调的是要防止贼风侵入圈舍。

（4）噪声

根据实验，突发的噪声可能导致动物流产，哺乳动物拒绝哺乳，甚至造成幼仔相互残食等严重后果。受到突发噪声影响时，动物会表现出惊慌失措、乱跳、嘶叫、食欲不振，甚至死亡等行为。为了减少噪声干扰，建造圈舍时应尽量远离高噪声区域，如公路、铁路、工厂等，以减少外界噪声的影响；在饲养管理操作中应轻柔稳定，尽量保持安静。

（5）光照

光照的光谱成分、光照强度、照明时间和总辐射量对动物的昼夜节律、季节性节律（如繁殖、换毛、迁徙等生命活动）都会产生直接影响，甚至影响生长发育。

许多动物都表现出昼夜周期性活动与休息，这与光照密切相关。例如，大多数鸟类和旱獭等动物表现出昼行性，兔、刺猬等则表现出夜行性，而鹿、麝、狐等动物则表现出晨昏性。光照的周期性变化还调控动物的季节性繁殖。例如，从秋分开始进入短日照阶段（秋分是该阶段的起点），水貂的生殖器官逐渐增大，性激素分泌量逐渐升高，尤其是在冬至后，这种变化更加明显，直到春分前开始发情交配。从春分开始进入长日照阶段（春分是其起点），水貂逐渐妊娠、分娩、泌乳，仔貂迅速生长。其原理在于周期性变化的光照通过视神经传递到神经中枢，从而影响内分泌的变化，控制水貂的性活动呈现季节性变化（在高纬度地区，昼夜时差较大）。水貂必须处于适当的地理区域才能保证其顺利进行生殖活动和换毛。例如，在北纬30°，冬至和夏至之间的昼夜时差分别为1.47h和2.04h，水貂的繁殖活动正常；但在北纬20°，这一时差仅为1.05h到1.20h，导致水貂的生殖器官发育缓慢，发情紊乱，交配障碍或者繁殖率极低。实践证明，低于北纬23.5°，水貂几乎无法正常繁殖。研究表明，利用人工控光的方法可以改变动物的繁殖活动。有目的地改善光照条件能够有效地调节动物的生理节律，提高其繁殖力和生产力。例如，在广东、广西等地区无法正常繁殖的水貌，如果模拟北纬45°的光照周期进行控光饲养，则完全可以实现正常的繁殖，并且繁殖期相对更为集中和同步。

光照变化与动物的换毛或换羽也有着密切关系。从秋分开始，进入短日照阶段，水貂开始脱去夏毛长冬毛，直到冬至前后，冬毛成熟。从春分开始，进入长日照阶段，水貂脱去冬毛长夏毛，直到夏至前后，夏毛长成。在这些日照反应中，周期性变化的光照通过视神经传递到神经中枢，从而影响内分泌的变化，控制水貂的换毛。利用这一原理，可以通过人工控光使得毛皮提前成熟，以便屠宰加工和上市。不同种类的动物都需要一定强度的光照（如水貂最低需20lx），光照不足会影响换毛，而光照过强则会导致毛绒色泽变浅，降低毛皮品质。

合适的光照条件可以促进动物的生长发育，否则可能抑制动物的生长发育，甚至引发疾病。例如，雏期乌鸡第1周适宜的光照强度为10～30lx，第2周开始改为5lx。光照时间方面，1周龄内每天24h，2周龄内每天16～19h，以后逐渐减少，直至过渡到自然光照，有利于乌鸡的生长发育。不同特种经济动物对光照的反应各不相同，其对生长发育的影响也有所不同，这可能与其长期进化中形成的适应性有关。例如，獭兔适宜的光照强度约为20lx，而繁殖母兔需要更强的光照，为20～30lx。繁殖母兔每日的光照时间为14～16h，这有利于正常的发情、妊娠和分娩。相比之下，种公兔的光照时间可以稍短些，每天为8～12h，过长的光照时间反而会降低繁殖力。仔兔和幼兔需要的光照则相对较少，特别是仔兔，一般8h的弱光即可。育肥兔的光照时间为8～10h。实验表明，连续24h的光照会导致家兔繁殖紊乱。一般来说，给獭兔的每日光照时间不宜超过16h。

光谱的组成对动物也有着重要的影响，例如，在水貂的妊娠期间增加不同波长的光照，其效果会有所不同。一般来说，波长较短的可见光的作用更为明显，荧光灯的照射效果比钨丝灯更好。在笼养条件下，通过增加紫外线辅助照射，可以显著提高紫貂的繁殖力。

（6）其他因素

地球的经度和纬度共同构成了地球坐标系的基础，它们是确定动物地理位置的重要指标。然而，特种经济动物的生活主要受到地球纬度的影响，经度影响不是很明显。纬度的变化导致了特种经济动物所处地理位置的光照、温度、湿度、风力等环境因子的不同，从而直接影响了它们的生产能力。高海拔会导致气温、气压、空气成分以及饲料的种类和营养成分等发生变化，这些动物都已经进化出适应不同海拔的特性。

空气中的灰尘主要来源于风吹起的干燥尘土以及饲养管理过程中（例如清扫地面、搅动垫草、分发干草和饲料等）产生的大量灰尘。这些灰尘直接影响动物的健康和动物产品的质量。灰尘与皮脂腺分泌物、毛发和皮屑等混合在一起，可阻碍皮肤的正常代谢，影响毛发品质；吸入灰尘会引发呼吸道疾病，如肺炎、支气管炎等；此外，灰尘还会吸附空气中的水汽、有毒气体和有害微生物，进而可导致各种过敏反应，甚至引发感染多种传染性疾病。

这些因素综合在一起影响特种经济动物的生存和繁殖能力，因此在选择合适的养殖地点和实施有效的管理策略时，需要综合考虑地理位置、海拔高度以及空气质量等因素。

2.3.2 养殖场址选择对养殖的影响

做好场址选择是确保养殖环境符合动物生物学特性，满足养殖规模和发展需求，并有稳定饲料来源的重要环节。选址前，应充分考虑动物的基本需求，组织专业团队进行全面考察、设计和规划，确保科学决策，避免主观行为。选址时应综合考虑地理位置、气候条件、海拔高度、空气质量等因素，以确保动物的健康和生产能力。

（1）做好防疫控制

在选择场址时，首先要考虑防疫。场址选择必须有利于卫生防疫和环境控制，通常应远离居民区至少1000m，并确保周围1000m范围内没有其他动物饲养场。尤其需要注意避开曾经流行过动物传染病的疫区或疫源区，这些区域不适宜建立养殖场。

（2）饲料原料充足

在场址选择时，必须综合考虑动物的饲料需求和季节变化，确保饲料充足供应，以维护动物的健康和生长。对于肉食性毛皮动物如貂、狐、貉等，动物性饲料的来源尤为关键，在建场时应选择动物性饲料供应广泛且易获取的地点，如肉类加工厂、畜禽屠宰场、大型冷库，或者畜牧业发达、鱼类资源丰富的沿海地区、江河湖泊及大型水库附近。对于草食性特种经济动物如兔、毛丝鼠、海狸鼠、麝鼠、鹿、麝等，需考虑草地和干草的储备情况，尤其是在枯草季节。

（3）交通运输方便

场址与主要交通干线的距离应适度，既要方便物资运输和市场销售，又不至于受到交通噪声和污染的影响。因此，选址时应综合考虑这些因素，确保养殖场的交通便利性和环境质量相辅相成，以利于提高养殖效益和动物福利。

（4）水源和供电

饲养场需要大量用水，例如冲洗圈舍、刷洗笼具以及动物饮用等。水质的优劣对特种经济动物的生长发育、繁殖以及产品质量等都有着重要影响。因此，选择水源时不仅要考虑水量充足，还要确保水质良好。最好选择地表水或地下水，且应符合饮用水标准。此外，场址还应有稳定的供电来源，以保证饲养场正常运作的用电需求，包括冷藏、饲料加工、饲养管理以及产品加工等环节的生产和生活用电需求。

（5）地形地势合适

动物在选择栖息地时，除了经度、纬度和海拔等因素外，还会考虑地形地势。它们通常选择地势较高、干燥且排水通畅、背风朝阳、易觅食且易于隐藏的地方，而很少选择地势低洼、潮湿、泥泞的地区，而是选择坡度适中的地区，通常地平面夹角不超过15°。人工选择场址时，应优先考虑地势较高、地面干燥、背风向阳的地点，通常选在坡地和丘陵地区，尤其是东南坡向较为合适。

2.3.3 饲养方式对养殖的影响

在特种经济动物的人工饲养中，通常采用圈养或笼舍饲养的方式。这种限制性的饲养方式与它们在野外生活时有着明显的不同。根据不同种类的特种经济动物的生活习性和产品需求，可以选择圈养（如鹿、麝）或单笼舍饲养（如水貂、狐狸、貉）。合理的饲养方式有助于减少饲料浪费，提高养殖效率。圈舍和笼舍作为最基本的饲养设施，对特种经济动物的生长发育和繁殖起着重要作用。它们的结构和面积应根据特种经济动物的生物学特性进行设计。例如，毛皮动物笼舍通常包括产仔箱、水池等设施。要根据不同种类的毛皮动物确定小室的规格和构造，以及提供的小气候条件。保持适宜的温度条件对于种兽的繁殖和仔幼兽的生长发育至关重要，因此需要尽量减少温度差异。此外，笼子的大小对毛皮动物的活动也有重要影响。相对较大的运动场可以促进动物的运动和生长发育，但需要注意避免过高的饲养密度，以免增加饲养成本。圈养动物的圈舍包括运动场和寝床，而运动场则是动物生活和生产的主要场所，因此需要保持其平整、干净，并便于排污，以维护动物的健康和生产。

【本章小结】

本章重点探讨了特种经济动物养殖的三个关键方面。首先，特种经济动物的引种与驯化是养殖过程的起点。引种不仅需要考虑动物品种的优良性，还需克服适应新环境、疫病防控等诸多挑战。驯化过程中，则需在维持动物基本特性不变的情况下，提升其在新环境中的适应能力和生产性能。其次，动物的营养与饲料问题直接影响养殖效果。根据特种经济动物的不同食性，需要提供科学合理的饲料，以满足其生长发育和生产需求。从能量、蛋白质到矿物质，每一种营养成分的配比都需精确控制。最后，养殖环境的各种因素，包括温度、湿度、空气质量、噪声、光照等，对特种经济动物的生长和生产也有着深远的影响。选择合适的养殖场址、合理的饲养方式，都是提高养殖效率和动物福利的关键。

【复习题】

1. 在特种经济动物引种过程中，如何制订和执行切实可行的引种计划？请说明引种计划的关键要点及其对引种成功的影响。

2. 论述特种经济动物引种后暂时性变化和遗传性变化的特点，并讨论如何管理这些变化以实现成功驯化。

3. 为什么早期发育阶段对动物的驯化特别重要？请通过具体实例说明在幼龄动物驯化过程中，早期干预对驯化效果的影响。

4. 请讨论基因遗传改良对动物驯化的长远影响，包括其对生产性能和经济效益的影响。

5. 请讨论空气质量和气流对特种经济动物的影响，并比较自然通风与机械通风的优缺点。

（王学杨，戴立上）

第3章

特种经济动物疾病防治

3.1　特种经济动物疾病类型

3.1.1　疾病的概念

特种经济动物疾病是指某种致病因素导致特种经济动物一个或多个组织器官损伤，从而引发功能障碍或异常而发生的疾病，常常会带来严重的经济损失，同时还有可能威胁人类及其他动物的安全。

3.1.2　疾病的类型

疾病的类型在经济动物中极为多样，且目前尚未形成一个统一的分类标准。对疾病进行分类有利于诊断、治疗和预防疾病。以下是一些常见的分类方式。

(1) 按发病原因分类

① 传染病　是由致病微生物（包括细菌、真菌、病毒等）侵入宿主机体并进行繁殖的疾病。这些微生物在宿主体内引发感染和疾病，造成不同程度的损害。需要重点关注预防措施和控制传播途径，以遏制传播。

② 非传染性疾病　是由一般性致病因素或营养缺乏等原因引起的疾病。这些疾病通常不具有传染性，而是由环境因素或个体遗传等多种因素引起的。

(2) 按发病系统分类

按发病系统分类，疾病包括消化系统疾病、呼吸系统疾病、内分泌系统疾病等。此种分类有助于更准确地了解疾病的发病机制，可有针对性地制订治疗方案，提高治疗效果。

(3) 按治疗方法分类

按治疗方法分类，疾病包括内科疾病、外科疾病、传染病等。这种分类方法对于制订预防措施、诊断疾病和开展科研都具有指导意义，并且有助于选择合适的治疗方法，提高治愈率和生存率，减少不必要的资源浪费。

3.2　特种经济动物疾病诊断

3.2.1　疾病诊断方法

动物疾病的类型繁多，每种疾病在临床表现、流行病学特征、病理变化以及免疫生物学反应等方面都具有其独特的特点。因此，深入研究和了解各种疾病的特征对于做出准确的诊断至关重要。常用的诊断方法包括临床诊断、流行病学诊断、动物病理学解剖诊断、实验室诊断以及免疫学诊断等。

(1) 临床诊断

临床诊断是最基本的诊断手段之一，即通过观察和体检患病动物的各项生理指标和行为表现，以及借助一些简单的医疗器械进行检查，来做出疾病的初步判断。它主要包括以下几个方面：

① 生活习性观察　不同种类的动物有着各自独特的生活习性，采食行为、妊娠、哺乳等生活习性状态都是评估其健康状况的重要指标。健康的动物应该表现出正常的食欲和饮水量，异常的习性通常会提示可能存在的健康问题。通过观察动物的生活习性、采食行为和生殖状态，可以初步判断其健康状况。

② 身体状况观察　疾病的发生通常会伴随身体状况的改变，观察身体状况有助于疾病的诊断。身体状况观察通常包括外观、内在和代谢等方面。外观包括体形、坐姿、皮肤和被毛状况等，内在包括呼吸、心搏和体温等，代谢包括粪尿、分泌物等。另外，精神状态和反应性也是评估健康的重要因素。

③ 生长发育观察　动物在生长发育过程中的异常可能暗示着营养不良或遗传问题，因此需要定期观察动物的体形、体重变化以及行为活动，以及时发现异常情况并采取相应措施，确保动物健康成长。此外，对于特定品种或特殊情况，还可以结合专业人员的建议和科学指导，制订更加有效的生长发育观察计划。

④ 个体化检查　针对疑似患有疾病的动物，需要进行个体化的检查，包括尸体解剖、病理学、微生物学、血液以及生化检查等多项检查方法。通过这些检查，可以准确确定疾病的具体原因和程度，为后续治疗和防控提供科学依据。

(2) 流行病学诊断

疫情调查可在临床诊断中进行，调查范围涵盖了疫情的发生时间、地点、影响范围、患病情况和传播情况等诸多方面，这些信息为疫情的诊断提供了必要的依据。了解疾病的传播途径以及饲养管理方式也是关键，有助于采取相应的预防和控制措施。

(3) 动物病理学剖析诊断

动物患病时，其体内的病理变化可以为诊断提供重要线索。通过病理切片剖析，可以准确找到病变部位，并确定病因。除了病理解剖变化检查外，还需在剖检过程中注意发现病原体，以便进行确诊。

(4) 实验室诊断

针对动物疾病，尤其是传染病及疑难杂症，实验室诊断至关重要。某些疾病，除了需要进行临床、流行病学和病理学诊断外，还需进行实验室检测，以提供诊断所需的辅助依据。实验室诊断主要包括以下方面：

① 镜检　通过将检验材料制成涂片，在显微镜下观察病原体的形态。

② 分离鉴定　通过人工培养的方法将病原体从病体中分离出来，然后进行形态学、培养特性、生化特性、动物试验以及血清学等方面的检查，以确定病原体的种类。

③ 接种试验　将患病组织病料制成悬液后，接种于易感试验动物，观察其体内变化，包括症状和病理变化，以帮助诊断。

（5）免疫学诊断

免疫学诊断包括血清学诊断和变态反应诊断两类。血清学诊断具备特异性强、灵敏度高、易操作、反应快等特点。它利用抗原与抗体之间的反应进行检测。当某种物质进入动物体后，动物机体会产生相应的特异物质——抗体，然后这些抗体与该物质发生特异性反应。在特定条件下，特异性的抗原与抗体结合会引发血清学反应，从而可用于疾病的诊断。变态反应诊断主要针对一些传染病和某些寄生虫病，特别是慢性疾病。动物对病原体及其代谢产物会产生高度反应。当将这些物质接种于患病动物时，可能引发全身性或局部反应，即所谓的变态反应。这种反应具有很高的特异性，只有曾经患过该病的动物才会产生相对应的变态反应，而健康动物或患其他疾病的动物则不会产生此类反应。兽医学上常利用特异性变态反应来辅助诊断一些疾病，如鼻疽、布鲁氏菌病、结核病、棘球蚴病（又称包虫病）等。

3.2.2　人与动物的共患病

这种病害涉及广泛的动物宿主，不仅对人类健康构成威胁，还对动物健康造成危害。新中国成立以来做了大量工作，一些主要的人与动物共患病在我国发病率已显著下降，但少数健康意识不强的地区仍有暴发，如流行性出血热等。玩赏动物进入家庭后，猫抓病、狂犬病、鹦鹉热等人畜共患病也随之增多，应引起关注。据世界卫生组织的统计，1415种人类疾病中有62%属于人与动物共患病。根据病原体的不同，可以将人与动物共患病分为五类，具体如下：

（1）**病毒类共患病**

代表性疾病包括狂犬病、流行性出血热、猴痘、口蹄疫、高致病性禽流感、牛海绵状脑病和非典型性肺炎（由SARS病毒引起）。这些疾病的危害性不可小觑，因此在防控工作中需采取有效措施，加强监测和预防，保护人类和动物的健康安全。在面对这些挑战时，卫生部门、兽医部门和科研机构需要紧密合作，共同应对人畜共患病带来的威胁。

（2）**细菌类共患病**

细菌类的人畜共患病包括结核病等多种疾病，其可以在人类间传播，也可由犬、猫、牛等动物传染给人类。其他常见细菌病还有沙门氏菌病、李斯特菌病、钩端螺旋体病、布鲁氏菌病、猪丹毒、猪链球菌病、鼠疫、炭疽病等。

（3）**衣原体、立克次氏体等共患病**

鹦鹉热是由鹦鹉热衣原体引起的疾病，感染后会出现发热和肺炎症状。恙虫病由立克次氏体引起，是一种恶性流行的人畜共患病，表现为突然发热、溃疡、淋巴结肿大和皮疹。如果不及时治疗，可导致较高的死亡率。

（4）**真菌共患病**

治疗真菌共患病通常需要长期使用抗真菌药物控制症状，难以完全根除。因此，预防至关重要，保持个体卫生、避免接触感染者、保持健康是关键。

(5) 寄生虫共患病

寄生虫引起的人畜共患病包括弓形体病、旋毛虫病、绦虫病、棘球蚴病等，传播源多为原虫、吸虫、线虫和绦虫等。该类疾病侵袭范围广泛，涉及皮肤、神经系统、消化道和呼吸道等。一般可因缺乏知识、条件和设备，使得治疗及时性和效果受限，预防难度较大。

3.3 疾病预防、控制与治疗

防治动物疾病应针对引起疾病的原因和临床症状选用药物对症给药治疗，以充分发挥药物功效，减少药物副作用，有效达到防治效果，减少患病动物死亡。动物疾病常用的预防、控制与治疗方法如下。

3.3.1 预防措施

根据疾病是否具有传染性，可将动物疾病分为传染性和非传染性两大类。传染性疾病包括病毒病、细菌病、衣原体病和寄生虫病等，特别是在目前人工养殖野生经济动物的密集化、集约化、规模化情况下，传染病的危害最为严重，传染病能够快速传播，在短时间内造成大量发病和死亡，严重影响养殖业的健康发展，造成巨大经济损失。一些人畜共患病，如狂犬病、禽流感、钩端螺旋体病等，还直接危害人体健康。非传染性疾病则通常由饲养管理不善、营养缺陷、毒物中毒和环境条件差等因素引起。为了确保动物的健康和提高其抗病能力，必须坚持"以防为主，防重于治"的方针。

3.3.1.1 了解传染性疾病的特征

传染病的特征在于其能够通过生物或非生物的传播媒介，在经济动物之间直接或间接传播，形成流行病的现象。这一流行过程必须具备三个基本环节：传染源、传播途径以及易感动物。

(1) 传染源

传染源指的是承载着传染病病原体并能够将其排出体外的动物机体，包括患病动物、带菌动物以及病死动物。这些动物排泄的分泌物和排泄物也可能会污染饲料、水源、垫料、空气以及各种设施，成为病原体的传播媒介。

(2) 传播途径

传播途径是指病原体从传染源排出后，通过特定的方式传播至其他易感动物的路径。切断这些传播途径，防止易感动物感染，是控制经济动物传染病的重要环节之一。传播途径通常分为两类，一是水平传播，二是垂直传播。

① 水平传播　是指传染病在经济动物群体之间或个体之间以水平形式传播的过程。这种传播方式包括直接接触传播和间接接触传播两种形式。直接接触传播是指病原体通过动物间的直接接触（如交配、舐咬等）而传播，如狂犬病病毒、艾滋病病毒的传播等。间接接触传播则需要外界因素的参与，病原体通过媒介传播给易感动物。

② 垂直传播　指的是疾病从母体传播给其子代的过程，可通过多种方式实现。其中，经胎盘传播的病原体包括支原体、淋巴细胞性脉络丛脑膜炎病毒等；经卵传播的病原体包括鸡白血病病毒、沙门氏菌等；而经产道传播的病原体则包括布鲁氏菌、犬疱疹病毒等。

3.3.1.2 严格做好环境消毒

无论采用何种形式养殖特种经济动物，从野生转为家养后，其生活环境发生了巨大变化。动物的活动范围受限，运动量减少，食物和饮水完全由人工控制，而粪便则在动物的饲养与活动场地积聚。特别是在高密度、集约化、规模化养殖中，若不及时清理圈舍、保持适宜的温度、保障良好的通风和干燥环境，动物所处的空气和环境就会受到污染，进而影响动物的适应性和健康。因此，保持养殖场舍的卫生和实施严格的消毒非常重要。

(1) 消毒的方法

消毒方法可分为机械消毒法、物理消毒法、化学消毒法和生物消毒法。

① 机械消毒法　常用于清洁场所、器具，清除大量病原微生物，但不能完全消毒，需结合其他方法。

② 物理消毒法　如高压蒸汽消毒、煮沸消毒、焚烧消毒等，可有效杀死病原体。高压蒸汽消毒适用于无法用其他方法处理的器具。煮沸消毒简便有效，可在 60～80℃ 的水中于 30min 内杀死大部分病原微生物，1h 可彻底消灭传染病病原体和传播媒介。对于严重传染病的尸体，常用焚烧消毒；疑似病原体污染的物品也可焚烧。此外，日光暴晒和紫外线照射也是良好的消毒方法，但只能用于物体表面的消毒。

③ 化学消毒法　利用化学药物，通过喷洒、浸泡、熏蒸等方式达到消毒目的。常用化学消毒药物包括福尔马林、过氧乙酸、石炭酸、来苏儿和漂白粉，具体浓度为 0.2%～5% 福尔马林，0.2%～5% 过氧乙酸，3%～5% 石炭酸，3%～5% 来苏儿，10%～20% 漂白粉，这些试剂的选择要取决于具体应用场景。

④ 生物消毒法　是消毒方法中的一种重要方式，其原理是利用生物体对病原微生物的控制和消灭作用。例如，一些特定的微生物如放线菌、枯草芽孢杆菌等具有对病原微生物的拮抗作用，可以通过在养殖场环境中引入这些有益微生物来控制病原微生物的生长和传播，从而达到消毒的目的。该法的优点在于其对环境的影响较小，不会产生化学残留物，同时可以在一定程度上改善养殖环境的微生物生态平衡。然而，生物消毒法的效果受到环境因素和微生物自身特性的影响，需要在具体情况下选择合适的生物制剂和施用方法。

(2) 常用消毒药

① 土法消毒药　草木灰，类似碱性物质，能杀菌。制法为将 0.5～1kg 草木灰加入 10L 水，煮沸 1h，澄清后使用上清液进行消毒。生石灰（氧化钙），一种碱性消毒药，可调制成 10%～20% 的石灰乳，适用于墙壁的涂抹消毒。

② 常用西药消毒药　酒精（乙醇），可配制成 70% 的溶液，用于浸泡或喷洒消毒。碘酚，常见的浓度有 2%、5% 和 10%，用于一般伤口消毒，常用 2%～5% 浓度；碘酚可能引起皮肤灼伤或过敏反应，使用前需做皮肤测试，注意不适症状。来苏儿（甲酚皂溶液），可用于消毒圈舍、饲喂设备、用具、运动场地和处理污物，浓度为 3%～5%；手部消毒时，浓度可调整为 1%～2%。克辽林，参考来苏儿用法。石炭酸，可制成 3%～5% 溶液用于抑制多种细菌生长，但具有强烈刺激性和腐蚀性。氢氧化钠（又称苛性钠），可用于病毒性消毒，例如猪瘟、口蹄疫；2% 热溶液喷洒效果显著，添加 5% 生石灰可增强消毒效果。碳酸钠（纯碱），可用于洗刷或浸泡饲喂设备，4% 溶液适用；另外，将 1% 溶液加入煮沸水中可帮助溶解器械表面的污染物。

③ 粪便消毒药

a. 石灰乳　用生石灰 500g 加水 500mL 搅拌后，再用 4000mL 水冲泡即制成 10％的石灰乳；注意生石灰遇水会释放大量热，操作时应注意，避免烫伤。

b. 漂白粉（含氯石灰）　5％～20％混悬液可用于喷洒在圈舍、饲槽、排泄物上，但需现用现配。

c. 40％甲醛水溶液（福尔马林）　1％～5％溶液可用于圈舍环境消毒。

在选择消毒药品时，要考虑其适用场合、效果和安全性，以确保在养殖过程中有效控制病原微生物，维护动物健康和养殖环境清洁。每种消毒药品都有其独特特点，例如漂白粉混悬液适用于喷洒或撒布，具有消毒杀菌作用，但需现配现用。石灰乳适用于特定需求，制备过程需要注意搅拌均匀。在使用这些药品时，应严格遵守使用说明，注意个人防护，防止对身体造成伤害。此外，应保持充足通风，避免呼吸系统受到刺激。

（3）注重日常饲养管理

科学的饲养管理是确保动物健康的技术要点。然而，一些养殖场存在着严重的管理问题，如未按个体大小、体质强弱分群饲养，导致过度拥挤；忽视动物生物学特征和合理饲养方法；长期单一饲料投喂；饲料不卫生或不符合要求；缺乏清洁饮水等。这些问题将导致动物消瘦、抗病力下降，甚至死亡。此外，不当的饲养操作和管理水平低下也会引发动物损伤和应激反应。因此，必须注重科学的饲养管理，如合理分群，控制密度，提供新鲜干净的饲料和充足的饮水，定时科学饲喂，并注意防暑防寒，以减少应激反应和疾病的发生。优化饲养环境和管理水平，有助于提高动物的抗病能力，确保养殖业的健康发展。

（4）做好检疫和预防接种

① 检疫　是通过各种诊断方法对动物进行检查和宰后检验，并采取相应措施，严格监督检查，预防疾病的发生和传播的方法。检疫分为国境检疫和国内检疫两种。国境检疫旨在防止外国动物疾病进入国境，所有从国外进口的动物及其产品必须经过兽医检疫部门检查，证明为健康产品才能入境，禁止任何疫病动物及其产品进口。国内检疫则是为了防止邻近地区动物疫病传入本地区，对进出本地区的动物及产品均需进行检疫。农产品检疫是国内检疫的基础，必须定期对场内动物进行疫病检查。如发现疫情，应及时向兽医卫生防疫部门报告，并立即采取防治措施，扑灭疫情，阻止传播。

② 接种预防　是帮助动物获得特异性抗性，减少传染病发生的有效手段。在选择接种时要考虑疫苗特性、免疫效果、流行情况、动物健康状况和气候等因素，并确保准确计量、正确稀释疫苗。使用生物制剂时需按规定使用并详细记录相关信息，同时要注意清洁消毒注射器、摇匀液体疫苗、完全溶解冻干疫苗。对于弱毒活疫苗要进行安全试验确认，接种后加强饲养管理，提高动物抗病力。疫苗只能预防而非治疗疾病，抗病血清仅适用于初期治疗或紧急预防，稀释后的疫苗应及时使用，注意避免使用热水或含氯消毒剂稀释疫苗。

（5）提高动物抗病能力

提高动物抗病能力的措施包括：研制适合各种动物、各个品系的营养全价饲料，满足它们不同的营养需求；为动物提供适宜的生长环境，帮助动物更好地适应生长发育的需求，减少疾病发生的可能性；定期进行免疫程序、体检和疫苗接种等，确保动物身体健康；定期清理饲料槽、圈舍等养殖场地，有效控制病原微生物的传播，以减少疾病发生的风险，为动物提供一个健康的生长环境。

3.3.2 控制措施

(1) 向当地兽医防疫部门报告疫情

报告内容包括发病数量、死亡情况、主要症状和检查结果，以便及时采取预防措施。对于不明病原体的情况，应及时送动物病样给兽医部门检验。通过报告和检测，可以确诊疫情并及时采取针对性的控制措施，以遏制疾病传播，保护动物健康。

(2) 隔离患病动物并及时治疗

应最大程度限制患病动物活动范围，避免病原微生物传播，以便进行有效消毒。隔离期间，应确保给予动物及时的治疗和关怀，以提高其康复率。

(3) 封锁疫区，控制传染来源

应加强消毒工作，有效阻止疾病的传播和蔓延，保障区域内动物和人员的健康安全。尽快就地消灭疾病，期间禁止畜群调运，设立疫区出入口标记，并严格控制车辆通行。有必要时，可设置消毒池来确保通行物品清洁。

(4) 严格消毒

所有的动物饲养场地、圈舍、器具等必须进行彻底消毒。患病动物粪便含有大量病原体，应在指定区域堆积、发酵 15～30 天，并进行无害化处理。处理病死动物内脏时，应选择焚烧、深埋或制成工业原料，以确保防疫措施到位，避免疾病扩散。当疫区内未再发现患病动物或潜在感染场所时，经过充分消毒后可解除封锁。

3.3.3 治疗措施

(1) 口服法

将药物制成小块或加少量水，塞进或滴入动物口中，然后用滴管滴入适量水，帮助其顺利咽下。不同药物的给药方法略有不同，具体操作如下：

① 水剂　捏住动物头顶，使其嘴巴向上倾斜，然后用滴管滴入药液。对付动物群体疾病时，可以将药物溶解在水中让动物自由饮用。

② 片剂、丸剂　片剂、丸剂较大时，将其分割成适合动物服用的大小，使其自行咽下药物，这种服药方式可以提高药物的吸收效率。注意避免药物残留在口腔中，导致药效不理想或对动物的健康造成不良影响。

③ 粉剂　粉剂应装入胶囊或混合于食物中投喂，避免溶于水或口感差的粉剂直接喂药。混合于食物中投喂时，应先准确计算药量，再将药加入少量饲料中均匀混合，或在干粉中拌匀给动物服用。大规模投喂前应先试喂少量动物，确认无异常反应后再进行，还要注意防止药物残留引起中毒。

(2) 注射法

注射法通过注射器将药液直接注入动物的皮下、肌肉、静脉或胸腔等部位，以达到治疗疾病的目的，是防治动物疾病和进行免疫接种的主要方式。

① 肌内注射　手指压住注射部位（如颈部或臀部），消毒后，用注射器垂直刺入肌肉组织注药。这种方法操作简单、刺激性小，药效稳定且迅速，但药液吸收较慢。

② 皮下注射　即将药液注入动物皮肤和肌肉之间的部位，应选择皮肤较薄、组织疏松、血管较少的区域，如颈侧或股内皮肤柔软处进行。注射后，用酒精棉球按压针孔，轻轻按压

注射部位。

③ 静脉注射　即将药液直接注入颈静脉或翼下静脉内，使药液快速到达全身的给药方式。应先消毒，然后注射药液。注射后，按住穿刺点，拔针后用酒精棉球按压片刻。适用于大剂量、有刺激性水剂和高渗溶液的注射，以及不适合皮下或肌内注射的药物。

④ 嗉囊注射　这是一种将药液注入禽类的嗉囊的给药方式。其操作方便，剂量准确，特别适用于需要注射刺激性药物或口服困难的禽类。

（3）其他方法

其他给药方法还有滴鼻滴眼给药，适用于免疫接种等。涂抹法可直接涂抹在患处，治疗皮肤炎症和外伤。沙浴法常用于防治体外寄生虫病，即让禽类在沙池中活动。药浴法用于寄生虫杀灭和表面消毒，注意动物头部应露出水面，避免中毒。

【本章小结】

本章从特种经济动物疾病的概念入手，详细介绍了不同类型的疾病，包括传染病、非传染性疾病和寄生虫病。探讨这些疾病的发病机制、分类标准、疾病诊断以及疾病预防和控制，系统阐述各种预防措施，包括环境消毒、检疫和疫苗接种等，以减少疾病的发生和传播。针对已经发生的疾病，还将介绍具体的治疗方法和技术，以便有效应对各种疾病挑战，保障动物健康和养殖业的可持续发展。

【复习题】

1. 特种经济动物疾病按照发病原因可以分为哪几类？请简要说明各类疾病的特点。

2. 人与动物的共患病有哪些分类？请简要说明每一类的特点及其代表性疾病。

3. 什么是传染源？请列举几种可能的传染源，并说明它们是如何成为病原体的传播媒介的。

4. 列举环境消毒的几种常用方法，并说明它们的适用场景及优缺点。

5. 论述消毒方法中化学消毒法和生物消毒法的区别，并讨论在实际应用中如何选择合适的消毒方法以达到最佳效果。

（王学杨，邵作敏）

第4章

特种经济动物繁殖与育种

4.1 特种经济动物品种收集、保存与创制

品种资源的收集、保存和研究是育种领域中一项极为重要的基础性工作，应当予以足够重视。

4.1.1 品种资源收集

不同品种对环境条件的适应性和对病虫害的抗性不同，收集多样的品种资源可以为育种工作提供更多的遗传材料，以培育适应性更强和抗病性更好的新品种。因此，品种资源的收集是做好特种经济动物品种改良的基础工作。收集地方品种时，要写明征集地点、品种名称、历史来源、当地的自然条件、品种的主要形态特征，以及生产实践对品种优缺点的反映等。育成品种需要了解其选育过程、特征特性，以及其在当地生产实践中的反映。国外品种资源的收集，要根据遗传与育种研究的需要，在充分掌握各国品种资源的各种信息和情报的基础上，由有关部门组织品种资源国外考察组，有计划、有目的、有重点地进行。也可采取通信、访问或交换等方式，同各国品种资源保存中心及遗传育种研究中心或个人联系获取。

4.1.2 品种资源保存

品种保存最重要的任务是保证各品种的原有性状、原有的遗传基因，防止因保育年代较久或继代个体选择不当而引起不应有的遗传变异。建立专门的保存设施，如种子库、动物园或植物园，并确保设施符合相应的保存要求，包括温度、湿度、光照等环境条件的控制。制定长期的保存计划和管理策略，包括定期检查和更新保存物的状态、更新登记信息、进行繁殖或繁育等。建立多个地点的安全备份，以防止自然灾害或设施事故造成的损失。同时，积极与科研机构、社区分享保存的资源，促进利用和研究。地方品种是在一定的自然条件下形成的，对当地环境的适应性较强，为了保持地方品种的优良特性，一般以地区保存为主。

4.1.3 品种资源研究

品种资源的研究是种质资源工作的重要环节之一，是利用品种资源的依据。一般说来包

括四方面的内容。

(1) 生物学特征特性的描述记载

研究品种资源首先要弄清楚保存的各种种质资源的生物学特征特性。除了用文字做详细准确的描述记载外，还应将保存品种的固有特征拍成照片保存或制成标本。

(2) 经济性状的调查

经济性状反映该品种经济价值的大小，也是确定该品种能不能利用的重要依据。有些经济性状如发育匀称度、发育经过等，也可结合保育进行调查；有些经济性状如毛皮等级、药物含量、丝质等，需要用特定设备逐项加以测定。

(3) 抗性鉴定

抗性鉴定一般采用诱发鉴定方法，即人工创造所需的不良环境，促使参加鉴定的品种暴露出遗传本质差异，以达到筛选鉴定的目的。如要了解保存品种对高温多湿的抵抗性，就需人工设定高温、多湿的环境来进行鉴定；如需了解保存品种的抗病性，则用接种各种病毒、病菌的方法来进行鉴定。诱发鉴定是在人工控制的条件下进行的，不受季节和自然环境的限制，能排除周围环境的干扰，因而是比较准确和有效的鉴定方法之一。

(4) 遗传分析

品种资源的遗传分析，主要是遗传基因的分析研究，即对保存品种中各种突变基因进行连锁遗传分析，确定其所属的连锁群及其位点，以不断地修正和增补基因连锁遗传图。此外，还可采用生化遗传学方法，测定各保存品种组织的同工酶酶谱，以及调查各保存品种的血液蛋白质类型，为遗传育种研究提供基础资料。

4.1.4 品种资源创制

创造单项经济性状优良的基础品种，是提高选育品种效果极其重要的一项应用基础性研究。随着整个国民经济的不断发展，人们对不同特种经济动物品种不断提出新的要求，使得育种工作者普遍感到育种素材不足，遗传基础贫乏，所以有必要加强特殊品种资源的开发及研究。目前，品种资源创制的方法主要分为传统育种方法和现代分子生物技术方法。传统育种主要从自然变异或育种材料中选择具有优良性状的个体，或者人工诱导突变（如化学药剂、辐射等），创造新的遗传变异，最后对不同品种进行杂交，结合优良性状，选育出具有更好性能的新种质。现代分子生物技术是利用DNA分子标记技术来识别和选择具有优良性状的品种，通过转基因技术将目标基因导入植物或动物中，或者使用CRISPR/Cas9等技术对基因组进行精准编辑，以创造具有特定改良性状的新品种。

4.2 特种经济动物的繁殖

绝大部分特种经济动物的驯化水平尚未达到理想水平，它们的繁殖受到所处环境的严格限制。以哺乳动物为例，如果环境无法满足它们的基本需求，就会出现性腺发育异常、发情和繁殖能力下降、受孕率或受胎率降低、胚胎着床困难、胚胎吸收或流产、产后泌乳不足、幼仔生存能力下降等问题。因此，理解和认识特种经济动物的繁殖是实现人工繁殖的前提。

4.2.1 繁殖方式

(1) 有性繁殖

有性繁殖是指需要雄性和雌性之间进行交配的繁殖方式。通过交配，雌性动物体内的卵子和雄性动物体内的精子结合，形成受精卵，发育成为胚胎，最终产生出新的个体。有性繁殖增加了遗传差异性，有助于适应环境变化。

(2) 无性繁殖

无性繁殖是指不需要雄性和雌性之间进行交配的繁殖方式。在无性繁殖中，个体能够通过自我复制或分裂产生新的个体，这些新个体与原个体互相克隆，具有相同的遗传信息。无性繁殖的优点在于能够快速产生大量后代，避免个体之间交配带来的遗传不利影响。

(3) 人工繁殖

人工繁殖是指通过人工手段来促进动物的繁殖，即通过使用新技术来控制交配、妊娠和出生过程，以实现特定的繁殖目标。人工繁殖包括人工授精、体外受精、移植胚胎等方法。该技术可以提高农场动物和种畜的生产性能，改良品种，保存濒危物种，以及为科学研究提供材料。

4.2.2 受精卵发育方式

特种经济动物受精卵发育方式主要有胎生、卵生和卵胎生三种方式。

(1) 胎生

胎生是指受精卵在母体内子宫里发育的方式。胎生动物的受精卵通常很小，卵黄较少，一旦在母体子宫着床后，将通过胎盘和母体联系，吸收母体血液中的营养和氧气，并将二氧化碳和废物释放到母体血液中。哺乳动物除了鸭嘴兽和针鼹是卵生外，其他都是胎生动物。

(2) 卵生

卵生是指受精卵在母体外独立发育的方式。卵生动物将卵或受精卵排放在体外（例如鸟类），或者埋藏在土中（例如蝗虫、龟、某些蛇类），或者留在树皮缝隙中（例如蝉），或者释放在水中（例如鱼、蛙等），接着通过成体孵化或太阳辐射热来孵化和发育成幼虫或幼体。卵生的特点是胚胎发育过程中完全依赖卵黄作为营养。

(3) 卵胎生

卵胎生是指受精卵在体内受精和发育的方式。虽然这种方式的受精卵在母体内形成新个体，但胚胎与母体的结构和生理功能关系不密切；胚胎发育时仍然依赖卵黄存储的营养，与母体没有物质交换，或仅在发育后期与母体进行气体交换和少量的营养联系；一旦幼体成熟，母体的生殖道将会排出幼体和卵膜。相比卵生动物，卵胎生动物胚胎在母体内可得到适当保护，使孵化存活率更高。例如，一些蛙类会将卵吞入母蛙的胃中孵化，然后再吐出。代表性动物有某些毒蛇（如蝮蛇、海蛇）、部分鲨鱼（如锥齿鲨、星鲨）、一些鱼类（如孔雀鱼、大肚鱼）以及一些胎生蜥蜴和铜石龙蜥。

4.2.3 繁殖的季节性与主要影响因素

季节性繁殖是特种经济动物长期生活在野外环境下对环境变化的自然选择结果，主要受季节因素影响，例如光照时间和强度、温度变化以及饲料营养水平等。例如，鹿繁殖配种季节通常在9～11月份，水貂在2～3月份，银黑狐一般在1～3月份，北极狐在2～4月份，貉在1～4月上旬发情，犬类春秋各发情一次，雉鸡在北方地区通常在3～7月份（南方提前1～1.5个月）。动物季节性繁殖不仅受环境变化直接影响，还与内分泌、营养和新陈代谢水平等因素有关。这里仅介绍直接影响的环境因素。

（1）光照

光照对动物季节性的性行为具有促进作用。春夏季繁殖的动物由于日照增长和温度升高而刺激其生殖机能，例如野猪、雪貂、马、驴、食肉动物（如水貂、狐、貉）和所有鸟类（如雉鸡），通常被称为长日照动物，增加光照可诱导发情；而秋冬季配种的动物则因日照缩短和温度降低而刺激其性活动，如鹿、绵羊、山羊和反刍动物，被称为短日照动物，减少光照能诱导发情。对于短日照雄性动物，在长日照季节适当减少光照可以提高繁殖能力，反之亦然。在饲养管理中，通过人工调控光照，可以改变动物的季节性性活动。例如，在春季缩短光照时间至与秋季相同，可使秋季发情的动物在春季开始繁殖；又如，将原本在南半球的新西兰赤鹿移至北半球的中国，其繁殖季节将逐渐适应北半球的光照变化，反之亦然。

（2）温度

所有动物的繁殖都必须在合适的温度区间内才能正常完成，过高过低都会严重影响繁殖性能，严重的将导致死亡。春天繁殖的动物随着气温升高使生殖腺成熟，而秋季繁殖的则随着温度下降促进性腺发育。高温会导致许多雄性动物精液质量下降，高温使睾丸温度升高成为雄性生育力下降的主要原因。雌性动物受高温影响，可导致发情时间缩短、表现微弱，尤其在胚胎着床前可能导致死亡。高温还会导致雌性动物体温升高、采食减少，可能引起营养不良、胎儿养分供应减少，影响代谢和酶活性，影响繁殖力。低温会导致动物的新陈代谢减缓，影响内分泌系统的正常功能，从而影响动物的繁殖能力，如降低求偶活动的频率和强度，减少交配次数，降低繁殖成功率等。温度过低还会影响精子的生成和质量，雌性动物的子宫内环境受寒冷影响会导致胚胎的发育异常。

（3）食物

无论是食肉动物、食草动物还是杂食动物，它们都会选择在食物最为丰富的时期展开繁殖活动。在繁殖季节里，动物能够获得丰富多样的食物资源，这对它们的繁殖成功至关重要。在温带地区，动物通常会选择在春季或秋季展开繁殖，因为这两个季节植被茂盛，食物丰富。热带地区，动物的繁殖季节会受到干季和雨季的影响，动物往往会选择在雨季进行繁殖活动。寒带地区，夏季是动物活动的高峰期，此时阳光充足，土壤解冻，各种活动如觅食、交配、生产和育幼都会在短时间内完成。

4.2.4 繁殖期的特殊表现及繁殖管理

大多数被人工驯养的特种经济动物仍然保留着一定程度的野外生态习性，在繁殖期常常表现出与平时不同的特征，特别是行为和饮食习性方面需要注意。在人工驯养环境中，必须充分了解所驯养动物在繁殖期间的特点，这样才能避免造成不必要的生产损失。

（1）繁殖期的特殊表现

在繁殖期中，由于内分泌激素水平的变化，动物常常表现出与平时完全不同的特殊特征，主要体现在动物的行为和饮食上。繁殖季节到来时，动物身体内的性激素水平升高，引发了行为和食性的明显改变。深入了解动物在繁殖期间的特殊表现，有助于更好地管理和照顾。

① 行为变化　进入繁殖期，动物的行为常常会发生明显变化。雄性动物表现出兴奋、暴躁、易怒和好斗等行为，被称为"性激动"。特别是在求偶过程中，雄性动物可能会因为争夺配偶而展开激烈的斗争。以鹿为例，到了发情季节，尤其是公鹿会变得极度兴奋、暴躁，常常蹄扒地、顶木桩或围墙并发出吼叫等异常行为，这时连饲养员都难以接近。另外，一些雌性动物在性成熟前可能会拒绝雄性的交配，表现为反抗、斗争。在人工驯养条件下，如果不严格监管，可能导致动物受伤甚至死亡，带来经济损失。

② 食性变化　动物在繁殖期内的食欲通常会下降，主要依靠机体内的储存营养物质。例如，公鹿在配种季节食欲会明显下降，采食量显著降低，导致身体消瘦，到了发情旺期更是几乎不进食。整个配种期间，公鹿的体重可能下降 $15\%\sim20\%$，而性欲旺盛的壮年公鹿则消耗更多体力。另外，还会出现食性上的改变，例如，一些有蹄类食草动物可能会捕食草地上的啮齿动物；而食植物的鸟类有时也会捕食昆虫；许多食肉动物在繁殖期内也可能吃一些植物性食物。这些暂时食性变化现象可能是为了补充体内营养物质不足而出现的。

(2) **繁殖管理**

一般来说，可以将繁殖期分为配种前期、配种期和配种后期三个阶段，下面对于每个阶段的饲养管理工作要点进行具体说明。

① 配种前期　又称为配种准备期。为了达到或保持良好的配种状态，饲养管理应根据动物的需求，使动物保持中上等肥满度和健康体质。在人工饲养条件下，应当采取不同于日常的饲养方法，通过增加蛋白质和维生素的摄入量，促进动物进入配种状态。例如，对于食肉动物，可以在配种前期添加植物性食物，而对于食草动物，则给予适量的动物性食物，这些措施可以有效地维持动物良好的食欲，促进性腺发育。此外，还应重视配种驯化工作，特别是初次参与配种的动物。通过人为训练可以使动物适应配种活动的环境和指令信号，克服恐惧情绪，减少不利情况的发生。对于不参与配种的动物，在配种前期应适当减少精料的供应，减少外界刺激，防止动物的不必要骚动和体力损耗。

② 配种期　动物在这一阶段性腺已经成熟，体内性激素水平较高，食欲普遍减退，喜欢饮水和洗浴，容易受外界刺激而出现性冲动。由于发情和交配活动，动物体力消耗较大，抵抗力下降，易受疾病、伤害和死亡威胁。因此，强化配种期的饲养管理至关重要。应根据种用与非种用、年龄和体质状况等，分别进行群体管理。应特别关注种用动物的饲养管理，饲料的质量和数量应优于非种用动物，饲料应精细少量，对于配种能力较差的动物可以考虑添加催情饲料。应及时观察动物的发情症状，适时配种，特别注意初次参与配种的动物的表现，避免拒绝或假配的发生。保持配种环境安静，减少外界干扰。专人看护观察，及时阻止争斗。

③ 配种后期　雌性动物如果受精就会进入妊娠、产仔和哺养期；而雄性动物则需要恢复体力。由于不同种类动物在配种后期存在较大差异，难以统一划分，因此需要针对具体物种采取相应的饲养管理措施。通常情况下，动物在配种后期无论是生理、行为还是食性上都与配种期存在明显差异，雄性动物需要恢复体力，重点关注饲料的营养以加速复原；而雌性动物处于怀孕阶段，需要加强饲养管理，以提高产仔率和后代体质。如果管理不当，可能导致胚胎发育异常、流产或减少产仔数量，特别是对于存在胚胎潜伏期的物种，雌性动物的管理至关重要，以避免生产损失。

4.2.5 提高繁殖力的措施

繁殖力是特种经济动物养殖业的重要指标之一。为了提高繁殖力，首先要保证动物正常的繁殖功能，再进一步研究采用先进的繁殖技术，以提高繁殖潜力。如果饲养管理技术不当，动物在人工驯养环境下可能比野生环境下的繁殖力还要低，原因是动物无法适应人工环境，导致内分泌失调，影响了繁殖功能。要解决动物在人工条件下的繁殖问题，除了加强一般性饲养管理和繁殖技术外，还需要深入了解内在因素（如遗传基础、配子质量、新陈代谢等）和外在因素（如营养、环境等因素）的综合作用。下面介绍几种特种经济动物生产中提高繁殖力的特殊措施：

(1) 加强驯化

人工驯化可以使特种经济动物逐步适应人工环境，改善其行为和生理功能。性活动期间，动物因体内激素水平升高，表现出易激怒、好斗、食欲降低等特征，这会给管理工作带来困难。因此，采取合理的驯化措施对动物神经、内分泌系统和繁殖机能至关重要。加强驯化是提高特种经济动物繁殖力的关键，已有成功案例。例如，野生鸽子抱窝习性强，每年产蛋约 20 枚；在人工驯养条件下，通过驯化抱窝性，其产卵力提高了十几倍。北方养鹿通过群体驯化也成功实现了集中发情和缩短配种时期，使得产仔周期缩短，生产管理效果得以提高。总之，对于具有诱导发情和刺激排卵特性的动物，繁殖期驯化尤为重要。

(2) 调控环境因子

特种经济动物在人工驯养条件下若不能正常繁殖，说明其所处环境条件不符合基本要求，可考虑通过改善或补充单一或多种环境因素，以提高其繁殖能力。光照、温度、营养等为重要环境因素。例如，增加水貂的光照时间可缩短妊娠期，调节温度可提高繁殖效率。通过控制不同饲养阶段的光照时长，水貂一年可产三胎，繁殖能力得到提升。针对有休眠习性的特种经济动物，可通过补充食物以及调控光照、温湿度、氧气等环境要素打破休眠状态，促进生长发育，提高繁殖效率。例如，在人工饲养条件下，调控温湿度和改进营养状况可使土鳖虫连续生长，将生长周期从 23～33 个月缩短至约 11 个月，实现快速繁殖，产量大幅提升。

(3) 调控激素水平

通过调控激素水平实现人工驯养动物的生殖控制和提高繁殖力已经被广泛应用。应用外源激素可以改变动物的生活习性，促进性腺发育，并促使动物同期发情、超数排卵，促进胚胎着床，防止胚胎吸收和流产，提高动物繁殖力。例如，通过注射垂体激素，可促进种鱼的性腺发育，使其提前产卵，进而可以培育出大量鱼苗。又如，通过注射雄性激素可促使鸟类克服就巢性，提高产卵量。以乌骨鸡为例，它具有极强的就巢习性，每年只产约 50 枚蛋，通过调节体内激素含量，可以改变其生理过程，达到提高产卵率的目的。进一步试验，通过注射内酸睾丸素可快速解除乌骨鸡的就巢性，使其恢复产卵，年产卵量提高到 100 枚以上。同样地，通过注射促黄体释放激素可提高水貂的繁殖力，通过外源激素调控马鹿、梅化鹿的发情与超数排卵等试验也取得显著成效，并已逐渐广泛应用于生产实践中。

4.2.6 提高繁殖力的技术

(1) 发情鉴定技术

对于动物的发情情况进行鉴定，能够准确判断发情的真实性和正常程度，确定发情阶段，预测排卵时间，以便及时进行配种。对于异常发情的情况，可以找出原因并采取相应措施，促进怀孕。许多特种经济动物都是季节性发情动物，有些甚至是一次性发情动物，因此发情识别至关重要，否则可能导致当年的空怀和生产损失。例如，试情法在梅花鹿、马鹿和毛皮动物的发情识别中应用较为广泛。

（2）发情和排卵控制技术

通过应用某些激素等药物以及饲养管理措施，可人为控制雌性动物的发情和排卵。诱导发情、同期发情和超数排卵等技术都属于发情排卵控制范畴。例如蓝狐、马鹿等动物已经在生产中应用了同期发情技术。另外，产卵数量有限的蛤蚧和产量低的金钱白花蛇、入药的银环蛇，如果能利用超数排卵技术来增加产量，将会给生产带来巨大利益。

（3）人工授精技术

人工授精是指利用器械在人工条件下采集雄性动物的精液，经过品质检验、稀释保存等处理后，再将合格精液输送到雌性动物生殖道的适当部位以实现受孕的配种方法。目前，马鹿、梅花鹿、狐等动物的人工授精技术已经相当普及。对于一些特种经济动物，常规繁殖方法在种源、人工饲养和繁殖上存在困难，这时人工授精技术变得尤为重要。

（4）妊娠诊断

妊娠诊断是动物养殖中不可或缺的环节，尤其是早期诊断能够帮助农民减少空怀、缩短产仔间隔、避免生产损失，进而提高繁殖效率。在水貂、狐、貉等毛皮兽养殖中，及时发现母兽是否怀孕，可以有效管理怀孕周期，避免空怀情况的发生，进而降低维护和饲养成本。

（5）胚胎移植技术

胚胎移植技术是指将一头优质雌性动物早期配种后的胚胎取出，移植到另一头生理状况相近的雌性动物体内，以使其成功受孕的技术。虽然特种经济动物胚胎移植技术有成功报道，如马鹿的胚胎移植，但尚未得到广泛应用。

（6）繁殖障碍防治技术

动物出现繁殖障碍通常涉及先天性繁殖障碍、繁殖技术引起的不育、环境气候引发的不育、营养性不育、卵巢功能障碍、管理利用方面的不育等问题。为了避免这些问题，应采用先进的繁殖技术手段，在驯养过程中最大程度地发挥动物的繁殖潜能。

4.3 特种经济动物的育种

特种经济动物的育种是应用生物学（如遗传学、动物繁殖学、发育生物学等）基本原理和方法，改良动物的遗传性状，提高种用动物品质，增加良种数量，改善产品质量，扩大优质产品额，培育出符合人类需求的高产类群、新品种或新品系和利用杂种优势的工作。人类从事动物驯养和育种活动具有长久历史，已培育出许多驯化或半驯化特种经济动物品种，如乌鸡、鹌鹑、蜜蜂、家蚕、鹿等。人工驯养条件下，大多数特种经济动物与野生型相似，只有初步驯化，育种工作进展缓慢。目前，特种经济动物育种技术还远远滞后于家畜家禽，主要是缺乏明确的育种目标、实施计划和组织安排，只为增加产品和提升生活力而选育个体或群体。因此，本节对特种经济动物育种过程相关内容进行简述。

4.3.1 质量性状与数量性状

现代动物育种和遗传改良的主要特点是针对群体和性状进行选择，因此在特种经济动物的选育中，性状也分为质量性状和数量性状两大类。

质量性状的变异是不连续的，不同变异之间明显可见差异，可以用形容词描述其变异特征，例如角的有无、血型、耳型、毛色、遗传缺陷和遗传疾病等。质量性状通常受到显性和隐性基因的控制，对于这两种基因的选择应采取不同策略。若不存在显隐性关系，可以直接通过表型判断基因型的质量性状，选择比较简单。有时，某些质量性状可能需要通过选择杂合子来实现。

数量性状的变异是连续的，不同变异之间区分不明显，只能通过数字来描述其变异特征，如体型大小、体重、毛发长度和密度、毛色深浅、繁殖力、抗病力、生存能力和生长速度等，以及产奶量、产蛋量、日增重、产肉量、产毛量、饲料利用率等重要经济性状。

尽管质量性状和数量性状之间是相互关联的，但它们不能被完全分割开来。通常认为质量性状的遗传是由 1 对或少数几对基因控制的，且受环境影响较小；而数量性状则受多个微小效应基因的控制，遗传机制更为复杂，且受环境因素影响较大。数量性状需要运用数量遗传理论和数理统计方法进行分析和研究，并用于指导育种实践。数量性状不仅是生产中重要的经济性状，也是动物育种中的主要选择标准。虽然质量性状和数量性状的遗传有相似之处，但也有根本性的不同。有关质量性状和数量性状遗传机制的详细介绍可在动物遗传学领域找到，此处不再赘述。

4.3.2 选种

选种实际上是选择优秀的个体，淘汰劣等个体，其主要功能在于能够有针对性地改变群体的基因频率，从而改变群体的遗传结构和生物类型。对于某种特质进行有系统性的选择可能会培育出新的品种。例如，在水貂中，彩色水貂的体型外貌与标准色水貂相似，主要区别在于毛色不同。丹麦已经成功培育出了针毛较细短的红眼白水貂，其基因型为由一个白化基因和一个咖啡色基因组成的双隐性遗传基因型（ccbb）。对于某种数量特征进行有系统性的选择也可能培育出新品种。例如，在马鹿、梅花鹿的育种过程中，通过选择遗传力较高的茸重特征，经过多代的系统选择，培育出了产茸性能优良的双阳梅花鹿、长白山梅花鹿、西丰梅花鹿、兴凯湖梅花鹿以及清原马鹿等茸鹿品种。有益的突变也可以培育出新品种。例如，银黑狐就是赤狐在野外自然环境下形成的突变种，白雉是欧洲环颈雉的突变种，獭兔则是由灰色普通家兔中产生的短毛突变种培育而成的。

选种是通过控制个体的繁殖机会，有针对性地改变杂合性群体的基因频率和基因型频率，从而使群体的遗传结构按照需求改进；有利基因频率的增加也为生产和选择更好基因型的个体提供可能。

（1）选种方法

① 个体选择　这是一种根据个体的表型值进行选择的选种方法，在群体中只看个体本身的表现结果，不考虑亲属的表现，选择留下表型值高的个体进行繁育。个体选择通常会有很大的选择反应，特别是在选择强度相同的情况下，性状的遗传力越高，个体选择效果越好。因此，个体选择最适合于选择遗传力高的性状，不适合于选择遗传力低的性状。然而，对于那些个体本身不表现出来的性状，或者无法确定表型值的性状，无论遗传力高低，都不适合采用个体选择的方法。

② 家系选择　该方法根据家系的平均表型值进行选择，在群体中以家系为单位，看家系的平均表现而非个体表现，选择留下平均表现优秀的家系作为种源。家系选择适用于选择

遗传力低、个体未表现或无法确定表型值的性状，作为对个体选择的一种补充。但对于选择遗传力高的性状，家系选择意义不大。当家系内个体数较多且表型相关性较小时，家系的平均表型值能代表其平均繁育值，此时家系选择的选育效果是可靠的。

③ 家系内选择　这种方法是根据个体表型值与家系平均表型值之间的差异进行选择，具体做法是在一个群体内的各个家系中，不考虑家系的表现，只考虑个体表型值与家系平均值的差距来选留优异个体。家系内选择适用于选择遗传力低或者家系内环境相关性高的性状，因为各个家系之间的差异主要是由环境引起的，而同一家系内的个体处于相似环境中，它们之间的差异才能真正反映遗传上的差距。

④ 合并选择　这种方法综合考虑个体的表现与家系的平均表现进行选择。具体做法是在一个群体中，综合考虑家系均值和群体均值以及个体与家系均值的差距，来选留优异且高于家系均值的个体进行繁育。个体表型值可分为家系平均值和个体偏差两部分，选择时要同等重视这两部分；而家系选择只考虑家系的平均值，不考虑个体之间的差异；家系内选择则只看个体之间的差异，不关心家系的平均值。通过适当地考虑这两部分的重要性，选择最优的组合，即为合并选择。

总之，个体选择、家系选择、家系内选择、合并选择这四种方法的选择依据和适用条件各不相同。在进行群体选种时，采用不同的方法可能会得到不同的效果。在选择如何操作时，需要考虑选定性状的遗传力、家系数量的大小以及家系内不同个体的表型相关性。只有这样，才能确保获得最佳的选择效果。

(2) 选种方式

在育种实践中，选择需要有重点，且不应选择太多性状，以免影响各性状的遗传进展。一个群体中常常不只希望改进一个性状，需要综合考虑。单性状选择通常针对某一性状，当需要提高多个性状时，可采取以下选择方法。

① 顺序选择法　这个方法是针对要选择的目标性状，进行逐个选择，即每次只选择一个。这种选种方法对于每个单独的性状来说，遗传进展很快，但对于所有性状，总体来看提高所需的时间会比较长。如果要选择的几个性状之间存在负相关，就有可能出现提高一个性状的同时导致另一个性状降低的情况。然而，如果我们在空间上对这几个性状进行分别选择，即在不同的品系中选择不同的性状，等到提高后再通过系间杂交等方式进行综合，可能会缩短育种过程所需的时间。

② 独立淘汰法　当需要选择多个性状时，可以分别设定淘汰标准。只有达到所有规定的性状标准的个体才能留下来，而只要有一个性状不符合标准就将其淘汰。由于群体中具备多个优秀性状的个体并不常见，因此这种选择方法通常会选择出各方面表现中等的个体，却容易将一些在某个性状上表现突出的个体排除。随着选择的性状增加，被选中的个体数量就会减少，因此遗传进展会变得更加缓慢。目前，一些经济动物选择中采用的种用动物选择或综合等级鉴定标准实际上属于这种选择方法。与顺序选择法相比，独立淘汰法通常效果更好，因此除非只关注某一个性状，否则通常不会选择顺序选择法。

③ 综合指数法　此法根据选定性状的遗传力、经济重要性，以及性状之间的表型相关性和遗传相关性，通过对几个性状的表型值进行不同且适当的加权，制订一个指数来进行留种与淘汰。这种选种方法综合考虑了各个性状的经济意义和遗传进展，确定了它们的重要性，并给予了不同的加权系数，将所选性状整合到一个指数中，方便进行对比和选择。总体来说，综合指数法的选种效果通常优于或至少不低于独立淘汰法，但是制订合理的选择指数

比较复杂，如果选用的指数本身不合理，选种效果可能并不理想。

4.3.3 选配

选配是指有目的地决定动物配对的过程，也是有目的地组合后代的遗传基础，以实现培育和利用良种的目标。换句话说，选配通过有意识地组织优质种用雌雄动物的配对，培育出最优秀的后代。

选种可以改变群体基因组的比例，而选配则可以有意识地组合后代的遗传基础，这两者相互联系、相互促进，是动物育种的两大手段。

通过选种，可以筛选出相对优秀的种用动物。然而，雌雄种用动物交配所得到的后代并非全部优质，通常会存在品质差异。这可能是由于种用动物本身的遗传性不稳定，部分后代未能获得良好的生长环境，或是雌雄双方的基因组合存在差异或缺乏足够的亲和力所致。因此，要想获得理想的后代，不仅需要进行选种工作，还需要进行有效的选配工作。只有具备良好的种用动物才能有效地进行选配工作；同时，应根据选配的需求选择种用动物，或根据选配所得的优良后代选择后续配种所需的种用动物，即选种和选配相互依存。在进行选种的同时，也要考虑下一步的选配工作，而选配后所得的后代质量可验证选种和选配是否适当，即选种为选配、选配验证选种。只有合理的选配工作才能巩固选种成果；先选种再选配，选配后再选种，二者相辅相成。

4.3.3.1 选配的作用

通过选配可以让优秀的个体有更多的交配机会，可帮助良好的基因更好地组合，从而使整个群体不断改进和提高。选配主要考虑相配动物之间的关系，包括它们的品质、亲缘关系以及所属种群特性等多个方面。这些关系会导致后代产生一定程度的变异，从而通过选配可创造出新的变异组合，为培育新的理想型创造条件。

动物的遗传基础源自它们的父母，如果亲本之间的遗传基础相似，那么后代的遗传也会相似。因此，经过数代选择性状相似的雌雄动物相配，所选性状的遗传基础会逐渐趋于一致，性状特征也会被固定。选配能够稳定遗传性，可保证有益变异的持续存在。

当群体出现有益变异时，通过选种可以选出具有这些变异的优良动物，然后通过选配可进一步强化和固定这些有益特征。经过长期继代选育，有益变异不仅会在群体中得到保持，还会变得更加突出。选配有助于把握变异方向，加强有益变异，形成群体独特的特点。

4.3.3.2 选配的分类

选配根据其侧重点的不同，主要分为个体选配和种群选配两种。个体选配可根据交配双方品质的对比情况，进一步分为同质选配和异质选配，也可以根据交配双方的亲缘关系远近分为近交和远交。而在种群选配中，则主要根据交配双方的种群特性的不同，来细分为纯种繁育和杂交繁育两种方式。对于杂交来说，可以根据不同种群之间的关系、杂交的目的和方式等进一步区分出多种不同的类别。

(1) 个体选配

① 品质选配是一种考虑交配双方品质的选配方法，分为同质选配和异质选配。

a. 同质选配　是指在同一群体中选择具有相同性状、表现一致或遗传价值相近的优秀雌性和雄性动物进行配对，从而希望获得与父母具有相似优良品质的优秀后代。通过同种内同质配对，可以相对稳定地将优良性状遗传给后代，使得这些品质得以保持并巩固，同时可以快速增加群体中优秀个体的数量。当需要保持种用动物有价值的性状，增加群体中纯合基因型的频率，或者在杂交育种阶段出现了合适的群体并希望快速固定时，可以采用同种内同质配对的方法。

b. 异质选配　是基于不同表型的配对方法。一种是选择具有不同优秀性状的雌雄动物进行配对，以期望将这些不同性状结合在一起，从而获得综合了双亲优点的后代；另一种是选择具有相同性状但程度不同的雌雄动物进行配对，以期待后代有较大改进和提高。异质选配可以综合双亲的优良性状，丰富后代的遗传基础，创造新的遗传类型，并提高后代的适应性和生命力。

c. 品质选配的运用　品质选配是在个体选配中最常见的方法，即同质选配和异质选配。有时候这两种方法会结合运用，有时则会交替进行，二者相互促进，很难完全分开。在同一群体中，可能某个时期主要采用异质选配，而另一个时期则切换为同质选配以稳定品质。在不同群体中，育种群通常主要使用同质选配，而在繁殖群则可以主要使用异质选配。即使在同质选配阶段，主要性状可能同质，但其他性状可能是异质的。一次性的同质或异质选配所获得的任何进展，在停止选配后均可能迅速消失，因为在随机交配的条件下，群体很快会回到初始状态。要求选配双方绝对同质或异质基本是不可能的。

② 亲缘选配是一种考虑交配双方亲缘程度的选配方式。如果双方的亲缘关系较近，称为亲缘交配或近亲交配；反之，则称为非亲缘交配或远亲交配。

a. 亲缘交配　是指共同祖先到交配双方的世代数总和不超过 5 代的交配。在实际育种中，通常认为近交是指那些系谱中父系与母系有共同祖先的个体。众所周知，近交是有害的。因此，在繁殖场和商品生产性养殖场，通常都要避免近亲交配，而选择远亲交配。然而，由于有亲缘关系的个体基因型比较一致，近交可以进一步改变后代群体的基因型频率，使得一些杂合等位基因在后代群体中趋于纯合，从而形成有明显差别的纯合类型。因此，在动物育种中，近交具有特殊用途，有时为了达到特定目的，会需要采用这种选配方式。近交主要用于固定优良性状，揭示有害基因，保持优良个体的血统，以及提高群体的同质性，需要谨慎应用。

b. 非亲缘交配　是指共同祖先到交配双方的世代数总和超过 5 代的交配。在实际繁殖过程中，通常以系谱为准。如果交配双方的系谱中没有发现共同祖先，则可以确认为非亲缘交配。对个体的遗传影响主要受到系谱内祖先的影响，系谱之外的祖先对遗传影响较小。非亲缘交配有助于减缓杂合子等位基因趋向纯合的速度，从而有利于维持群体的生命力。在动物育种和改良中，非亲缘交配发挥着重要作用。除了利用亲缘交配来加速固定性状外，非亲缘交配也广泛采用。特别是在商品群体生产中，通常会完全避免近亲交配导致的经济损失，而采用非亲缘交配策略。这样做既可以确保群体的生产效率，也可以避免由于近亲交配而导致的衰退。

(2) 种群选配

种群可以指一个动物群体、品系或品种。种群选配是指在动物的繁殖过程中，根据配种双方所属的种群特性和关系进行选择配对的过程。个体的品质、亲缘关系和亲和力都是考虑因素。此外，也需要了解配种个体所属种群的特性和配合力，以便进行合理的组合和选配。通过种群选配，可以更好地结合后代的遗传基础，培育出更理想的个体或群体，并充分利用杂种优势。

① 纯种繁育　是在特定种群内，通过实施选种选配、培育品系、改善培育条件等方法来提高种群性能的一种方式，属于同种群选配的范畴。主要目标是保持和发展种群的优良特性，增加种群内优秀个体的比例，同时消除种群存在的一些缺陷，以维持种群的纯度并提高整个群体的质量。纯种繁育有助于巩固品种的遗传特性，从而使种群的优秀品质能够长时间得以保持，同时可迅速增加具有相同出色特征的个体数量；还有助于不断提升种群水平，使得群体质量稳步提升。

② 杂交繁育　是指通过异种群选配，选择不同种群的个体进行交配繁育。例如杂交中，可以根据杂交双方的亲缘关系将杂交分为品种内杂交（如泉州乌鸡系与泰和乌鸡系的杂交）、品种间杂交（如朝鲜鹌鹑与日本鹌鹑的杂交）、亚种间杂交（如东北原麝亚种与江南原麝亚种的杂交）和种间杂交（如梅花鹿与马鹿的杂交）等不同形式。杂交后代通常具有"杂种优势"，在生存能力、适应性、抗逆性和生产力等方面往往优于纯种。

4.3.4　本品种选育

本品种选育是指通过选种、选配、品系繁育等方式，在品种内部改善结构，以提高性能的一种育种方法。该方法的定义较广，在实际应用中也比较灵活。不仅包括育成品种的纯繁育，还包括一些地方品种、类群的改良与提高，甚至有时在技术措施上也会进行小规模杂交。例如，目前梅花鹿和马鹿等重要经济动物的育种主要以纯繁为主，并且实践证明进行本品种选育可以巩固和提高其遗传性能和生产力。

在进行本品种选育或培育新品种时，应建立相应的育种组织，负责组织领导保种、选育和提高工作，以确保有计划地进行育种，随时掌握选育效果和进度，从而取得良好的育种效果。应重视动物种用价值评定工作，积极进行品系繁育，并建立健全的育种体系。特种经济动物通常分布在特定产区，其形成、存在和发展受到深远的自然和社会因素影响。本地品种往往具有特定优点和稳定的遗传性能，但不同区域的品种在性能上可能存在较大差异。针对本地品种的选育，通常应采取以下措施：在普查资源基础上客观评价，并明确选育目的；确定品种选育基地，建立育种群，有计划地进行本品种选育；对数量较少且经济效益不高的品种，应建立保种群或保种区，稳定基本雌性群体数量，配置足够的种用雄性，可采用各家系等量留种、交叉选配的措施，防止品种因近交系数迅速上升而衰退；在妥善保存遗传资源的基础上，合理利用并正确处理保护与利用的关系；结合有计划的选种、选配与科学的培育，不可忽视饲养管理等培育措施，以确保质量和纯度得到提高；加强组织领导，促进选育协作，建立良种登记制度和性能测定规程，推动良种选育工作。

4.3.5　繁育群体划分

在育种管理中，通常会将群体划分为三类：育种核心群、生产群和淘汰群。这样有助于提高群体的生产性能，保证良种在繁殖中的优势。

（1）育种核心群

育种核心群是指在动物繁殖过程中促进培育目标不断朝着人类期望的方向发展，逐步形成特定品种，并且主要负责繁殖后代的一组动物。通过对这一群体的精心管理和照料，可以有效地优化繁殖效果，促进品种进化，实现人类对动物品质的要求。

（2）生产群

生产群是主要从事商品生产的群体，其饲养标准通常较低。在驯养场中，生产群通常数量最多，是产品的主要供应来源。驯养场的产品生产和产值收入都受到生产群的影响。

（3）淘汰群

这个群体由生产能力低下、年龄较大的动物以及患病的动物所组成，虽然暂时还有一定的生产价值和利润，但需要逐步淘汰。

【本章小结】

本章全面介绍了特种经济动物的繁殖与育种，从品种资源的收集、保存与创制，到繁殖方式与受精卵的发育，进一步探讨影响繁殖力的各种因素与管理措施，重点讨论如何通过科学的繁殖管理和遗传改良手段，培育出更具经济价值和适应性的新品种。

【复习题】

1. 为什么品种资源的收集对特种经济动物品种改良至关重要？
2. 讨论品种资源创制中传统育种方法与现代分子生物技术方法的主要区别与优劣势。
3. 讨论繁殖期动物的行为和食性变化，并提出如何在人工驯养条件下有效管理这些变化。
4. 分析繁殖期各阶段的饲养管理要点，并讨论如何针对不同物种的特性进行调整。
5. 如何通过调控激素水平来提高特种经济动物的繁殖力？请举例说明外源激素的应用。
6. 论述选种和选配在动物育种中的相互关系及其重要性。

（王学杨，邵作敏）

第5章

特种经济动物的产品加工

5.1 肉用产品加工

5.1.1 肉用产品冻藏

特种经济动物肉类含有丰富营养，是微生物繁殖的理想环境。若处理不当，外部微生物可能在肉表面滋生，导致肉类变质，失去可食用价值，甚至产生有毒物质，引发食物中毒。此外，肉类中的酶也会影响肉质，适当控制可改善品质，但不当控制则可能导致肉变质。特种经济动物肉的冻藏通过低温控制或消灭微生物，抑制酶活性，延缓其内部物理、化学变化，以实现长时间储藏的目的。

5.1.1.1 冻藏条件与冻藏期限

① 温度 肉类在低温下冷冻，质量保持更好，保鲜时间更长，但成本也会增加。对于肉类来说，−18℃是一个比较经济的冷冻温度。冷库中温度波动应该控制在±2℃范围内，否则会导致小冰晶融化并形成大冰晶，进而加重冰晶对肌肉的机械损伤。

② 湿度 在−18℃的低温下，湿度对微生物的生长影响相对较小。从减少肉类脱水的角度考虑，空气湿度越高越好，一般控制在95％～98％之间。

③ 空气流动速度 在自然对流的情况下，空气流速为0.05～0.15m/s，空气流动性较差，导致温度和湿度分布不均匀，但可减少肉类的脱水现象，因此自然对流适用于未包装的肉制品。在强制对流的冷库中，空气流速通常控制在0.2～0.3m/s之间，最大不超过0.5m/s，特点是温度和湿度分布均匀，但会增加肉类的脱水。对于冷藏的肉类胴体来说，通常没有包装，冷藏库多采用自然对流方式，如需要强制对流，则应避免冷风机直接吹向肉类胴体。

5.1.1.2 冻藏中肉质的变化

① 干耗 即肉在冷藏过程中水分散失的情况。干耗不仅会导致肉在重量上的减少，还会影响肉的质量，加速表面氧化的发生。干耗程度取决于空气条件，高温和高流速空气会增加干耗，因为肉制品表面的水蒸气压随温度升高而增加。温度波动也会增加干耗，如果肉储

存在恒定的−18℃条件下，每月的水分损失为0.39%，而温度波动在3℃时，每月的水分损失为0.56%。包装可以减少干耗4%~20%，具体取决于包装材料和包装质量。当包装材料与肉品之间存在间隙时，干耗会增加。

② 冰结晶的变化　指冰结晶的数量、大小和形态的改变。在冻结肉中，水以三种形态存在：固态、液态和水蒸气。液态水的水蒸气压大于固态水，小冰晶的水蒸气压大于大冰晶，由于水蒸气压的不同，水蒸气会从液态向固态冰移动，从小冰晶向大冰晶表面移动。结果导致液态水和小冰晶消失，大冰晶逐渐增大，肉中冰晶数量减少。这些变化会增加冰晶对食品组织的机械损伤。温度越高或波动越大，冰晶的变化就会加剧。

③ 变色　冷冻过程中肉的颜色会逐渐变褐，主要是因为肌红蛋白氧化成高铁肌红蛋白而导致的。温度对氧化起主要作用，−5~−15℃的氧化速度是−18℃的4~6倍。光照也会导致肉色加速变褐，缩短冷冻期。另外，脂肪氧化发黄也是导致变色的主要原因之一。

④ 微生物和酶　病原微生物的代谢活动在温度降至3℃时停止，但降至−10℃以下时，大部分细菌、酵母菌、霉菌的生长会受到抑制。有报告称，冷冻后组织蛋白酶的活性会增加，如果反复冷冻和解冻，其活性会更高。

如果冷冻后的肉需要存放一段时间，应及时放入冷冻间保存。冷冻库和各种设备应保持清洁卫生。库房内应保持无污垢、霉菌、异味、鼠害和垃圾，以免污染冷冻的肉。进入冷冻间的肉应保持良好品质，任何变质、有异味或未经合格检查的肉都不得入库。进入冷冻间的肉应掌握保存安全期限，定期进行质量检查。如发现变质、酸败或脂肪发黄，应及时处理。在−18℃的库房温度下，冻肉的安全贮存期为6~8个月。有包装和无包装的冻肉应当分开堆放，合理布局，充分利用库房空间，堆放整齐，遵循先进先出原则，保障肉品质量。

5.1.2　干制品的加工

(1) 肉干

肉干类食品的干燥方法有三种，即常压干燥（自然干燥、烘炒干燥、烘房干燥）、减压干燥和微波干燥。

(2) 工艺流程

原料选择→切块→腌制→预煮→复煮→烘干→包装→成品。

(3) 操作要点

① 选料　使用白条肉，去除头、颈、爪、皮、筋腱、骨、脂肪后，准备制作肉干。

② 切块　根据肉的肌纤维方向，将肉切成不同的形状和大小，如丁状、粒状或长条状。

③ 腌制　把肉块放入腌制液中，0~4℃，腌制24h。（咖喱配方：肉100kg，酱油3kg，白糖6kg，食盐3kg，白酒2kg，味精500g，咖喱粉500g；五香味：肉100kg，精盐2.8kg，肉桂皮75g，八角75g，砂糖12.4kg，苯甲酸钠330g，味精445g，姜粉220g，辣椒面445g，酱油14.5kg，绍兴酒3.3kg。）

④ 预煮　腌制好的肉块在清水中煮10~15min，除去血水。可以加少量桂皮、八角和盐去除腥味。

⑤ 复煮　取一部分初煮的汤加入锅中，加入纱布包香料，以及精盐、白糖、酱油等佐料，煮至沸腾后转中火煮1h，再文火熬至汤汁收干。汤汁快被肉吸收时加入料酒、味精。

⑥ 烘干　取出肉条平铺在铁筛上，于60~70℃，烘烤2~3h。

⑦ 包装　用复合塑料袋包装后放置通风干燥处，可保存 3 个月。

5.1.3　酱卤制品加工

（1）工艺流程

配料→卤水配制→卤煮→包装→成品→保存。

（2）操作要点

① 卤水配制（以广东梅州盐焗鸡为例）　首先将盐焗鸡粉 100g，黄姜粉 100g，料酒 100g，鸡精 100g，味精 80g，胡椒粉 10g，乙基麦芽酚 10g，鲜汤 15kg，大蒜、小葱、香菜、姜、青椒、红椒、芹菜各 50g，精盐适量，以及八味混合油 1kg 配制成卤水。在每次卤制时，还需根据肉的重量添加盐焗鸡粉 60g，乙基麦芽酚 2g，鸡精 20g、精盐 10g、黄姜粉适量，以及大蒜、小葱、姜、青椒、红椒、芹菜各 50g。至于八味混合油的原料，包括小葱、胡萝卜、香菜、大蒜、红椒、姜、洋葱、芹菜各 100g、熟鸡油 200g 和色拉油 5kg。制作方法是在干净的锅中加热色拉油和熟鸡油，然后加入各种蔬菜原料，用小火炸至水分蒸发，去除残渣即可。

② 卤制　将准备的肉清洗干净后，用开水烫过后放入卤锅中，用中火将卤水煮沸后转小火卤煮 10min，然后熄火焖 5min 后捞出。

③ 包装　待肉冷却至中心温度低于 40℃后，进行真空包装。

④ 速冻和存储　包装后立即置于冷库或速冻机中，温度达到 −18℃以下时保存。

5.1.4　真空软包装加工

真空软包装采用复合塑料薄膜袋，也称蒸煮袋，通常由三种基材黏合组成。外层为聚酯，起到加固和耐高温的作用；中层为铝箔，具有良好的避光、阻气和防水性能；内层则为聚烯烃等材料，符合食品卫生要求，可进行热封处理。

5.1.4.1　软包装选择

软包装蒸煮袋应具有以下特点：适合高温灭菌，热处理时间短，有利于保持食品的色、香、味和营养价值，化学稳定性好，不与内容物发生作用；密封性强，可长期保持食品质量，微生物无法侵入；阻隔空气和水蒸气，保持内容物稳定；开启方便，外形美观；体积小、重量轻，节省存储空间。

（1）软包装材料的选择

① 基材选择　软包装材料中的蒸煮袋基材是核心，用于保护和容纳产品。它通常需要具有高机械强度、耐高温蒸煮至 120℃、能够适应印刷和透明等主要性能。常见的高温蒸煮袋基材包括双向拉伸尼龙薄膜、双向拉伸聚丙烯薄膜和尼龙薄膜等材料。

在制造真空高温蒸煮袋时，需要选择透气性小的基材，以防止蒸煮时气体膨胀导致爆破。双向拉伸聚丙烯薄膜由于透气性较强，在肉类熟食真空蒸煮袋中并不适用。虽然尼龙薄膜与聚对苯甲酸乙二醇酯在强度、韧性和印刷性方面相近，但在高温蒸煮下，尼龙薄膜容易受潮变形，而聚对苯甲酸乙二醇酯受湿度和高温影响较小。因此，聚对苯甲酸乙二醇酯是最佳基材选择。

② 阻隔层选择

a. 不透明型高温蒸煮袋阻隔层材料的选择　不透明型高温蒸煮袋通常有铝箔型和镀铝型两种阻隔层材料。铝箔具有出色的阻隔性能，超过 $17.78\mu m$ 厚度时，对水分和氧气的透过率几乎为零，同时对光线也有完全的阻隔效果。虽然镀铝薄膜的阻隔性能接近铝箔，但无法完全阻隔光线。因此，铝箔是不透明阻隔耐蒸煮材料的首选。

b. 透明型高温蒸煮袋阻隔层材料的选择　透明型蒸煮袋的阻隔层材料主要考虑对氧气、水分等的阻隔性能。透明材料中，常用的有聚偏二氯乙烯、乙烯-乙醇共聚物和尼龙等。然而，乙烯-乙烯醇共聚物在提高杀菌温度后透氧量急剧增加，不适合充填后高温蒸煮袋的包装杀菌。聚偏二氯乙烯在 $120\sim130℃$ 杀菌后氧气透过量变化不大，因此，常用作透明型蒸煮袋的阻隔层。

c. 热封层材料的选择　目前，常用的热封层材料包括低密度聚乙烯、线性低密度聚乙烯和流延聚丙烯等。由于高温蒸煮袋的蒸煮温度一般为 $120℃$，低密度聚乙烯和线性低密度聚乙烯的最高使用温度为 $90℃$，而流延聚丙烯的最高使用温度可达 $160℃$。因此，最适合作为热封层材料的是流延聚丙烯。

(2) 各种材料厚度的确定

确定各种材料的厚度主要由内容物的保质期和包装工艺需求决定。在规范包装过程中，一般要求通用和标准化的包装。基材和热封层的厚度可根据蒸煮袋的工艺要求和市场上常见规格来确定。目前，市场上使用的聚对苯甲酸乙二醇酯厚度规格为 $10\sim20\mu m$、$20\sim30\mu m$ 和 $30\sim40\mu m$，而蒸煮袋一般使用 $10\sim16\mu m$ 规格。热封层流延聚丙烯一般选择 $50\sim70\mu m$ 厚度，以确保热封性和耐油脂性能。透明阻隔层聚偏二氯乙烯厚度为 $13\sim15\mu m$，铝箔层厚度为 $9\sim11\mu m$。

5.1.4.2　装袋工序注意事项

① 包装前，如果产品受到污染，那么产品在抽真空之前细菌含量可能会超出标准，导致产品在保质期内膨胀。为了确保食品安全和卫生，操作人员在上岗前必须先取得健康证明。操作人员需要遵守行业的卫生规定，保持良好的个人卫生状况，并保持场地的清洁卫生。操作人员需要按照相关要求穿着规范。车间地面和解冻池应该先用热碱水清洗，然后用清水冲洗干净，全场应该定期使用漂白粉溶液（1 吨水中加入 400g 市售漂白粉）或者直接撒布漂白粉消毒，地面和台面每小时应该用清水冲洗一次，以确保地面清洁无杂物。刀具和器皿应该用 200mg/kg 有效氯溶液浸泡或者在 $82℃$ 的热水中煮沸 10min 以上，然后清洗干净备用。

② 动物的骨头要尽量不露出，否则在产品储存和运输过程中可能会刺破内袋，导致漏气。

③ 动物的油脂和汤汁不应该粘在袋口上，以免影响密封性。

5.1.4.3　抽真空

为了确保软包装产品抽真空过程中真空度足够高，防止细菌滋生，需要注意减少产品内部空间。比如，包装鸡时可以先切断锁骨，使鸡胸腔失去支撑，然后用力按压胸部，让内壁充分接触，减少空间。这样有利于产品抽真空和杀菌，延长货架期。

5.1.5　其他加工方式

(1) 腌腊制品加工

腌制和腊制的肉制品有腌肉、腊肉、腌腊肠等。腌制与腊制可以延长肉制品的保存时间，同时也可以增加肉制品的口感和味道。在加工过程中，通常会使用盐、糖、香料等调味料进行腌制，然后经过烘制、熏制、整形等步骤进行加工。

（2）罐头制品加工

肉类罐头是将处理后的肉类食品装入马口铁罐、玻璃罐或软包装中，经排气、密封、杀菌而制成的食品。这种方法是在防止外界微生物再次侵入的条件下，达到使制品在室温下长期贮存的目的。由于肉类食品的原料和肉类罐头食品的品种不同，各种肉类罐头的生产工艺各不相同，但基本原理是相同的。

（3）烧烤制品加工

通常是指将动物肉类经过腌制、调味后进行烧烤，这种加工方法可以让肉类更加美味，口感更加香脆，是一种受人们欢迎的烹饪方式。在加工时，可以选择不同的肉类如牛肉、羊肉、猪肉等，并可根据不同的口味需求添加调味料进行腌制。烧烤过程中需要掌握火候和翻烤时间，以确保肉类熟透，并保持肉质的鲜嫩口感。

（4）油炸制品加工

通过将食材（如肉类、蔬菜等）放入加热到适当温度的油中进行炸制，使其表面金黄松脆，内部保持肉质嫩滑。这种加工方法能够提高食材的口感和风味，增加食欲。在油炸过程中需要掌握好油温和时间，以确保食材炸制均匀，不炸糊。

5.2 毛皮产品加工

毛皮制品的加工是一个复杂而又精细的过程，包括从采集原始毛皮到制成各种成品的多个步骤。下面简要介绍毛皮制品加工的基本流程和注意事项。

5.2.1 毛皮获取

毛皮获取一般通过狩猎、养殖或购买的方式，所获得的毛皮应当外观健康，没有明显的疾病或损伤。获取到的毛皮质地应该柔软、整齐，颜色均匀，不应有污渍、污垢或异味。统一对毛皮进行检查，确保毛发完整，毛囊没有破损，避免在后续加工过程中出现质量问题。如果毛皮存在质量问题或瑕疵，应及时予以修复或淘汰，以确保最终制成的毛皮产品质量有保障。

5.2.2 毛皮清理

主要包括去除毛皮上的污垢、油脂和残留物，通常使用机械方法来完成这个过程。清理后的毛皮应该干净、光滑，没有明显的污渍或残留物。

剥离下的鲜皮不要堆放，要及时进行刮油处理，防治腐败影响毛质。通常采用竹刀或钝电工刀等工具将皮板上的脂肪、血及残肉刮掉。刮油的方向必须是由后（臀）向前（头）刮，反方向刮时容易损伤毛囊。刮毛时用力要均匀，切勿过猛，避免刮伤毛囊和毛皮。需要注意的是，雄性动物尿道口和雌性动物乳头处皮较薄，刮时需要小心；另外，头部和后部开档处的脂肪和残肉不容易刮掉，要有专人用剪刀贴皮肤慢慢剪掉。

刮完油的毛皮要用杂木锯末（小米粒大小）或粉碎的玉米芯搓洗，先搓洗皮板上的附油，再将皮翻过来洗毛皮上的油和各种污物。洗的方法是：先逆毛搓洗，再顺毛洗。遇到血和油污要用锯末反复搓洗，直到洗净为止，然后抖掉毛皮上的锯末，使毛皮达到清洁、光亮、美观的要求。切记勿用树皮或松木锯末洗皮。大型饲养场洗皮数量多时，采用转鼓和转笼洗皮。先将皮板朝外放进装有锯末（半湿状）的转鼓里。运行几分钟后，取出皮翻面，使毛朝外再放入转鼓里重新洗。为脱掉锯末，将皮取出后放在转笼里运转 5～10min（转鼓和转笼的速度 18～20r/min），以甩掉皮毛上的锯末。

5.2.3　毛皮鞣制

鞣制是通过鞣剂使生皮变成革的物理化学过程，原理是鞣剂分子向皮内渗透并与生皮胶原分子活性基团结合而使其发生性质改变。皮胶原多肽链之间生成交联键，增加了胶原结构的稳定性，提高了收缩温度及耐湿热稳定性，改善了抗酸、碱、酶等化学品的能力，因此这是制革和裘皮加工中至关重要的工序。鞣制不仅涉及化学变化，还包括多种手工技艺，如滩羊皮鞣制工艺，这是一种山西省吕梁市交城县的地方传统手工技艺，被列为国家级非物质文化遗产之一。该工艺包括洗、泡、晒、铲、钉、鞣、吊、压、裁、缝等 20 余道工序，使用黄糜、皮硝、皂角等辅料。

鞣制的方法多样，包括无机鞣法、有机鞣法和结合鞣法，实质上是通过鞣剂使生皮中的胶原蛋白纤维间隙适度，达到柔软且富有伸缩性的目的。铬鞣法是轻革最常用的方法，而植物鞣制则使用鞣质和树木、植物中的其他天然成分，使皮革具有硬挺和紧实的肉感。

随着技术的发展，虽然出现了新的鞣制方法，如使用牛奶中取酥油后剩下的酸水来鞣制羔皮，以及利用较环保的铝、钛、锆等有鞣性的盐类进行鞣制，但这些方法在理化性能与规模化生产中面临挑战，难以维持技术性与可持续性发展。传统的硝制毛皮工艺虽然符合无公害理念，但存在工艺流程与成品问题，如腥臭、皮板沉重、耐湿热性差等，因此在现代化生产中普遍已被淘汰。

5.2.4　毛皮染色和整理

毛皮在生产过程中可以经过染色和整理，以改变其颜色、光泽和手感。在染色过程中，需要选用适合的染料，确保染色均匀和牢固。通过整理过程，可以利用各种化学物质（例如增塑剂、防水剂等）来改善皮革的性能。这些步骤都是为了满足不同需求，使得皮革产品在外观和性能上更加完善。毛皮染色和整理是皮革加工中至关重要的步骤，它们为最终产品的质量和美观性提供了关键保证。通过正确的染色和整理，可以确保皮革制品在市场上获得更广泛的认可和应用。

5.2.5　毛皮裁剪和缝制

毛皮经过染色和整理后，可以根据需要进行裁剪和缝制，制成各种毛皮制品，例如大衣、帽子和手套。在裁剪和缝制过程中，需要注意保持线条流畅、尺寸准确，同时应选择合适的缝线和缝制技术。具体操作时，可以使用专业的裁剪工具和机器，确保制品质量和精致度。

5.2.6　毛皮检验

裁剪和缝制完成后，必须对制品进行检验，以确保质量合格。在必要时，可以进行进一步的整理，例如熨烫、梳理毛发等。

5.2.7 毛皮分级

(1) 一级皮

背腹部毛绒平齐、光亮、灵活，板质好，无伤残。

(2) 二级皮

毛绒略空疏、光亮或具有一级皮质量，但带有下列伤残之一者：

① 毛色淡，鼻、耳、眼边缘带夏毛，两侧略显露绒毛；

② 有咬伤、擦伤、小疮疤，但破洞面积不超过 $2cm^2$，或皮身有破口长度不超过 $2cm$；

③ 流针飞绒（有针毛脱落流失，绒毛附着于针毛之上），有白毛针集中一处，面积不超过 $1cm^2$ 者，或撑拉过大者。

(3) 等外皮

不符合一、二级皮规格的列为等外皮。

5.2.8 毛皮贮存

毛皮应妥善存放在干净整洁的房间内。如果需要长时间存放，仓库必须具备通风、隔热、防潮、防虫蛀、防鼠咬以及防止灰尘污染的条件。对于如狐、貉、水貂等珍贵的毛皮，可以放在木箱、木架上或者悬挂在铁丝上，并用布盖住。在毛皮和地面上可以撒一些防虫剂，例如樟脑。毛皮不宜长时间存放，应尽快出售。

5.3 药用产品加工

药用产品加工是指将药用动物制品经过各种技术方法加工成不同形式的过程，主要包括以下几个关键步骤：

5.3.1 原料准备

准备优质的药用动物原料，如鹿茸、熊胆、鹿鞭等，确保其新鲜。接着清洗、去毛和去除脏物，将原料处理得干净卫生。在处理过程中应确保每一个步骤都严格执行，保持卫生。处理后的原料应该保存在干燥通风的环境中，避免受潮或受到其他污染。

5.3.2 炮制加工

对处理过的原料进行炮制，包括炖煮、蒸煮、炒炸等不同的方法，以确保原料达到适合加工使用的状态。在这个过程中，应根据需要调整温度、时间和其他条件，确保最终的药材可以发挥最佳效果。炮制加工不仅影响药材的质量，还能影响最终产品的功效。

5.3.3 提取精华

即可通过水提取、酒精提取、蒸馏提取等方式，将药用动物中的有效成分提取出来，制成浓缩液或粉末，以便更好地保留药物的有效成分。

5.3.4 制成制品

可将药用动物精华根据具体用途进行提取，并制成多种不同的制品，例如胶囊、颗粒、糖浆和膏剂等。这些制品可以用于不同的医疗目的，满足人们对药用动物精华的需求和利用。

5.3.5 包装储存

在包装过程中应选用防潮、防晒和防虫的包装材料，以确保产品质量。同时，储存时需严格控制温度、湿度、时间等参数，保障产品的安全性。遵守卫生标准和法规也是必不可少的，以确保产品符合国家质量标准。

5.4 昆虫类产品加工

5.4.1 昆虫类食品简介

(1) 昆虫食品发展的原因

昆虫食品就是以昆虫作为材料制作的食品。昆虫之所以是人类可以依赖的蛋白质资源，不仅仅是因为昆虫的蛋白质含量高，还因为昆虫是动物界中最大的种群。据生物学家估计，全球昆虫总重量可能超过其他所有动物重量的总和，是人类生物量的10倍以上。

因此，随着世界人口愈来愈多和蛋白质供应日益短缺，昆虫食品将是解决这一问题的重要途径。事实上，在非洲南部的一些地区，居民摄入的动物蛋白质就有2/3来自昆虫。

(2) 昆虫食品的优点

昆虫富含蛋白质，必需氨基酸含量丰富且种类齐全。昆虫脂肪和热量含量变化较大，同时富含维生素和矿物质元素，对人体健康有益。昆虫繁殖速度快且供应稳定，生产效率高。此外，昆虫食品投入成本较低，应用范围也相当广泛。

因此，昆虫食品不仅是一种高蛋白、有益健康的食物选择，而且也具有生产便捷、成本低廉、供应量充足等诸多优势，其价值和前景不可估量。

(3) 可食用的昆虫种类

据统计，全球100多万种昆虫中，已知有超过3650种可供食用，中国有800多种，例如蚕蛹、蝉、苍蝇、蝴蝶、豆天蛾、蛀虫、白蚁和蜜蜂等。这些食用昆虫大多含有丰富的蛋白质，且低脂肪、低胆固醇，营养均衡，易于消化吸收，富含微量元素，是比肉类和鸡蛋更为优质的动物蛋白来源。在国内，各地都有约数十种昆虫被作为食材。

5.4.2 蚕蛹产品加工

蚕蛹是蚕吐丝后的一种形态，是蚕丝工业的副产品。根据种类不同，蚕蛹分为桑蚕蛹和柞蚕蛹。国内每年新鲜蚕蛹产量超过30万吨，具有良好的开发前景。国内桑蚕产区主要包括广西、江苏、浙江、湖南、湖北和四川等地，而柞蚕则主要产于辽宁、山东和河南等地。蚕蛹富含蛋白质、脂肪、不饱和脂肪酸、甘油醇、卵磷脂、固醇、维生素和多种矿物质元素。

(1) 传统蚕蛹食品的加工

① 香酥松塔蛹　将面粉、淀粉加水和少许精盐调成面浆，打入鸡蛋搅拌均匀；油菜叶洗净后去掉水分，切成细丝；将初加工蚕蛹沥干汤汁，用剪刀从头部向下剪出开口使蛹呈松塔状。将油烧至六成热，放入油菜叶丝，炸熟并捞出沥油后装入盘底。油六成热时，用筷子夹松塔蛹在蛋糊中蘸匀，入油锅炸至蛹壳硬挺时捞出，炸完后将油温升至八成热，再将炸过的蛹倒入复炸至外壳酥脆。捞出装盘，撒上香辣酥味盐即可。

② 烤蚕蛹串　先用牙签在蛹体上扎些孔洞后，用扦子穿成 10 个/串，在盘内及蛹体上刷上花生油。将蛹放入烤盘内，预热后在 200℃下烤 8 min，撒上佐料，翻过来烤 4 min，再撒上佐料，出箱，成品油亮脆香。

③ 麻辣蚕宝　将蚕蛹洗净，加葱、姜、酒、盐煮沸，捞出，加味精、蒜泥搅拌；将花椒果去籽与辣油下锅油炸，待炸至麻辣味溢出时捞出花椒果；将蚕蛹倒入麻辣油中拌匀即成。

④ 其他　除了上述蚕蛹制品外，还有五香酱蚕宝、银耳蚕蛹、醋熘蚕蛹、香蛹扒菜心等。

(2) 蚕蛹复合氨基酸的制备

根据蚕蛹蛋白质含量高、氨基酸种类丰富的特点，对其进行水解处理，可制成适合食用或医用的复合氨基酸型营养强化剂或口服液。具体步骤为：蚕蛹首先经过清洗、除杂、干燥和磨粉等预处理，然后进行脱脂处理，接着使用蛋白酶水溶液进行酶水解和酶失活处理，再通过离心分离，对上清液进行活性炭脱色处理，最后移除活性炭，即可得到淡黄色蛋白水解液。

① 预处理　鉴于蚕蛹脂肪含量高达 30％且具有强烈异味，因此在进行水解处理之前需要先脱脂，通常采用干蛹浸出法来提取蛹油，从而得到脱脂蚕蛹。

② 盐酸水解　将脱脂蚕蛹粉碎并配制成 10％～12％的浊液，加入盐酸调节 pH 值至 1 左右，并加热至 90～100℃进行水解 10h；过滤后，加入活性炭（35～40℃，30 min），通过过滤处理后即可得到复合氨基酸。虽然这种方法具有工艺简单、蛋白质利用率高、氨基酸含量高等优点，但对设备要求高，酸耗大，产品颜色较深。

③ 酶水解　该法具有用量少、作用条件温和等特点。目前，木瓜蛋白酶和胰蛋白酶被认为是比较理想的选择。工艺流程为：脱脂蚕蛹粉碎→制成 10％～12％的浊液→加入 2％的木瓜蛋白酶或 1％的胰蛋白酶→将 pH 值调至 6.5～7→加热至 50℃，保持 8h→高温灭活（80℃，15min）→过滤→加入活性炭（35～40℃，30min）→过滤→复合氨基酸。这种方法反应条件温和，成本低，产品外观和口感好，但产率较低，氨基酸种类也比盐酸水解蛋白质的要少，适用于生产口服液。

以上两种方法均能生产出优质复合氨基酸，如果先用酶水解再用盐酸水解效果将更佳。

5.4.3　黄粉虫产品加工

(1) 黄粉虫的营养价值

黄粉虫被广泛认为是一种优质的食品，其蛋白质含量高，富含人体所需的维生素和微量元素，如维生素 E、维生素 B_1 和维生素 B_2 等，这些是传统肉类食品所不能提供的。由黄粉虫提炼出的食品可以弥补人类动物蛋白质的不足，因此被认为是一种高级的营养品。特别适合青少年运动员作为最佳的营养来源，可以弥补主要食品中维生素和矿物质的缺乏。

黄粉虫不仅用作食品，还可应用到饲料等多个领域。除了作为禽类饲料之外，黄粉虫还可以被用作药用动物（如蝎子、蛤蚧、牛蛙、鳖、观赏鱼以及鸟类）的高级饲料。将黄粉虫用作动物饲料可以使动物生长迅速，抗病能力提高，繁殖量增加，存活率也更高，效果明显好于其他饲料，如蚯蚓和蝇蛆。

此外，从黄粉虫中提取的超氧化物歧化酶（SOD）被认为具有出色的抗衰老、抗皱和预防疾病的功效。SOD 已经在保健和化妆品行业得到广泛应用。因此，在开发和利用方面，黄粉虫具有很大的潜力，可以为人类健康和美容带来更多的益处。

（2）黄粉虫深加工

黄粉虫可以经过各种方法加工成数十种菜肴，并且可以用来制作多种小食品。利用黄粉虫制作的烘烤类食品具有昆虫蛋白质独特的香酥风味，适合用于制作咸味食品和添加调料。以黄粉虫为原料制作的系列饮品具有奶制品和果仁的口感，适合制作高蛋白饮料或保健口服液。

① 黄粉虫原型食品的加工方法　首先，去除活虫的杂质，然后进行清洗，接着对其进行固化和灭菌处理，以确保食品安全。之后，将其脱水，再进行炒拌，使其更加香脆，接着进行烘烤，最后添加调味料，即完成制作。原料可以是黄粉虫的幼虫或蛹。成品呈现出蓬松金黄、酥脆香浓的特点。可以调制成五香、麻辣和甜味等多种口味，口感香酥可口、余味悠长，适合做成小包装的便捷食品，也可以作为正餐食用，尤其受儿童喜爱。

② 调味粉的加工方法　首先对活虫进行处理，去除不必要的部分。随后仔细清洗，确保食材的洁净。接着固化和冷冻食材，以保持其新鲜度。烘烤前通过脱水去除多余水分，通过研磨将食材细化，继而进行浓缩处理，提升风味。最后通过添加配料、均质处理，制成成品。成品口味纯正香浓，持久回味，可以用作调味料搭配菜肴或加入各种米面小食品中，提升产品的营养价值，成本增加很少。

③ 黄粉虫小食品的制作　将干粉添加到米、面制品中，如饼干、脆饼、锅巴以及膨化食品中，不仅可以显著提高这些制品的营养价值，还能赋予其独特的风味。例如，在月饼中添加相当于常规配方8％的黄粉虫干粉，可以明显改善其口感，制作方法与普通月饼相同。制作锅巴时，加入6％的黄粉虫干粉（即虾粉），可赋予锅巴独特的鲜虾风味。在饼干原料中加入5％的虫粉，制成的饼干不仅具有虫粉的高蛋白质风味，还有营养加倍的效果。

5.4.4　蝗虫产品的加工

5.4.4.1　蝗虫的价值

（1）蝗虫的食用价值

蝗虫是一种富含蛋白质的昆虫，平均蛋白质含量高达67.9％，最高可达77.13％。此外，还富含碳水化合物、各种维生素（维生素A、B族维生素、维生素C）、磷、钙、铁、锌、锰等，以及激素等活性物质。与鱼类相比，蝗虫的氨基酸含量更高，比肉类和大豆还要丰富。此外，蝗虫中含有丰富的甲壳素，被称为人体生命中的第六要素，是继碳水化合物、蛋白质、脂肪、维生素和矿物质之后的必需元素。

（2）蝗虫的药用价值

可鲜用或干用入药，入药可治疗百日咳、支气管哮喘、小儿惊风、咽喉肿痛、疹出不畅等疾病，外用可治疗中耳炎。蝗虫经过处理后可治疗菌痢、肠炎等疾病。可单独使用或与其他药物组合治疗多种疾病，如破伤风、风湿、痉挛，也可用于治疗支气管炎等疾病。蝗虫还有降压、减肥降脂、降低胆固醇、滋补强壮、健脾的作用，长期食用可预防心脑血管疾病，是一种多功能的食物。

5.4.4.2　蝗虫深加工

（1）传统加工技术

① 油炸（煎）蝗虫　在秋季，蝗虫在产卵前，雌虫体内充满卵粒。此时捕捉蝗虫，去

除翅膀，剪掉头部和肠胃，然后洗净并用盐水浸泡，晒干后可以进行油煎或油炸，煎（炸）至蜡黄色即可食用。口感酥脆，富含营养。

② 烙饼卷蚂蚱　有些地方将蝗虫称为蚂蚱，秋天其体内积累了大量营养物质，尤其是雌虫体内充满卵粒，更加丰满。捕获后，去除翅膀，拔掉头部和肠胃，洗净后最好用盐水浸泡，晒干后放入热油中煎炸至焦黄，取出后撒上适量的盐、葱花、酱油、麻油，用热烙饼卷起食用，味道鲜美可口。

③ 飞蝗腾达　将蝗虫用浓盐水清洗，沥干水分，油炸后即可食用。或者直接用油炸，再蘸上椒盐食用，味道鲜美，口感像虾一样。

④ 红烧蝗虫　先油炸蝗虫，或者用油煸炒，然后加入少许花椒、葱、姜爆炒，接着加入适量的酱油、黄糖炒熟，最后加入适量的水焖煮即可。

(2) 香脆蝗虫食品加工

① 排便　经过筛选的活蝗虫被集中放入蝗虫笼或网箱等透气容器中，停食 1～2 天以排出排泄物。

② 清洗口腔　将排泄物清理后的活蝗虫放入清水或盐水中浸泡 5～15min，清洗其口腔并使其排出口腔液，然后捞出晾干。

③ 油炸　经过整理排泄物和清洗口腔后的活蝗虫可以直接放入温控油炸机或油锅中进行油炸，也可以去掉翅膀、腿和头后再放入温控油炸机或油锅中油炸。控制油温在 120～180℃，油炸 8～10min，确保油温由低到高，直至蝗虫金黄色即可。油炸后，捞出晾干或经过真空脱油使其变得干脆，然后包装。

④ 包装　油炸后脆香的蝗虫可以直接放入真空包装机进行定量真空包装，也可以放入充氮包装机进行定量充氮包装。在包装前可以添加佐料或者在包装袋中添加佐料袋，然后封袋包装，从而制成可直接食用的脆香蝗虫食品。

这种蝗虫食品口感酥脆、香气浓郁、味道独特、十分可口，在常温条件下可以保质 12 个月。

(3) 优质蝗虫干的加工

活蝗虫经过排便、清洗口腔等工序处理后，经过捞取晾干或使用微波烘干机烘干即为成品。

(4) 蝗虫罐头食品的加工

加工工艺包括杀死虫体、脱色除臭、清洗、研磨、压制成型、调味、装罐、排气密封、灭菌、冷却和检测等环节。

(5) 蝗虫深加工技术

蝗虫黄酮类物质具有抗癌、抗肿瘤、保护心脑血管、抗炎镇痛、调节免疫力、抑菌抗病毒等作用。工艺流程为：蝗虫→干燥→粉碎→石油醚脱脂→提取→过滤→大孔树脂吸附→浓缩→干燥→产品。

【本章小结】

本章以肉用产品加工为开端，详细介绍了如何通过冻藏技术保持肉质的最佳状态，并对毛皮产品加工深入探讨。从毛皮的获取、清理、鞣制，到染色整理，每一步都至关重要。药用产品加工介绍如何将药用动物经过炮制、提取制成制品，并确保其有效成分得到最大程度的保留，从而满足医疗需求。昆虫类产品的加工为读者呈现一种新兴的食品加工领域，并探索了它们在现代食品中的应用，也揭示了其在营养强化和药用方面的潜力。

【复习题】

1. 简述肉类冻藏的三个主要条件及其对肉质的影响。
2. 简述毛皮清理的步骤及其重要性。
3. 什么是鞣制？鞣制的目的是什么？
4. 药用动物原料准备过程中需要注意哪些步骤？为什么保持卫生非常重要？
5. 解释昆虫食品作为蛋白质资源的优势，并简述其发展原因。

（王学杨，刘秋宁）

第6章

毛皮动物养殖

毛皮动物养殖通过培育毛皮动物来获取它们珍贵的皮毛，供应服装和装饰品市场，旨在满足人们对毛皮制品的需求。常见的毛皮动物包括狐狸、貉、水貂、水獭、獭兔等。在现代，毛皮动物养殖已经成为一项专业化的产业，涉及养殖技术、饲料管理、疾病预防和皮毛加工等多个方面。养殖场通常提供适宜的生态环境和营养饲料，以确保动物的生长和健康。养殖者密切关注动物的行为和健康状况，及时处理疾病和伤害，以确保动物的生长和繁殖。

6.1 水貂养殖

6.1.1 水貂的生物学特性

6.1.1.1 水貂的形态特征

水貂（*Neovison vison*），是脊椎动物门哺乳纲食肉目鼬科鼬属的小型珍贵毛皮兽。原产地为北美和西欧，通常称为美洲水貂和欧洲水貂，目前各地广泛饲养的水貂主要为美洲水貂。水貂的外观与黄鼬类似，体型细长，头颈粗短，耳小，四肢短，有微蹼连接趾基，尾较长，肛门两侧各有一骚腺。公貂成年后体重为 1800～2500g，体长 40～45cm，尾长 18～22cm；母貂成年后体重为 800～1300g，体长 34～38cm，尾长 15～17cm；仔貂初生重为 7～10g，身上裸露无毛，闭眼。

野生状态下，水貂毛色多为浅褐色。在人工饲养条件下，由于长期的选择，毛色加深，多为黑褐或深褐色，习惯上称为标准色，具有这种毛色的水貂称为标准貂，也是饲养数量最多的一种。目前，利用基因突变及人工分离技术，培育出了白色、银蓝、钢蓝、咖啡、米黄、蓝宝石、红色、黑十字、紫罗兰等几十种色型的水貂，这些色型的水貂都称彩色水貂，它们都是标准水貂的突变体。

6.1.1.2 水貂的品种

(1) 标准貂系列

① 金州黑色标准水貂（图 6-1） 该品种是辽宁金州珍贵毛皮动物公司历时 11 年（1988～1998 年）

图 6-1 金州黑色标准水貂

培育出的水貂品种，具有体型大、毛发质量好、生长迅速、繁殖力强、遗传稳定、环境适应性强等优点。

② 美国短毛漆黑色水貂　该品种是由美国引进的短毛漆黑色水貂，毛皮呈深黑色，毛绒短齐，鼻、眼部色泽深，皮层内色素聚集，体躯紧凑，体型优美，新生水貂易与其他标准貂区分。

③ 加拿大黑色标准水貂　该品种体型与美国短毛漆黑色水貂相似，但毛色较浅，体躯紧凑，体形修长，背腹毛色不一致。

④ 丹麦标准色水貂　该品种接近金州黑色标准水貂，体躯疏松，毛色为黑褐色，针毛粗糙，针绒毛长度与比例较大，背腹毛色不太一致，适应性与繁殖力强。

（2）丹麦棕色貂系列（图 6-2）

① 丹麦深棕色貂　该品种从丹麦引入，在黑暗环境下与黑褐色水貂毛色相似，但在光亮环境下，针毛黑褐色，绒毛深咖啡色，且随光照角度和亮度不同，毛色也随之变化，其毛色属国际市场的流行色。

② 丹麦浅棕色貂　该品种从丹麦引入，体型较大，针毛颜色呈棕褐色，绒毛呈浅咖啡色，活体颜色较深，棕色鲜艳。

（3）彩色水貂系列

该系列是黑褐色水貂的突变型，貂皮多数色泽鲜艳，绚丽多彩，有较高的经济价值。主要包括咖啡色水貂系列、蓝色水貂系列、黄色水貂系列、白色水貂系列（图 6-3）、黑十字水貂系列等。

图 6-2　棕色水貂　　　　　　图 6-3　白色水貂

6.1.1.3　水貂的生活习性

水貂原产于北美洲，在北纬 23.5°以北的高纬度地区生存。长期的自然选择使其适应了该地区的光照周期，并将这种适应性遗传了下来。它们通常选择栖息在河流、湖泊和小溪附近，利用天然洞穴作为巢穴，巢穴长度约 1.5m。巢内铺有鸟类和兽类的羽毛以及干草，洞口通常隐藏在草木丛生的岸边或水下。

水貂主要以捕食小型啮齿动物、鸟类、爬行动物、两栖动物和鱼类为生，如野兔、鼠类、鸡、蛇、蛙、鱼、鸟蛋和某些昆虫。它们具有敏锐的听觉和嗅觉，行动迅捷，擅长游泳和潜水，通常在夜间采取偷袭的方式捕食。水貂性情凶猛孤僻，除了繁殖季节外，通常独自生活。

水貂的繁殖呈现出明显的季节性，每年只繁殖一次，发情交配通常发生在 2～3 月份，而产仔哺乳则在 4～5 月份进行。一般每胎产仔 6 只或 7 只，幼仔出生后，需经过 9～10 个月的成长期才能性成熟。它们在 2～10 岁之间开始具备生殖能力，而寿命则可达 12～15 年。水貂每年都会进行两次换毛，分别在春季和秋季进行。

6.1.2　水貂的繁育及饲养管理

6.1.2.1　水貂繁育技术

（1）水貂繁育特点

① 性成熟　水貂达到生殖成熟通常在 9～10 个月龄时，公貂的睾丸和母貂的卵巢开始

产生具备受精能力的精子和卵子，表明它们已经达到了性成熟阶段，即具备了正常繁殖的能力。

② 性周期　水貂属于季节性繁殖的动物，其生殖器官季节性变化明显。随着春分之后光照时数的增加，公貂的睾丸逐渐萎缩并进入退化期；而随着秋分之后光照时数的逐渐减少，睾丸开始发育，冬毛成熟后，睾丸迅速发育。到了 2 月份，睾丸开始形成精子并分泌雄性激素，表现出性欲，3 月上中旬是公貂性欲旺盛期，之后逐渐进入退化期。母貂的卵巢也有明显的季节性变化。秋分之后，卵巢中的卵泡开始发育，当卵泡直径达到 1mm 时，母貂出现发情和求偶征兆。到了 4 月下旬至 5 月上旬，卵巢重量逐渐减少。

水貂生殖器官的季节性变化与光照密切相关，由非繁殖期到繁殖期需要短日照条件。从秋分到翌年春分的 180 天内，如果光周期变化超出了水貂适应的短日照条件，就会导致水貂性机能紊乱和性腺发育异常，发情周期也会紊乱。水貂是季节性多次发情的动物，每个繁殖季节母貂通常有 2～4 个发情周期，每个周期持续 7～10 天，其中发情期持续 1～3 天，这段时间母貂更容易接受交配，而间情期则为 4～6 天。

③ 诱发（刺激）性排卵　水貂属刺激性排卵动物，即母貂需要经过交配或类似的刺激才能排卵，通常在交配后 36～72h 内排卵。第一次排卵后，母貂有一个排卵不应期，持续 5～6 天，此期内无论是否再次受到交配或其他刺激，都无法再次排卵。如果异期复配的母貂在第二次排卵时受精，前一次的受精卵大多无法附植成功。因此，水貂的预产期是根据最后一次配种日期确定的。在一个发情周期内，即使前一个周期的卵未受精，下一个性周期也仍会有一批卵泡发育成熟，并在交配刺激下再次排卵。排卵后，卵泡细胞会在 12h 内到达受精部位（输卵管上段壶腹部）。精子在母体生殖道内具有受精能力的时间为 48～60h。在一个发情周期内，母貂能够成熟并排出的卵细胞数量为 3～17 个，平均约为 8.7 个。然而，平均每胎产仔数量一般为 6 只或 7 只，较难达到 8 只以上。

（2）水貂的发情鉴定

发情鉴定能够准确确定最佳配种时期，也可以及早发现由于饲养管理不当引起的水貂生殖系统发育问题，以便采取补救措施。

对公貂的发情鉴定分别在 11 月 15 日之前和次年 1 月 10 日之前各进行一次。发情公貂睾丸明显增大，且睾丸囊疏松下垂。通过手触摸睾丸，可以淘汰单睾、隐睾以及患有睾丸炎的公貂。对母貂的发情鉴定分别在 1 月 30 日、2 月 20 日以及配种前各进行一次。可通过观察外生殖器的形态变化，来判断每只母貂所处的发情阶段。对于没有发情的母貂，应尽早查找原因，并及时采取补救措施。

发情鉴定主要以生殖器官的检查为主，并结合试情放对和母貂阴道内容物细胞图像检查。有些母貂在发情时外阴部可能没有明显的形态变化，但仍然能够交配并受孕，这种情况被称为隐性发情。如果在一般发情旺期（3 月中旬）时仍然看不到外阴部的变化，可以通过在显微镜下观察母貂阴道分泌物来确定其发情状态。出现大量的多角形无核角化上皮细胞或角化细胞崩溃而形成的呈菱形或船形的碎片，即是母貂进入发情期的重要标志，要适时配种。

（3）水貂的配种

① 配种阶段划分　根据生产实践，在北纬 23.5°以北地区最佳配种时期为 3 月 5 日至 3 月 20 日，配种期虽然依地区、个体和饲养管理条件有所不同，但多半在 2 月末至 3 月下旬，历时 20～25 天，多数母貂配种旺期为 3 月中旬，日照时数达到 11.5h 左右时为交配旺期，

开始交配的日期不宜过早。

初配阶段在 3 月 5～12 日,针对发情程度好的母貂进行初次配种。此阶段主要是让年轻的公貂学会交配,以提高交配效率,每天每只公貂只配一次。复配阶段在 3 月 13～20 日,主要对已经初配的母貂进行再次配种,同时对尚未初配的母貂进行初次配种,并连续几天进行复配,每只母貂最好能达到两次或两次以上的交配次数。

② 配种方式　水貂的配种方式可分为异期复配和连续复配两种。对于在 3 月 12 日之前进行首次配种的母貂,采取异期复配的方式,具体是在第一次配种后 8～10 天再进行复配。而在 3 月 13 日之后首次配种的母貂,则采用连续复配的方法,也就是在首次配种后的三天内或第三天再进行一次配种。对于一些没有确定的情况,可以在 7～9 天后再进行一次补充配种。选择配种方式主要根据母貂的发情时间和具体配种情况而定,确保顺利完成交配是首要任务,最后一次复配应在配种旺期内进行。由于母貂交配后出现排卵不应期,所以应在初配后的 1～2 天或 8～10 天进行复配,不应该在初配后的 3～6 天内复配,无规律的交配方式容易造成空怀。

③ 放对及配种过程中的观察和护理　水貂的初配时间一般安排在早上 6:30～9:30,而复配阶段则在下午 2:00～5:30。每次配对前都先放对再喂食,两次配对之间至少要间隔 4h。在进行配对时,先将母貂抓到公貂笼门前来回逗引。如果公貂展现出求偶的行为,并发出"咕咕"的叫声,就打开笼门,将母貂的头颈送入公貂的笼子内。等公貂叼住母貂的颈背部后,将母貂顺势放到公貂的腹下,然后放开手,关闭笼门,让它们交配。

放对后要仔细观察母貂的行为,发情良好的母貂通常在被公貂叼住颈部时会迅速将尾巴翘向一侧,还会发出求偶的叫声,不会攻击公貂,而是顺从,这时母貂通常能够成功交配。如果放对后公、母貂有敌对行为,互相斗争,母貂躲在笼子角落并发出刺耳的尖叫声,或者攻击公貂,就应立即将它们分开或调整位置。

④ 种公貂的训练、利用及精液品质检查　公貂在配种中起着主要作用,公貂利用率的高低直接影响配种进度和繁殖效果。公貂利用率应达到 90 % 以上,如果低于 70 %,当年配种工作将受到影响。公貂的训练需谨慎,不可急功近利。只要公貂的睾丸正常发育,性欲未减,就应该持之以恒。在试情放对时,只要发现有交配欲的公貂,就可选择发情好、性情温顺的母貂进行训练,每天坚持放对。经过几天的训练,通常都能取得成功。

所有经历过交配的公貂都必须接受精液质量检查。初次交配和复配阶段各进行一次检查。检查通常在室内进行(室温在 20℃ 以上),将载玻片压在刚交配完母貂的阴门上,然后在 100× 到 400× 的显微镜下检查取得的精液。镜检主要关注精子的活力、形态和密度等指标。对于精子无活力或精液质量不佳的公貂,应该予以淘汰。

(4) 水貂的妊娠及产仔

① 水貂的妊娠　水貂受精后的胚泡经历 1～46 天的滞育期,导致水貂的妊娠期具有较大的变化范围。受精卵从输卵管到达子宫需要 6～8 天。胚泡进入子宫后,由于黄体尚未活跃,不立即植入子宫壁,而是处于游离状态,需要经历 1～46 天的滞育期。滞育期的长短与日照时间长短有关,随着春分后日照时间的增加,滞育期缩短。因此,早期结束配种的母貂比晚期结束配种的母貂有更长的滞育期。在自然条件下,无论母貂配种结束日期如何,血浆中孕酮浓度多在 3 月 25 日至 3 月 30 日开始升高。因此,胚泡多在 4 月 1 日至 4 月 10 日植入子宫。增加光照时间可诱发孕酮提前分泌,从而缩短胚泡滞育期。胚泡植入子宫壁后,胚胎快速发育,30 天左右产仔。胚泡植入和胚胎发育与子宫的生理状态密切相关,如果在此

期间喂食含有激素的饲料或滥用激素，将会破坏胚胎发育所需的正常激素调节，导致妊娠中断。

② 水貂的产仔　水貂产仔期多在4月中旬至5月中旬，尤其是5月1日前后5天是产仔旺期，可占总产仔数的75%～84%。

临产前，母貂会拔掉乳房周围的毛，露出乳头，产前活动减少，长时间卧于产箱内，并发出"咕咕"的叫声。多数母貂产前拒食1顿或2顿，产仔通常在夜间或清晨，顺产时间为0.5～4h，每5～20min产一只仔貂。母貂难产时，食欲下降，精神不振，焦躁不安，常常表现出蹲坐排便或舔舐外阴部的行为。有些母貂则表现出惊恐不安，频繁出入产箱，回头观察后腹部等行为，可能有羊水或恶露流出，但胎儿未娩出。若确认难产且子宫口已开张，可肌内注射0.3～0.6mL催产素，2h后再注射1次，若经3h仍未见胎儿产出，可进行人工助产或剖宫产。

母貂产仔后第一次检查在母貂排出油黑色的粪便后进行，最好在母貂走出窝箱采食时进行。检查仔貂是否健康时动作要快、轻、准，不要破坏窝形。健康仔貂全身干燥，体重8～11g。同窝仔貂发育均匀，身体温暖，抱团卧在一起，拿在手中挣扎有力，全身紧凑，圆胖红润。异常的仔貂胎毛潮湿，身体微凉，握在手中挣扎无力，同窝中大小明显不同。吃过奶的仔貂鼻子会发亮，腹部饱满，未吃奶的需要进一步检查原因。

产仔超过8只的母貂，若乳量不足、母性不强或有不良习性，需考虑将部分或全部仔貂转交给乳量充足、母性强、产仔时间相近的其他母貂代养。在仔貂30日龄之前，主要依赖母貂照料，而生长发育则受母乳质量的影响。通常情况下，一只母貂平均可哺乳7～8只仔貂。产仔期间需密切监控母乳的数量和质量，如发现因缺乳或乳质不佳影响仔貂生长发育，应及时进行代养。在仔貂20～30日龄还未睁眼时，它们就开始食用母貂带回巢里的饲料。在20日龄时应及时补充饲料。30日龄后，仔貂吃食速度加快，可将饲料分放在多个食盆中避免争食。

(5) 水貂的选种与选配

① 水貂的选种　根据水貂育种工作的需要，选种可分3个阶段进行。

初选在6～7月份进行。对于成年公貂，应选择早熟、温顺、性欲旺盛、交配能力强、配种次数达到8次以上、精液品质优良且母貂空怀率低、产仔数多的。成年母貂的选择标准为发情早，交配顺利，妊娠期不超过55天，产仔时间在5月5日之前，胎产仔数超过6只，母性强，泌乳量充足，幼貂发育正常。而对于幼貂的选择标准，则是出生在5月5日之前，发育正常，谱系清晰，且早期食物摄入良好。

复选通常在9～10月份进行。成年貂的选择取决于体质恢复和换毛情况，幼貂的选择则考虑其生长发育和换毛情况。一般情况下，除了个别患病或体质恢复较差的个体外，成年貂通常用作种貂。育成貂的选择标准包括发育正常、体质健壮、体型较大且换毛早。在留种过程中，通常会额外选取比计划留种数多20%的个体。10月下旬，需要对所有留种貂进行阿留申病血检，任何检测结果阳性的个体都将被淘汰。

精选在11月15日之前。依据选种条件和综合鉴定情况，对所有种貂进行一次精选，最终根据生产计划进行定群。在精选时，毛皮品质被列为首要考虑因素。

② 水貂的选配　为了更好地达成育种目标，需要考虑个体的品质与亲缘关系，以及相配个体的种群特性及对后代的影响，旨在增强其优点并弥补不足之处。因此，在进行选配工作和制订选配计划时，需要注意以下几点事项。

a. 公貂的品质等级应高于母貂，因为公貂能带动和改进整个貂群，且数量有限。特级和一级公貂应得到充分利用，而二级公貂则需控制使用。公貂的最低等级应与母貂持平，绝不应低于母貂。

b. 不宜选择具有相同或相反缺点的公母貂进行选配，避免加重缺点的发展。

c. 近交应谨慎，应限制在育种核心群中。一般繁殖群应避免近交，以防止遗传退化。同一公貂在同一种群内使用年限不宜过长，需注意血缘更新工作。

d. 实施同质选配十分重要，优良的公母貂通常应该进行同质选配，以巩固其优良品质。一般情况下，只有对品质欠佳的母貂或为特殊育种目的才采用异质选配。杂交改良中应避免使用杂交后代的公母貂育种。

e. 个体选配需注意几点：体型选配时，不宜过大的公貂与过小的母貂交配；年龄选配时，不宜小公貂与小母貂交配等。

f. 不同色型的彩貂以及彩貂与标准貂不宜随意交配，除非为育种需要。否则，产生的杂种貂不仅降低种用价值，还会影响皮毛的经济效益。

6.1.2.2　水貂的饲养管理

水貂的臼齿不发达，不善咀嚼食物，胃容积少，肠管比其他食草兽和杂食兽的肠管要短得多，大、小肠管的界限不明显，肠黏膜层较厚，适宜消化动物性饲料。因此，日常饲喂以新鲜的动物性饲料为主。根据水貂生活和生长发育的需要，每天每头成年貂要有20～40g的蛋白质、8～10g的脂肪和10～20g的碳水化合物来维持正常的生理功能及新陈代谢中的营养要求。同时，水貂自身缺少合成维生素的能力，在日粮中还要补充足够的维生素A、维生素D、维生素E、维生素C及B族维生素，以满足生理上的需要。在整个生活过程中，还要有适当量的矿物质元素供应，包括钠、钾、钙、磷、镁、铁、硫、铜、锌、钴、锰、碘等。水貂在新陈代谢、繁殖、产仔、生长发育中，对营养有较全面的要求。

(1) 饲料种类及其利用

用于饲养水貂的饲料种类很多，可分为动物性饲料、植物性饲料和添加剂饲料3大类，水貂饲料分类及饲料种类见表6-1。

① 动物性饲料　主要包括鱼类、肉类及鱼、肉副产品和动物性干饲料及乳、蛋类等，这类饲料蛋白质含量丰富，氨基酸组成比植物性饲料更接近于水貂营养的需求，是水貂生长发育过程中所需蛋白质的主要来源。

② 植物性饲料　植物性饲料可为水貂提供丰富的碳水化合物和多种维生素，主要包括谷物类、果蔬类以及青/干粗类饲料等。

③ 添加剂饲料　常用添加剂有维生素（维生素A、维生素E、维生素B_1、维生素C）、矿物质（骨粉、食盐、铁、铜、钴等）、抗生素（土霉素、四环素、丙酸盐类）和抗氧化剂等。

表6-1　水貂饲料分类及饲料种类

分类		包括的饲料种类
动物性饲料	鱼类饲料	各种无毒的海水鱼和淡水鱼
	肉类饲料	各种家畜、禽和野生动物的肉
	鱼、肉副产品	水产品加工副产品（鱼头、内脏等）；畜、禽、兔加工副产品（内脏、头、蹄、骨架、血等）
	动物性干饲料	干鱼、鱼粉、肉粉、肉骨粉、羽毛粉、肝渣粉、血粉、蚕蛹粉
	乳、蛋类饲料	牛奶、羊奶、鸡蛋、鸭蛋等

分类		包括的饲料种类
植物性饲料	籽实类饲料	玉米、高粱、大麦、小麦、大豆、大米、小米等
	干粗类饲料	主要是干草、干树叶等
	加工副产品饲料	豆饼、芝麻饼、棉籽饼、麦麸、米糠等
	果蔬饲料	次等水果、各种蔬菜、野菜等
	青粗类饲料	各种新鲜的牧草，水生浮萍，榆、槐、桑、杨、柳等树的叶子
添加剂饲料	维生素类	麦芽、酵母、鱼肝油、棉籽油、各种维生素精制品等
	矿物质饲料	骨粉、贝壳粉、蛋壳粉、食盐及各种微量元素的盐类
	抗生素饲料	饲用土霉素、四环素及其他副产品
	防霉剂	丙酸钙、碘酸钙、海藻酸钠等

(2) 水貂饲养时期的划分

水貂是季节性繁殖和换毛的动物，其各生物学时期的季节性变化非常典型和固定，且随日照周期的变化而有规律地体现。即秋分至春分的短日照阶段为秋季换毛，冬毛生长发育至成熟，性器官生长、发育至成熟，发情和交配的生理过程，这些生理变化称为短日照效应；而春分至秋分的长日照阶段为交配结束，母貂妊娠、产仔、哺乳，春季换毛和幼貂生长发育的生理过程，这些生理变化称为长日照效应。

在人工饲养条件下，可根据水貂不同生物学时期的生理特点将一年划分为几个不同的饲养时期（表6-2），各饲养时期之间密切关联，不能截然分开。

表6-2 水貂生物学时期的划分

生物学时期	时间	生物学时期	时间
准备配种期	9月下旬至翌年2月份	种貂恢复期	4~8月份(公)，7~8月份(母)
配种期	3月上、中旬	育成期	6~9月份
妊娠期	3月下旬至5月中旬	冬毛生长期	10~12月份
产仔哺乳期	4月下旬至6月下旬		

(3) 水貂的营养需要

根据水貂在不同生物学时期所需的代谢能，国内已经规定各类饲料所占总代谢能的一般比例，并标明了日粮中所含的可消化蛋白质的数量（见表6-3和表6-4）。

表6-3 成年水貂的饲养标准

饲养时间	月份	代谢能/kJ	可消化蛋白质/g	占代谢能的比例/%			
				肉、鱼类	乳、蛋类	谷物	果、蔬
配种准备期	12~2月	1045~1128	20~28	65~70	—	25~30	4~5
配种期	3月	961~1045	23~28	70~75	5	15~20	2~4
妊娠期	4~5月	1086~1254	25~35	60~65	10~15	15~20	2~4
哺乳期	5~6月	1045	25~35	60~65	10~15	15~20	3~5
恢复期	4~8月(公) 7~8月(母)	1045	20~28	65~70		25~30	4~5
冬毛生长期	9~11月	1045~1254	30~35	65~70	—	25~30	4~5

表6-4 幼貂饲养标准

月龄	代谢能/kJ	可消化蛋白质/g
1.5~2	627~836	15~18
2~3	836~1254	18~30
3~6(冬毛生长期)	1672~1379	35~30
6~7(配种准备期)	1254~1086	30~26

（4）水貂日粮拟定

目前，国内水貂生产中常采用以代谢能为单位的饲养标准，换算成按日需饲料量，制订出基础配料方案（表6-5）。

表6-5 我国水貂配料方案

饲养时期	日粮		日粮配合比例					
	总量/g	可消化蛋白质/g	肉、鱼类	乳蛋类	熟制谷物	蔬菜	麦芽	水或豆汁
准备配种期	250～220	20～28	50～60	—	12～15	10～12	5～8	10～15
配种期	200～250	23～28	60～65	5	10～12	7～10	5～6	10～15
妊娠期	200～300	25～35	55～60	5～10	10～12	10～12	4～5	5～10
泌乳期	250～不限	25～35	55～60	10～15	10～12	10～12	4	5～10
幼貂育成期	150～不限	20～35	55～60		10～15	12～14	—	10～20
维持期	250～300	20～28	55～60		15～20	12～14		12～15
冬毛生长期	280～300	30～35	55～60		12～15	10～14		15～18

（5）水貂的饲养管理

① 配种准备期的饲养管理　首先对种貂体况进行鉴定，对过肥、过瘦者分别标记，并分别采取降膘和追肥措施，以调整其达到中等体况。降膘主要通过增加种貂运动量，多消耗脂肪，同时减少日粮的脂肪含量和饲料量实现。对明显过肥者，每周可以断料1～2次。追肥主要通过增加日粮中优质动物性饲料的比例以及饲料总量实现，也可以单独补饲，使其吃饱。同时，加足垫草，加强保温。

在饲养管理上，禁止人为改变光照时间，但可相对增加光照强度，使种貂接受较多的太阳光直射。可将种貂饲养于南侧笼舍，通过食物控制其到笼网上运动，以增加光照。在配种准备期，要经常逗引水貂运动，以增强体质，能正常参加配种。

做好异性刺激工作，利用雌、雄异性刺激可以提高中枢神经的兴奋性，促进生殖系统的发育，增强性欲。需要注意的是，不能过早开始异性刺激，以免提前降低公貂的食欲和健康状况。同时，进行发情检查是为了准确了解水貂的发情周期规律，以便及时进行配种。自1月份开始，当母貂表现活跃时，每5天或每周检查一次母貂的外阴部，记录变化。通常在1月底，母貂应该有70％的发情率，而在2月底应达到90％以上。根据发情情况确定配种时间，并在1月初给予第一次病毒性肠炎和犬瘟热疫苗接种。

② 配种期的饲养管理　日粮要营养全面、适口性强、易消化，其热量标准为961～1045kJ，动物性饲料占75％～80％，并由鱼、肉、肝、蛋、脑、奶等多种优质饲料组成。另外，每天每只貂还需补充：鱼肝油1g、酵母5～7g、维生素E 2.5mg、维生素B₁ 2.5mg、大葱2g、食盐0.5g。总饲料量不超过250g，蛋白质含量必须达到30g。饲喂制度应该与放养、配种协调一致。配种前半期，早晨喂食后放对，中午补充饲料，下午再次放对，傍晚再进行喂食。确保水貂有足够的进食、消化和休息时间，并提供充足清洁的饮水。

配种期频繁配种的公貂饮水量增多，因此，要保证充足清洁的饮水。由于抓捕频繁，操作时应防止跑貂。禁止强制放对交配，给公貂适当的休息时间。认真做好配种登记，对于已配种的母貂应做好配种记录，并把结束配种的母貂归入妊娠母貂群饲养。

③ 妊娠期的饲养管理　妊娠期是水貂生产的关键时期之一。此期饲养管理的好坏，将直接影响母貂的产仔和仔貂的成活率。日粮要注意蛋白质、维生素和矿物质等营养物质的供给。日粮的标准是：代谢能1086～1254kJ，可消化蛋白质为25～35g，维生素A 800～

1000IU，维生素 E 5～7mg，维生素 B$_1$ 0.5～1.0mg，维生素 B$_2$ 0.4～0.5mg，维生素 C 10～25mg。同时饲料中要增加钙、磷，以满足水貂对矿物质的需要。饲料要新鲜、安全、多样化，并保持稳定，禁止使用发霉变质、含生殖激素的畜禽副产品。此外，在满足妊娠母貂营养需要的前提下，还要掌握饲料量，防止妊娠母貂过肥。

妊娠期是母貂身体发生复杂生理变化的时期，需要满足母体新陈代谢和胎儿生长发育的营养需求，并为产后分娩和哺乳做好准备。因此，饲料需要全面、稳定、新鲜、易消化，后期饲料中的蛋白质含量应适当增加，产前可适当减少饲料供应。同时，需要经常观察母貂的行为和排尿状态，一旦发现问题要及时处理；保持饲养环境的卫生，执行严格的防疫和消毒程序；保持饲养场内安静，不允许参观，避免种貂受到不正常声音的干扰，防止产仔异常；产前 1 周对母貂的产箱进行全面检查，增加垫草，整理巢穴。

④ 产仔泌乳期的饲养管理　日粮要求营养丰富而全面，新鲜而稳定，适口性强而易于消化。一般每日喂 2～3 次。饲喂时要按产期的早晚、仔貂的数目合理分配饲料量。仔貂的护理包括：对未吃到初乳的仔貂，应设法以家畜的初乳代替；20 日龄以上、窝产仔数多的仔貂，每日可用鱼、肉、肝脏加少许鱼肝油、酵母进行补喂 1 次；同时，还要保证饮水充足而清洁。

产仔泌乳期应做到：加强昼夜值班，值班人员每 2h 巡查一次；防止寒潮袭击，注意加草保温；保持环境安静，防止母貂弃仔、咬仔、食仔；饲养人员动作要轻，晚上禁用手电筒乱晃乱照；做好卫生防疫工作，及时清理污物；保持饲料和笼舍的卫生，每日及时清理食具，防止仔貂采食变质的饲料导致胃肠炎及其他疾病。

⑤ 幼貂育成期的饲养管理。日粮标准为 836～1170.4kJ，动物性饲料约占 75%，谷物饲料占 20%～23%，蔬菜占 1%～2% 或不喂，维生素和微量元素添加剂每只每天 0.5～0.75g，或添加鱼肝油 0.5～1.0g、酵母 4.0～5.0g、骨粉 0.5～1.0g、维生素 E 2.5mg。总饲料量由 150g 逐渐提高到 350g，蛋白质含量应在 25g 以上。

仔貂在 40～45 日龄后需要离乳分群。离乳前，要做好笼舍的建造、检修、清扫、消毒、垫草等准备工作。离乳的方法是一次性将全窝仔貂离乳，每 2 只或 3 只同性别的仔貂放于同一笼舍内饲养，7～10 天后再分开养。结合幼貂断乳分窝进行种貂的初选。加强卫生防疫及消毒，并在 7 月初进行第二次疫苗接种。

⑥ 冬毛生长期的饲养管理　日粮标准为 1086.8～1337.6kJ，动物性饲料高于 75%，适量添加维生素和微量元素添加剂。可加少许芝麻或芝麻油，以增强毛绒的光泽度和华美度。日粮总量在 280～300g，蛋白质含量约 35g。

水貂生长冬毛是短日照反应，因此禁止增加任何形式的人工光照，可把水貂养于较暗的棚舍里。在水貂秋分开始换毛以后，可在小室中添加少量垫草，以起自然梳理毛绒的作用。同时要保持笼舍卫生，防止污物沾染毛绒。另外，要注意检修笼舍，以防锐物损伤毛绒。10 月份开始检查换毛情况，遇有绒毛缠结的，要及时整理除去。

(6) 貂场建设

养貂场的主要建筑和设备包括貂棚、貂笼和小室（窝箱）、饲料贮藏室、饲料加工室、毛皮加工室、兽医室和综合化验室等。

① 貂棚　貂棚是放置水貂笼箱的建筑，有遮挡雨雪及防止烈日暴晒的作用。其结构简单，只需棚柱、棚梁和棚顶，不需要建造四壁。貂棚的走向和配置应该根据当地的地形地势及所处地理位置综合考虑。貂棚的规格通常为棚长 25～50m，棚宽 3.5～4m，棚间距 3.5～

4m，棚檐到地面的高度为 1.4～1.7m，要求日光不直射貂笼，增强防风能力，提高毛皮质量。目前，有三种主流的构造，分别是双排单层笼舍貂棚、双排双层笼舍貂棚和多排单层笼舍貂棚。第一种貂棚过道高 2m，便于工作人员行走操作；棚檐到地面的高度为 1.1～1.2m，能有效地挡住白天的直射阳光；防风能力较强，可提高毛皮品质（图 6-4）。第二种貂棚的特点是棚檐较高，达 1.4～2.0m，虽然提高了空间利用率，但是日光容易直射到笼舍上，对水貂毛皮质量会产生不利影响（图 6-5）。第三种貂棚可安装 6～8 排笼舍；两侧养种貂，中间养皮貂；通常貂棚脊铺 50～60cm 宽的可透光玻璃纤维瓦，使棚内白天可得到足够的光照。

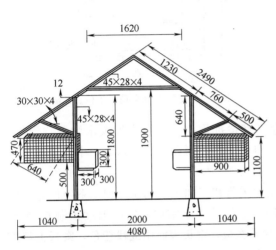

图 6-4　双排单层笼舍貂棚（单位：mm）

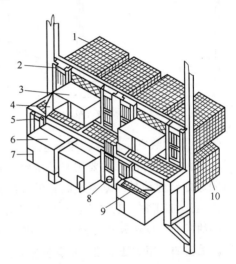

图 6-5　双排双层貂棚笼舍（单位：mm）

1—仔貂笼；2—仔貂喂食门；3—仔貂小室；
4—仔貂小室门；5—种貂喂食门；6—种貂小室；
7—走廊门；8—喂食盘；9—二层网盖；10—种貂笼

　　② 貂笼和小室　貂笼和小室连接在一起称为笼舍，是水貂生活、繁殖的场所。笼舍的规格设计要满足水貂正常生活、繁殖和换毛等生理需要。一般采用镀锌铁丝和铁丝电焊网制成，既省劳力，成本也低，规格统一美观，符合卫生要求，而且不易生锈，对毛皮不易磨伤，使用时间较长。小室是水貂的卧室及产仔的地方，一般用 1.5cm 厚的小规格木板制成。水貂的小室窝箱有两种，一种是饲养种貂用的（图 6-6），另一种是饲养皮貂用的（图 6-7），种貂小室窝箱大于皮貂小室窝箱。安放笼舍的支架，要根据貂棚长度和笼舍的数量而定，一般采用竹、木、三角铁制成，并在一定的长度距离砌水泥墩或角铁作柱脚。笼舍的排列可采用单层排列或双层排列。单层排列适合饲养种貂，对繁殖有良好的影响；双层排列一般是饲养皮貂，可避免强光和减少日照，貂皮色泽好，皮毛成熟早。

　　传统的水貂笼通常离地面 40cm 以上，主要采用单层笼舍饲养，笼与笼之间的间距为 5～10cm，以防止水貂相互咬伤。而现代的水貂笼通常离地面 65cm 以上。笼门应设计灵活，避免在笼内和窝箱内露出钉头或铁丝头，以免损伤水貂的皮毛。大型的水貂饲养场通常安装自动饮水装置；对于没有自动饮水装置的场所，应该在笼内备有饮水盒，并固定在笼内侧壁上。

　　③ 饲料加工室　饲料加工室是冲洗、蒸煮和调制饲料的地方，室内应具备洗涤饲料、熟制饲料的设备或器具，包括洗涤机、绞肉机、蒸煮设备等。室内地面及四周墙壁须用水泥抹光（或铺贴瓷砖），并设下水道，以利于洗刷、清扫和排出污水，保持清洁。

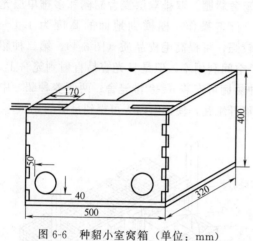
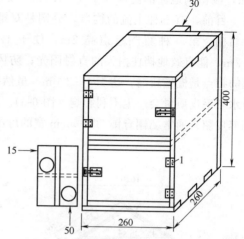

图 6-6 种貂小室窝箱（单位：mm）　　　　图 6-7 皮貂小室窝箱（单位：mm）

④ 饲料贮藏室　饲料贮藏室包括干饲料仓库和冷冻库。干饲料仓库要求阴凉、干燥、通风、无鼠虫；冷冻库主要用来贮藏鲜动物性饲料，库温控制在 -15℃ 以下。小型貂场可在背风阴凉处修建简易冷藏室或购置低温冰柜。

⑤ 毛皮加工室　毛皮加工室是用于剥取貂皮并进行初步加工的场所。加工室内设有剥皮机、刮油机、洗皮转鼓和转笼等。毛皮烘干应置于专门的烘干室内，室内温度控制在 20～25℃。毛皮加工室旁还应建毛皮验质室，室内设验质案板，案板表面刷成浅蓝色，案板上部距案面 70cm 高处，安装日光灯管，门和窗户备有门帘和窗帘，供检验皮张时遮挡自然光线用。

⑥ 兽医室和综合化验室　兽医室负责貂场的卫生防疫和疫病诊断治疗；综合化验室负责饲料的质量鉴定、毒物分析，并结合生产开展有关科研活动等。

6.1.3　水貂常见疾病防治

日常养殖中，要密切观察水貂的进食、活动、采食以及排便情况，一旦发现群体出现异常情况，应该及时隔离做出初步诊断，以便尽早确诊。应做到早发现、早上报、早诊断、早治疗。常见水貂疾病介绍如下：

（1）犬瘟热

该病是由犬瘟热病毒引起的貂的一种高度接触传染性疾病，具有发病急、死亡率高的特点。该病表现为病貂精神委顿，食欲缺乏，直至食欲停止，眼、鼻出现黏液性分泌物，患病貂蜷缩在养殖笼内，眼睑肿胀，鼻孔堵塞，呼吸困难，粪便稀，痉挛致死亡。该种疾病的传播与流行具有典型的季节性，通常每年 8～10 月份是该种疾病的发病高峰期。养殖场内一旦发生该种疾病，很可能会存在隐性带毒的情况，成为养殖场的主要传染源。

本病没有特异的治疗方法，主要是加强预防，进行疫苗接种。首先，做好一年两次的接种预防，第一次是在仔貂断奶一周后注射，第二次是选种后到配种前注射，以提高种貂的防病力；其次，做好卫生管理，减少传染机会。

（2）传染性肠炎

该病是由貂细小病毒引起的一种急性传染病，不同品种和不同年龄的貂都易感染，仔貂和幼貂最为易感。病貂体温升高至 40～40.5℃，腹泻，有时粪便带血，后期排黑色样粪便。

病貂肠道弥漫性出血，肠黏膜坏死，内容物呈煤焦油样，胃黏膜出血，幽门部坏死、溃疡。肠道表现为急性卡他性或出血性炎症。

预防该病主要依靠接种疫苗。一旦发生该病，应立即对病貂实施隔离，场地进行彻底消毒。对症治疗。由于该病治疗效果有限，重点是对受威胁的易感貂实行紧急疫苗接种。

(3) 阿留申病

阿留申病是由阿留申病毒引起的一种慢性免疫介导性传染病，根据临床表现，可分为急性型和慢性型两种。急性型表现为 2～3 天内死亡，病貂食欲丧失或部分丧失，呈抑郁状态，逐渐衰弱，死前痉挛；慢性型主要表现为极度口渴，食欲反复无常，生长缓慢，逐渐消瘦，被毛无光泽，可视黏膜苍白、出血、溃疡，排出煤焦油样粪便。病毒侵害神经系统，伴有抽搐、痉挛、后肢麻痹等症状。

该病尚无很好的治疗方法，也无疫苗预防，主要是抓好淘汰工作，每年定期进行检查，对阳性患貂隔离饲养，至打皮期淘汰。

(4) 出血性败血症

该病是由多杀性巴氏杆菌引起的急性、败血性传染病。多发于 6～9 月份，主要是由于给貂喂食了被巴氏杆菌污染的畜禽及其副产品引起的。该病通常表现为食欲废绝，精神沉郁，口渴，黏膜贫血，下痢，粪便混有脓血，呈红绿或黑褐色；肺、肝、脾、肾出血，脾脏肿大，肝表面有坏死。

预防：应严格遵守兽医卫生制度，杜绝用被污染饲料进行饲喂。治疗：可用猪或鸡用多价免疫血清皮下注射，肌内注射青霉素或链霉素。

(5) 黄脂肪病

黄脂肪病又称脂肪组织炎，多发于夏季，多见于育成期幼貂。该病由于长期喂食酸败、氧化、变质的动物性饲料造成。患此病后，病貂突然拒食，精神沉郁，体温升高，可视黏膜发黄，运动失调；口腔黏液变黄，腹围增大；有的尿液不能直射，排煤焦油样稀便。慢性病貂极度消瘦，被毛逆立，口腔黏膜变黄或苍白，拉青绿色或黑色黏液性粪便，并伴有血尿和后肢麻痹症。

预防：严禁喂酸败的动物性饲料；夏季早饲提前，晚饲延后，饲喂量适宜，喂完后及时取出盆；日粮要新鲜，最好现配现喂，同时要保证日粮中含有丰富的维生素 E。发病后，首先需检查并更换饲料，然后用药物医治。每日每只喂维生素 E 3～5mg、复合维生素 B 5～15mg、维生素 C 5～10mg，连服 1 周。

6.2 獭兔养殖

獭兔，属兔科（Leporidae）穴兔属（*Oryctolagus*）穴兔种（*Oryctolagus cuniculus*），分布于全球各地，又称力克斯兔，因其毛皮酷似水獭而得名。1919 年，法国人从普通兔的隐性基因突变个体中选育出这一皮肉兼用型兔种。20 世纪 30 年代以后，英国、德国、日本和美国等国家相继引进饲养，并培育出多种色型的獭兔。我国引进饲养獭兔已有近 80 年的历史，但商品化生产是在新中国成立后开始的。

6.2.1 獭兔的生物学特性

(1) 獭兔的形态特征

獭兔的头部相对较小且稍长，面部区域约占头部长度的三分之二。口部较大且尖细，上唇中间有一条纵向裂缝，将上唇分成对称的左右两部分，门齿外露；口边缘有较粗且坚硬的触须。眼睛大而圆，单只眼的视野角度超过180°。獭兔的眼球颜色丰富，这是不同色型獭兔的显著特征之一。耳朵长度适中，可自由旋转，以便随时接收外界声音。颈部粗短，轮廓明显，有明显的皮肤褶皱，即肉髯。

躯干可分为胸部、腹部和背部三个部分，胸腔较小，腹部较大，这与獭兔的食草习性、强大的繁殖能力以及较少的活动量有关。背部和腰部微弯，臀部宽大且发达，肌肉丰满且分布均匀。前肢较短，后肢较长且发达，适合跳跃和卧伏的生活方式。前脚有五个指头，后脚只有四个趾（第一趾已退化），指（趾）端有锐利的爪子，爪子的颜色多样，是区分不同品系獭兔的一个依据。獭兔在站立和行走时，指（趾）和部分脚掌都会着地，因此属于跖行动物。

作为一种典型的皮用兔种，獭兔毛皮具有六个独特的特点：短、细、密、平、美、牢。其毛皮柔软、美观且华丽，广受消费者喜爱。根据统计，全球裘皮市场中85%以上的产品为兔皮制品。

（2）獭兔的生活习性

① 食性　獭兔是单胃食草动物，具有较强的食物选择性。它们偏好植物性饲料，而不喜欢动物性饲料。在饲料配方中，动物性饲料的比例应控制在5%以下，并且需均匀混合。獭兔更喜欢颗粒料，相较之下，对粉料和湿粉料的接受度较低。由于兔子的味觉发达，尤其是舌背上的味蕾对甜味特别敏感，因此甜味饲料的适口性较好，通常添加量为2%～3%。

② 食粪行为　獭兔会采食自己的一部分粪便（软粪），这种行为是其固有的生理特征，与其他动物的食粪癖有所不同。这是一种正常的生理现象，而非病理性行为。这是因为通过食粪，獭兔可以很好地维持消化道内正常的微生物群落。因此，具有重要的生物学意义。

③ 啮齿行为　兔子的门齿是恒齿，从出生时就已存在并持续生长。在完全生长状态下，上颌门齿每年会增长约10cm，下颌门齿则增长约12.5cm。为了防止牙齿过度生长，兔子需要通过咀嚼和啃咬硬物来进行自然磨损，这种行为被称为啮齿。在兔子养殖中，应提供适当的磨牙条件，例如硬度适中的颗粒饲料或树枝，以帮助其保持牙齿的正常咬合。

④ 穴居性　獭兔具有打洞并在洞内繁殖的天性，这种行为是长期自然选择的结果。在笼养环境下，为了适应这一本能，必须为繁殖母兔提供产仔箱，以便它们在其中进行产仔。

⑤ 独居性　獭兔倾向于独居。在群养环境中，公兔和母兔或同性别的兔子常发生打斗和撕咬，特别是公兔。咬伤皮肤会导致毛皮质量下降。因此，3月龄以上的兔子应及时分开饲养。

⑥ 热应激性　獭兔毛发浓密，汗腺退化，耐寒但怕热。适宜的环境温度为15～25℃，5℃和30℃为临界温度。因此，日常管理中防暑比防寒更为重要，夏季高温时需采取降温措施。

⑦ 夜行性　獭兔白天安静，夜间则活跃，主要进行采食、饮水和交配。研究表明，獭兔在夜间的采食量占全天采食量的70%左右，饮水量占60%左右。因此，应合理安排饲养管理，特别是加强夜间饲喂。

⑧ 嗜睡性　獭兔在特定条件下容易进入困倦或睡眠状态，白天常趴卧在笼内静静休息。平时应保持兔舍安静，以创造适宜的环境。

⑨ 易惊性　獭兔性格胆小，易受惊吓，对环境变化极为敏感。遇异响、陌生人或猫狗闯入时，会显得惊慌失措，会蹦跳或用后足拍击垫板。受惊的妊娠母兔可能流产、早产、停产或难产；哺乳母兔则泌乳减少，可能拒哺、食仔或踏死仔兔；幼兔则可能出现消化问题，如出现腹泻及腹胀等症状。

⑩ 喜洁性 獭兔喜爱清洁干燥的环境。一般而言，獭兔的疾病抵抗力较弱，不洁或潮湿的环境容易导致疾病发生。

6.2.2 獭兔常见品种和繁育

6.2.2.1 獭兔的品种

(1) 按色型分类

獭兔的色型是区分品系的重要特征。獭兔色型多样，共有 20 多种，其中白色、黑色、红色、青紫蓝色和加利福尼亚（"八点黑"）最为流行。此外，还有蓝色、海狸色、巧克力色、蛋白石色、海豹色、紫貂色、花色、山猫色、水獭色、米色、奶油色、橙色、银灰色、烟灰色和钢灰色等多种颜色。

(2) 按品系分类

獭兔在不同国家和地区因育种方法和培育方向不同，形成了各具特色的品系，外貌特征、生产性能和毛皮质量各异，如美系獭兔、德系獭兔、法系獭兔以及四川白獭兔。

① 美系獭兔 目前，国内饲养最广泛的品系之一是美系獭兔。其特点包括小头尖嘴、大而圆的眼睛、中等长度且直立的耳朵，颈部略长且有明显肉髯，胸部较窄，背腰呈弓形，臀部发达，肌肉丰满。美系獭兔的被毛品质优良，粗毛率低，密度高。它们适应性强，抗病力高，易于饲养。美系獭兔的毛色丰富，有海狸色、白色、黑色、青紫蓝色、加利福尼亚色、巧克力色、红色、蓝色、海豹色等 14 种，其中我国引进的以白色为主。

② 德系獭兔 德系獭兔体型较大，生长迅速，毛发密度高，成年体重平均为 4.1kg。相比于同条件下饲养的美系獭兔，德系獭兔在体重和体长上表现更佳。虽然德系獭兔的适应性不如美系獭兔且繁殖率较低，但与美系獭兔杂交时，能显著提高杂交后代的优良性。我国于 1997 年从德国引进该品种，目前已在北京、河北、四川、浙江等地饲养。

③ 法系獭兔 法系獭兔体型大，体长较长，胸部宽深，背部平宽，四肢粗壮，头部圆润，颈部粗，嘴巴平齐，无明显肉髯，耳朵短而厚，呈 "V" 形竖立，眉须弯曲。毛色有黑、白、蓝三种，毛发浓密且均匀，粗毛比例低，毛纤维长度为 1.6~1.8cm，背毛和臀毛密度最佳。母兔每胎平均产仔 7~8 只，多则可达 14 只，母性良好，护仔能力强，泌乳量大。该品种于 1998 年从法国引进至我国。

④ 四川白獭兔 四川白獭兔繁殖性能强，毛皮优良，早期生长迅速且遗传性能稳定。其全身白色，色泽光亮，毛发丰厚且无旋毛。眼睛呈粉红色，体格匀称结实，肌肉丰满，臀部发达。头部中等大小，公兔头比母兔大，双耳直立，脚掌毛厚。成年体重 3.5~4.5kg，4~5 月龄性成熟，6~7 月龄体成熟。母兔初配年龄为 6 月龄，公兔为 7 月龄。种兔利用年限为 2.5~3 年。在农村饲养条件下，四川白獭兔每胎平均产仔 7.3 只，仔兔断奶成活率为 89.3%，适应性强，生产性能良好。

6.2.2.2 獭兔的繁育

(1) 獭兔的选种选配

① 选种依据

a. 体型与体重 国际獭兔选种标准逐渐从毛色转向体型。体型较大的兔子，皮张面积大，裘皮利用率高，商品价值也随之提高。成年母兔应达到 3.4~4.3kg，成年公兔应达到

3.6～4.8kg。

b. 头型　选种种兔要求头部宽大，与体躯各部位比例协调。耳朵厚薄适中，直立不下垂。眼睛应明亮有神，无泪痕或眼屎，眼球颜色应与品系标准一致。

c. 体质　种兔需体质健壮，行动灵活，眼睛明亮，各部位发育均匀，肌肉丰满，臀部和腰部发达，肩部宽广且与体躯结合良好。

d. 四肢　四肢需强壮有力，前后肢毛色应与体躯一致。趾爪的弯曲度随年龄增长而增加。红色、蓝色、黑色、青紫蓝色、海狸色、巧克力色、蛋白石色、猞猁色、紫貂色、海豹色、水獭色等獭兔的爪应为暗色；加利福尼亚色獭兔的爪最好为暗色或黑色；白色獭兔的爪应为白色或玉色。

e. 毛色　商品生产上优选白色獭兔，其遗传性能稳定，白色绒毛可染成多种颜色。白色獭兔需全身毛色洁白，无杂毛或斑点，眼睛应为粉红色，爪应为白色或玉色。任何其他颜色均不符合纯种标准。无论何种色型，毛色应纯正、色泽光亮，避免毛色混杂，以确保毛皮质量和商品价值。

f. 被毛长度与密度　优质被毛应绒毛丰厚平整，毛纤维直立且富有弹性。绒毛长度适中，通常在1.3～2.2cm，1.6cm为最佳，枪毛极少且不超出绒毛面。密度可通过手感和肉眼观察初步测定。手感紧密厚实表明密度大，反之则小。肉眼观察时，若分开被毛露出皮缝明显，则密度差；反之则好。

g. 其他　公兔需睾丸对称，隐睾或单睾不作为种用。母兔需有4对以上乳头，无食仔、咬斗等恶癖。尾部大小应与体躯比例适中，颜色应与全身毛色一致。

② 选配原则　选配是选种过程的延续，可通过合理配对公母兔，增加优良个体的交配机会，促进优良性状的结合，巩固和发展优良特性，加速改良并提升兔群品质。选配效果不仅取决于种兔的品质和遗传能力，还需考虑公母兔的配合力。选配时应根据目标，综合考虑种兔的品质、血缘和年龄关系。一般来说，尽量避免近交，优先选择品质优于母兔的公兔，以发挥其优良基因。及时总结交配结果，选择亲和力强的公母兔配种。具体原则如下：

a. 全面了解优缺点　选配前需详细了解配种公母兔的优缺点，结合外貌要求，通过几代选配，逐步实现预定目标（如体型大、毛皮优良的獭兔）。

b. 优配优原则　优秀母兔应与品质高于其自身等级的公兔配对。

c. 适龄配对　理想情况下，壮年公兔（1.5～2.5岁）配壮年母兔；若无条件，则可配青年或老年母兔。避免年龄差异过大的配对。

d. 避免近亲交配　配对的公母兔应在三代内无相同血缘，以避免近亲交配引起的品种退化。专业养兔户应坚持"自繁、自育、自养"原则，同时计划引进或交换部分种兔，以更新兔群。

e. 避免早配　后备兔应在3月龄时分开饲养，待年龄和体重达到标准后方可配种。

f. 避免相同缺点　避免配对存在相同缺点的公母兔，如毛稀与毛稀，应选择优秀个体进行矫正。

g. 淘汰遗传缺陷　具有明显遗传缺陷的种兔（如单睾、牛眼、"八"字形腿）不应用于配种，在纯种繁殖场需进行淘汰。

（2）獭兔的繁殖生理

① 獭兔的繁殖特点

a. 繁殖力强　獭兔早熟，妊娠期短，世代间隔小，全年均能繁殖，每窝产仔数量较多。

仔兔在 5～6 个月龄时即可配种，妊娠期为 30～31 天，一年内可繁殖两代。在集约化养殖条件下，每只繁殖母兔年均产 8～9 窝，每窝成活仔兔数为 6～7 只，一年内可育成 40～60 只仔兔。

b. 刺激性排卵　獭兔的成熟卵泡需交配刺激后才能排卵，通常在交配后 10～12h 内排卵。如发情期间未交配，母兔不会排卵，成熟卵泡将在 10～16 天内退化吸收。发情期也可通过注射人绒毛膜促性腺激素（HCG）来诱导排卵。

c. 胚胎附植损失率高　调查显示，獭兔胚胎在附植前后的损失率高达 29.7%，其中附植前损失率为 11.4%，附植后损失率为 18.3%。肥胖是导致胚胎损失的主要因素，肥胖引起脂肪沉积，可压迫生殖器官，影响卵巢和输卵管功能，降低受胎率并导致早期胎儿死亡。此外，高温应激、惊群应激、过度消瘦和疾病也会影响胚胎存活率。

d. 假孕比例高　獭兔在诱导排卵后若未受精，常会出现妊娠反应，如腹部增大和乳腺发育，称为假孕。假孕是獭兔的一大生殖特征，管理不善的兔群假孕率可达 30%。正常妊娠中，妊娠第 16 天后黄体由胎盘激素支持而继续存在；而假孕时，因缺乏胎盘，黄体在妊娠 16 天后退化，母兔会表现出临产行为，如衔草拔毛做窝，并分泌少量乳汁。假孕持续 16～18 天后，母兔极易再次配种受孕。

② 獭兔繁殖生理机制

a. 性成熟　獭兔通常在 3.5～4 月龄达到性成熟，但会因品种、性别、饲养条件、季节及遗传差异而有所变化。白色獭兔性成熟往往早于有色品种，母兔早于公兔，早春出生的仔兔也成熟得更早。

b. 初配适龄　虽然刚成熟的獭兔能繁殖，但过早配种影响其生长发育，导致受胎率低、产仔数少，仔兔存活率也低。过晚配种则降低终身繁殖能力。通常建议在 5～6 月龄、体重大约 3kg 时进行初次配种。

c. 发情周期　獭兔的发情周期多在 8～15 天之间，持续 2～3 天，但具体时间变化较大。发情时，母兔表现为兴奋、食欲减退，有特定行为，如扒箱、顿足等。发情中期是配种的最佳时机。

d. 交配行为　公母獭兔的交配是决定繁殖成功的关键，这是一个复杂的生理反应过程。

e. 妊娠期　獭兔的妊娠期一般 30～31 天，具体时间受多种因素影响。配种后应尽早进行妊娠检查，以便分类管理，及时对未孕母兔进行再次配种。

f. 产仔过程　母兔在临产前会有明显的身体变化，如乳房肿胀。多数在夜间产仔，产仔时母兔会进行一系列特定的行为，如咬断脐带、吃掉胎衣等。产仔一般需 20～30min 完成。

g. 产后护理　产后需及时护理母兔和仔兔，包括清理产箱、检查仔兔状况、调整哺育数量等。饲养管理上，要确保母兔食物适口、易消化，并密切观察其健康状况。对仔兔的吸乳情况也要进行检查，必要时进行寄养或人工哺乳。若母兔出现健康问题，如乳房炎症，应及时治疗。

6.2.3　獭兔的饲养管理

6.2.3.1　营养需求与饲养标准

营养需求指的是确保獭兔健康和最大限度发挥生产性能所需的营养物质。根据用途，营养需求分为维持需要和生产需要。维持需要包括维持体温稳定、细胞新陈代谢及日常活动所需的营养。生产需要则涉及妊娠、泌乳、生长、产毛等方面的营养。獭兔主要需要的营养物质包括蛋白质、能量、脂肪、粗纤维、矿物质、维生素和水分。目前尚无统一的獭兔饲养标准，以下提供一份建议标准（表6-6），供参考。

表 6-6　獭兔的营养需要与饲养标准

营养	生长兔	成年兔	妊娠兔	哺乳兔	商品兔
消化能/(MJ/kg)	10.46	9.20	10.46	11.30	10.46
粗蛋白/%	16.5	15	16	18	15
粗脂肪/%	3	2	3	3	3
粗纤维/%	14	14	13	12	14
钙/%	1	0.6	1	1	0.6
磷/%	0.5	0.4	0.5	0.5	0.4
蛋氨酸+胱氨酸/%	0.5～0.6	0.3	0.6	0.4～0.5	0.6
赖氨酸/%	0.6～0.8	0.6	0.6～0.8	0.6～0.8	0.6
食盐/%	0.3～0.5	0.3～0.5	0.3～0.5	0.3～0.5	0.3～0.5
日采食量/g	150	125	160～180	300	125

注：引自陶岳荣等，1998。

6.2.3.2　饲料种类与饲料的利用

獭兔作为单胃食草动物，拥有广泛的食性，可食用的饲料种类相当多样。常用的饲料包括蛋白质饲料、能量饲料、青饲料、粗饲料，以及维生素和矿物质等添加剂。

6.2.3.3　饲料配方

在制订獭兔的日粮配方时，应选用多样化的饲料种类，以充分发挥各种营养物质的互补效应，从而提升日粮的整体营养价值和饲料的利用率。通常，原料的大致使用比例为：粗饲料占40%～45%，能量饲料占30%～35%，植物性蛋白质饲料占5%～20%，动物性蛋白质饲料占1%～5%，矿物质饲料占1%～3%，饲料添加剂占0.5%～1%。

6.2.3.4　饲养管理

（1）常规饲养技术

① 环境要求　初生仔兔适宜的温度在30～32℃，幼兔适宜的温度为18～21℃，而成年兔则为15～25℃。獭兔能承受的温度范围为5～30℃。相对湿度应保持在60%～70%，在低于55%或高于75%以及高温高湿、高温低湿、低温高湿、低温低湿等极端环境中，獭兔易患病。

② 饲料要求　獭兔饲料包括粉料、颗粒料、碎料、青饲料、草粉或干草。颗粒料是主要饲料，长度不小于0.64cm，直径不大于0.48cm。碎料虽然有些颗粒料的特性，但由于营养不全且成本较高，在实际生产中使用有限。优质青饲料、草粉或干草是獭兔的重要饲料来源。

③ 饲喂技术　饲喂方法包括分次饲喂、自由采食和混合饲喂。颗粒料、粉料、碎料及块根块茎类饲料适合分次饲喂；干草和老青饲料可供自由采食。结合分次饲喂和自由采食可提高饲料利用率和效果。推荐的饲喂顺序是：干草（足量）→精料（适量）→青绿饲料（定量）→干草（足量）。

日粮应以青、粗饲料为主，精饲料为辅，并保持多样化，确保营养全面和均衡。更换饲料时要逐步进行，以免对獭兔造成不适。獭兔偏好甜味和颗粒状饲料，不喜粉料、腥味及高动物性成分饲料。因此，配制日粮时应关注饲料的适口性，并根据季节变化和粪便情况适时调整饲喂方法和饲料种类。

（2）一般管理技术

① 雌雄鉴别　鉴别仔兔的雌雄主要通过观察生殖孔的形状及其与肛门的距离。将仔兔的肩胛部皮领轻轻提起，用另一只手的中指和食指轻压生殖孔。如果生殖孔呈尖叶状或与肛门相近，且下端裂缝接近肛门，则为母兔。如果生殖孔呈圆形、开口稍向前，且开口较小，与肛门距离较远，显露出马蹄形状的生殖器，则为公兔。

② 公兔去势　不用于繁殖的公兔需进行去势育肥。最佳去势时间为 2.5～3 月龄。常用方法包括以下几种：

a. 阉割法　将公兔腹部朝上，左手将睾丸从腹腔挤入阴囊并捏紧固定，用 75% 酒精或 2% 碘酒消毒切口处，然后用消毒的手术刀在阴囊上切开小口，挤出睾丸并切断精索。用同样方法处理另一侧睾丸，最后用碘酒消毒切口。

b. 结扎法　将公兔按上述方法固定，将睾丸挤至阴囊下方，在精索处用肠衣线扎紧以阻止血液流通。结扎后睾丸会迅速肿胀，几天后会逐渐萎缩并脱落。

c. 药物法　将公兔固定，用 0.5～1.0mL 3% 碘酒或 1～2mL 7%～8% 高锰酸钾注入睾丸。注射后，睾丸会肿胀至硬化，几天后即可逐渐萎缩并脱落。

（3）种公兔饲养管理

① 种公兔饲养　种公兔的饲料应含有 17%～18% 的蛋白质。矿物质缺乏会显著影响精液质量，特别是缺钙会导致种公兔四肢无力、活动能力下降和精子质量降低。应根据季节变化调整公兔的日粮，春秋季节是公兔性欲旺盛且精液质量最佳的时期，此时需增加饲料中的蛋白质。冬季由于气温低，饲料消耗增加，应增加精料和多汁饲料，以确保能量和维生素的供给。

② 种公兔管理　獭兔在 3.5～4 月龄性成熟，5～6 月龄可进行初次配种。过早配种会影响后备兔的生长发育，并缩短种兔的使用寿命。后备公兔和种公兔应单笼饲养，并与母兔隔开，以避免异性刺激。成年种公兔建议每天配种 1 次，最多每天 2～3 次，连续配种 2～3 天后应休息 1 天。

（4）种母兔饲养管理

① 空怀母兔饲养管理　空怀母兔指的是仔兔断奶后到下次配种前的母兔。因哺乳期营养消耗较大，其体质较弱。为了恢复体力并保证正常发情和配种，应增加营养并适当延长休情期。空怀母兔的饲料应以青饲料为主，适量补充精料。冬季和早春应多喂胡萝卜和发芽饲料，以促进发情。保持适当体况，避免过肥或过瘦，以免影响发情。最好将空怀母兔单独饲养，并密切观察其发情迹象，确保及时配种。

② 妊娠母兔饲养管理　妊娠母兔的管理重点是加强后期的营养管理，以防流产，并做好产前准备。妊娠前期（1～15 天），胎儿处于初期发育阶段，营养可按空怀母兔的标准供给。从妊娠 15 天起，应逐步增加精料的供应。妊娠 19 天至产仔期间，精料量应增加至空怀母兔的 1.5 倍，同时保证蛋白质和矿物质饲料的充足供应，以防矿物质缺乏引起的产后瘫痪。临产前 3～4 天应减少精料，改以优质青粗和多汁饲料为主，以预防便秘、难产及乳房炎。产仔 2～3 天后，应逐步增加精料，达到哺乳期的标准。

③ 哺乳母兔饲养和管理　哺乳期通常为 28～45 天，母兔每日的泌乳量在 60～150g 之间，最高可超过 300g。产后 12 天内，母兔食欲不振，消化能力较弱，此时应主要提供鲜嫩青绿和多汁饲料，减少精料的供应。产后 3 天，母兔体质恢复，哺乳量增加，可逐步增加精料。约一周后，母兔体质基本恢复正常，精料的喂量应达到 150～200g。每日清扫粪便，及时更换污染垫草，每周消毒笼舍，清洗用具和水槽，保持环境卫生。

(5) 仔兔饲养管理

仔兔，即从出生到断奶前的小兔，此阶段需精细管理以减少死亡率。关键在于睡眠期、开眼期和追乳期的特别照料。

在睡眠期，即从出生到睁开眼（11～12 日龄），应使仔兔尽早吸吮初乳，并确保环境温度维持在 30～32℃。需每日检查哺乳状况，及时应对出现的问题。

进入开眼期（11/12～20 日龄），应用脱脂棉蘸温开水轻拭眼屎，点眼药水助其开眼。16～18 日龄后，仔兔开始尝试进食饲料，此时应常检查产箱，更新垫草。

追乳期则是从 21 日龄到断奶，仔兔逐渐从依赖母乳转向饲料。由于生长迅速，仍需母乳，但同时需补饲易消化、营养且口感好的饲料，如熟豆类、豆浆、豆腐、玉米面或新鲜草料、菜叶等。

(6) 幼兔饲养管理

断奶后的幼兔需根据体重、体质和出生时间进行分群或分笼饲养。每笼可饲养 3～4 只，群养时每小群应为 8～10 只。断奶后一周，日粮中精饲料占 80％，实行少喂勤添的原则，每天喂 4～5 次。一般情况下，每天应提供 2 次配合精料，青绿饲料喂养 2～3 次。

(7) 商品獭兔饲养管理

商品獭兔指的是 3 个月龄以上直到取皮前的獭兔。最佳取皮时间为 5～6 月龄。饲料中需含有充足的蛋白质、矿物质和维生素，以青粗料为主，并适量补充精料。为确保最佳生长效果，环境温度应维持在 15～25℃。每天应安排 1～2h 的运动，并增加日照时间，以促进骨骼生长、增强体质及提高抗病能力。

6.2.3.5 獭兔场舍的要求

(1) 兔场设计与建设

兔场设计需符合产业化要求，应通过科学布局和精心施工来提升劳动效率和生产力，以促进养兔事业的繁荣，因此必须高度重视。

① 场址选择　场址选择是兔场建设的关键，直接影响长期发展和养兔的成败。兔场应设在地势高燥、背风向阳、地下水位低于地面 2m、坡度 3％～10％、冬暖夏凉且排水良好的区域。建议选择沙壤土，因为其透水、透气性能优良，雨后不易泥泞，有利于土壤净化，并且不利于病原菌和寄生虫的生存和繁殖。场地需配备充足的水源，如地下泉水、自来水、卫生达标的深井水或江河流水，以满足生活和生产用水的需求。兔场应交通便利，但应远离公路、铁路、村庄、屠宰场、牲畜市场及畜产品加工厂。同时，需考虑电力供应，以满足照明和生产、生活用电，必要时应备有备用电源以应对停电。兔场的朝向应依据日照和主导风向设计，使兔舍长轴对准夏季主导风，一般门朝南或东南，有利于冬季获得更多日照，夏季促进自然通风。根据兔场规模，应就地或就近设置饲料基地，以优化管理、降低成本，并应考虑生态良性循环，利用生物链和资源综合利用，提高整体效益。

② 兔场布局　选定场址后，需根据防疫、改善小气候、方便管理和节约用地等原则，

以及兔场的任务和规模，规划总体布局。兔场通常分为生产区、生产管理区、隔离区和生活区四个功能区域。布局时应考虑当地主风向和场址地势，以便于防疫和安全生产。

（2）兔舍建舍要求

① 建舍材料　兔舍材料选择应因地制宜，坚固耐用，同时具备防啃咬、防打洞、防兽害、耐火和耐腐蚀的特点。通常选择砖、石、水泥、网眼铁皮等材料。

② 兔舍形式　兔舍形式多样，按墙体结构可分为开放式、半开放式和封闭式等。按舍顶结构，有钟楼式、半钟楼式、平顶式、单坡式和双坡式等。按笼位排列，又可分为单列式、双列式和多列式，以及室外笼舍、塑料棚兔舍等。

（3）兔场设备

① 兔笼　繁殖和种兔的兔笼宽为 70～75cm，深 65～70cm，高 45～50cm。幼兔笼稍大，商品兔笼则略小。

② 料槽　大型养兔场多使用自动喂料器，可根据墙壁安装，兼具饲喂和存放饲料的功能，可减少饲料浪费和污染。家庭养兔则根据饲养方式选择，群养可用长料槽，笼养可用陶瓷食盆，多层笼养则可用转动式或抽屉式料槽。

③ 草架　用于饲喂青饲料和干草。工厂化养兔场多用全价颗粒饲料，无需草架；小规模养兔则用钉制木条的"V"字形草架，置笼外上方。

④ 饮水器　小型或家庭养兔可用盆、桶、碗代替饮水器，大中型兔场则使用乳头式饮水器。

⑤ 产仔箱　一般用木板制成，有两种类型，一种是敞口平底，另一种是月牙形开口，可竖立或横放使用。

⑥ 捕捉用具　捕捉仔、幼兔可用捕捉网兜，捕捉中、成年兔可用钢丝制成的伸缩捕捉勺。

6.2.4　獭兔常见疾病防治

（1）兔病的预防

兔病种类繁多，许多疾病高发且易引发大规模感染，导致经济损失。因此，需遵循"预防为主，治疗为辅"的方针。卫生防疫直接影响养兔的经济效益，至关重要。

① 坚持自繁自养　为了防止引进兔源时带入疾病，常采取自繁自养的措施。选择健康的良种公母兔配种，有助于提高成活率和经济效益。

② 饲料与食具符合卫生要求　饲料应保持清洁，避免污染，不从有疾病流行的场所购买。饲料需新鲜优质。兔子的食槽和用具需定期清洗消毒，饮水也应保持清洁，避免冰冷、污染或有毒水源。

③ 兔场环境卫生符合要求　兔舍应建在距离地面高且干燥、避风向阳的位置，确保冬季防寒、夏季防暑。场地要宽敞，地下水位低，排水系统良好，水源充足，土质最好为沙壤土。生产区、居住区和办公区应相互独立，兔舍周围应有防护墙。入口处需设消毒池，并确保消毒液有效。

④ 防止传染病发生和蔓延的措施　在传染病暴发时，需迅速实施紧急预防措施，限制疫情范围，力求初期消除。对患病兔子应进行有效治疗，防止疾病传播和多重感染。死亡兔子应深埋或焚化处理。新兔应从无疫区采购，严格检疫，并进行超过一个月的隔离观察后，方可与原群体混养。

⑤ 参观和外来人员注意事项 根据季节和疫情状况决定是否允许外来人员或参观者进入兔场。参观者必须经过消毒处理，禁止触摸、喂养或伤害兔子。

⑥ 讲究卫生，处理好粪便 进入生产区前，饲养人员需更换专用工作服和鞋子，保持环境清洁。兔舍需定期清扫和消毒，垫草应频繁更换，铺板和地面也需经常清洗，确保干燥清洁。清除的粪便和污物应在离兔舍100m外的地方安全处理。

⑦ 灭鼠、杀虫和尸体处理 鼠类可能传播传染病，灭鼠工作至关重要。应从建筑和卫生措施入手，减少鼠类生存空间，并采取有效方法直接杀灭鼠类。

⑧ 严格执行消毒制度 兔舍、兔笼及相关用具每季度全面清扫和消毒，每周重点消毒。消毒应根据对象和需求选择适当方法。

⑨ 按免疫程序进行免疫接种 为预防疫病和减少死亡，需严格执行科学免疫程序。常用疫苗包括兔瘟灭活疫苗、大肠杆菌多价灭活疫苗和兔巴氏杆菌病灭活疫苗等。

⑩ 有计划地进行药物预防和驱虫 在疫病高发季节前，使用安全、经济、有效的药物进行预防和早期治疗，可有效防止疫病发生和流行，降低用药成本，降低死亡率，提高经济效益。

（2）獭兔常见疾病的防治

① 皮肤霉菌病 皮肤霉菌病是一种由须发癣菌属和石膏样小孢子菌属的病菌引起的传染病，影响多种动物和人类。该病的主要症状包括皮肤角质化、炎性坏死、脱毛和断毛。感染途径多样，包括通过污染的土壤、饲料、饮水、用具、脱落的被毛以及饲养人员等间接方式，或通过交配和吮乳等直接方式。温暖潮湿和不洁的环境有助于病情的发展。虽然此病全年都可能发生，但春季和秋季尤为常见，特别是在换毛期间，所有年龄段的兔子都有感染风险，尤其是仔兔和幼兔。不同的病原菌会导致不同的症状。为有效预防和控制此病，必须加强饲养管理和环境卫生，注意兔舍的湿度和通风。定期检查兔群，发现疑似患兔应立即隔离并进行诊断和治疗。

② 球虫病 獭兔球虫病是由艾美尔属多种兔球虫寄生于肝脏、胆管上皮细胞及肠上皮细胞内引发的寄生性原虫病，是兔类中最常见且危害最重的寄生虫病之一。此病主要影响断乳至3月龄的幼兔，死亡率较高，而成年兔通常表现为隐性感染，抵抗力较强。球虫病根据寄生部位的不同，可分为肠球虫病、肝球虫病和混合型球虫病三种。为预防此病，需加强饲养管理，重视饮食和环境卫生。兔舍和笼具应定期清扫和消毒，粪便需堆积发酵处理，以防止饲草、饲料和饮水被兔粪污染。同时，应分开饲养成兔和幼兔，仔兔在哺乳期应实行母子分养，并定时哺乳，以降低感染率。

③ 螨病（疥癣） 螨病是一种由多种螨类（如兔疥螨、兔背肛螨、兔痒螨和兔足螨）引起的体外寄生虫病，主要寄生于獭兔的皮肤。此病全年都有发生的可能，但在冬季及春秋季节更为常见。所有年龄段的兔子均易感染，尤其在兔舍潮湿、卫生条件差、管理不善、营养不足、空间狭窄或饲养密度高的环境中，病情更容易加重。螨病可通过直接接触或笼具传播。耳癣由痒螨引发，痒螨侵入耳道后，以其刺吸式口器摄取渗出液和淋巴液，导致外耳炎症和黄褐色结痂，塞满耳道，引起兔子极度瘙痒，表现为频繁摇头和抓耳。脚癣通常由疥螨引起，其咀嚼式口器在患部皮肤挖掘隧道，以角质层和渗出液为食。预防螨病需保持兔舍清洁卫生，确保干燥、通风良好和光照充足。定期对兔场、兔舍及笼具进行消毒。引种时应避免引入病兔。一旦发现螨病，应立即隔离并治疗患兔，或考虑淘汰，并对环境进行彻底消毒。

④ 黏液性肠炎　又称大肠杆菌病，是一种影响仔兔的肠道疾病，具有暴发性和极高的死亡率。主要症状包括水样或胶质粪便和严重脱水，这些症状常导致死亡。此病在春季和秋季发病率较高。一旦在兔群中暴发，容易迅速成为流行病，造成大量仔兔死亡。临床表现主要为下痢和流涎，有时兔子可能在没有明显腹泻症状的情况下突然死亡。为了减少应激反应，健康兔群和断奶前后的仔兔应逐步更换饲料，避免突然变化。发现大肠杆菌病后，应立即隔离治疗患兔，并对笼具进行彻底消毒，以防疾病扩散。

⑤ 蛲虫病　患蛲虫病的獭兔常表现为毛发凌乱无光泽、眼睛流泪、结膜炎、体重下降和生长受阻，并出现下痢现象。病兔常用嘴啃咬肛门部位，其排出的粪便中可见约6mm长的白色针状蛲虫。为防治此病，应定期清扫兔笼和兔舍，将病兔粪便堆积发酵，并彻底消毒笼舍、食槽及饮水槽。可使用2%阿维菌素粉，按每千克兔体重0.25g的量拌料饲喂，10天后重复用药一次，效果显著。

⑥ 霉变饲料中毒　霉变饲料中毒常导致獭兔口吐白沫、呼吸急促和粪便腥臭含黏液或血液。患病兔通常呈现食欲废绝、精神不振、毛发凌乱、体温升高、呼吸急促、流涎或吐白沫、粪便发臭夹带黏液或血液、行动不稳或无力及卧地不起等症状，最终因体力衰竭而死。发现后应立即停止喂食发霉饲料，更换新鲜饲料，适量添加易消化且适口性好的青绿饲料。

⑦ 肺炎　肺炎患兔常表现为呼吸困难、头部抬高、频繁摇头，体温可升至41℃。眼睛泪液充盈，鼻腔流出黏性液体，伴随频繁打喷嚏和持续咳嗽，食欲明显下降。预防肺炎需确保兔舍底笼、食槽及用具的清洁，采用多种消毒剂和方法进行彻底消毒，并保持病兔在通风良好、气温适宜且干燥的环境中生存。同时还应提供合理配比的高营养精料，定期补充优质青绿饲料，以满足獭兔对维生素的需求，进而提高抗病能力。

⑧ 乳腺炎　乳腺炎主要发生在泌乳母兔身上，由金黄色葡萄球菌引起。发病时乳腺肿胀发红，体温升高，母兔拒绝仔兔吮乳。炎症较轻时，可局部涂抹消炎药膏；炎症严重者可肌注20万～30万单位的青霉素，每日1次，连用3天。

⑨ 沙门氏菌病　此病常见于怀孕母兔。其症状包括体温升高、腹泻、食欲下降和消瘦，流产后可能导致死亡。应严防怀孕母兔接触传染源，定期进行消毒和灭蝇。感染后的母兔可肌注氯霉素，每次2mL，每日2次，连用3～4天。

⑩ 巴氏杆菌病　该病可发生于任何年龄阶段，常导致大量死亡。该病表现为急性、亚急性和慢性三种类型：

急性型：体温超过40℃，呼吸急促，食欲丧失，下痢，1～3天内可能死亡。

亚急性型：表现为呼吸困难，鼻腔分泌物呈黏液或脓性，打喷嚏，有时伴有腹泻，4～5天后可虚弱死亡。

慢性型：病程较长，生长停滞，长期带菌且具有传染性。

保持兔舍卫生是预防该病的有效方法。病兔可肌注链霉素，每千克体重0.5万～1万单位，每日2次，连用5天；口服磺胺嘧啶也能有效治疗。

⑪ 有机磷农药中毒　误食喷洒有机磷农药的青绿饲料，如蔬菜和禾苗，可能导致中毒。症状包括口吐白沫、瞳孔缩小、心搏加快、呼吸急促、腹泻和抽搐，严重时可能窒息死亡。应严格控制青绿饲料来源。若发生中毒，可用阿托品0.5～1mL肌注，每隔1～2h重复一次。症状减轻后，可将剂量减半，再注射1～2次。

⑫ 兔瘟　兔瘟是一种由病毒引起的急性传染病，死亡率高达95%以上，但仔兔和幼兔发病较少。其临床表现分为以下几种类型：

最急性型：患兔突然倒地抽搐，发出惨叫，迅速死亡。死亡后肛门松弛，鼻孔有红色泡沫流出。

急性型：患兔食欲减退或废绝，体温急剧下降，呼吸急促，突然惊厥兴奋，在笼中或场地狂跳，倒地后抽搐和惨叫，死亡率高，少有康复。剖检发现肺部瘀血、水肿、出血，肝脏肿大、出血和瘀血，脾脏呈蓝紫色。

该病主要依靠预防措施控制，需按照免疫程序按时足量注射疫苗。常用疫苗包括兔瘟-巴氏二联苗和兔瘟-巴氏-魏氏三联苗。幼兔在 30～45 日龄时按说明书注射疫苗即可。

⑬魏氏梭菌病　魏氏梭菌病表现为急剧腹泻，粪便呈黑色水样或带血胶胨样，并有恶臭。腹泻后，兔子精神萎靡，停食。剖检可见胃底黏膜脱落，肠黏膜弥漫性出血，小肠充气，肠壁薄而透明；盲肠和结肠充气，内容物黑绿色，带有腐败气味；肝脏变脆，脾脏呈深褐色。

防治以预防为主，应按免疫程序定期足量注射疫苗，如兔瘟-巴氏-魏氏三联苗和大肠-魏氏二联苗。治疗可用氯霉素肌内注射，成兔每次 1.5mL，每日 2 次，连用 3 天，幼兔剂量适当减少；或按说明书口服磺胺二甲嘧啶片。

【本章小结】

本章重点解绍水貂与獭兔两大物种，水貂养殖需精准调控光周期繁殖策略，分阶段管理配种、妊娠及冬毛生长期，并防控犬瘟热等疫病；獭兔养殖则突出"短细密平美牢"的毛皮特质，通过科学选种（体型、毛色纯度）、高纤维日粮配制及分群精细管理提升皮毛质量。强调通过科学养殖技术提升毛皮质量与产业效益，兼顾动物福利与疾病防治，为规模化养殖提供理论指导与实践依据。

【复习题】

1. 水貂有几种类型？主要色型有哪些？
2. 简述水貂的发情鉴定和放对配种技术。
3. 水貂妊娠期饲料如何配制？
4. 简述水貂各饲养时期饲养管理要点。
5. 根据提供的獭兔的生活习性和特征，讨论为什么在獭兔的饲料配方中应该注意动物性饲料的比例，以及食粪行为对獭兔的生理功能和营养吸收的重要性。
6. 在选种过程中，为什么獭兔的体型成为一个重要的选种标准？体型大小如何影响其商品价值？
7. 为什么在选配时需要考虑公母兔的年龄关系？如何根据年龄进行合理选配？
8. 在兔场卫生防疫工作中，为什么灭鼠工作显得尤为重要？

（邵作敏，厉成敏）

第7章

药用动物养殖

药用动物是指身体的全部或局部可以入药的动物，其所产生的物质统称为动物药。动物药作为传统中药三大来源（植物、动物、矿物）之一，具有悠久的历史。早在《五十二病方》中就有动物类中药牡蛎的药用记载，其后历代本草学著作中均有关于动物药的记载与应用。据有关资料统计，我国目前生产的中成药品种达 4300 多种，常用中成药 1349 种，其中含有动物药的品种 507 种，占比 37.52%。而部分以动物药为主（作为君药）的中成药尤为常用，疗效显著，如六神丸（含蟾酥）、安宫牛黄丸和清开灵（均含天然牛黄）、苏合香丸（含麝香）、羚羊感冒片（含羚羊角）等，动物药在其中发挥主要作用。由此可见，动物药已成为中药中不可缺少的重要组成部分。由于篇幅有限，本章选择茸鹿和蝎子简要介绍。

7.1 茸鹿养殖

鹿，属哺乳纲偶蹄目鹿科，茸角药用价值高，故称茸鹿。据《中国药典》，鹿茸特指梅花鹿或马鹿的雄性未骨化幼角。鹿茸富含多肽、糖类、氨基酸等，尤以鹿茸多肽活性最强。中医认为鹿茸能壮肾阳、益精血等，用于治疗肾阳不足等病。古代医家认为鹿茸精气充沛，补阳益血之力最盛。新中国成立后，鹿茸产业稳步发展，最高峰时梅花鹿存栏 86 万只，马鹿 18 万只，年产值近 300 亿元，带动 80 余万人就业，助力万余农户脱贫。我国鹿茸市场以东北为主导，吉林、辽宁等地市场份额超 80%，其他省份养殖规模正在扩大。

7.1.1 茸鹿的生物学特性

(1) 茸鹿的分类

我国驯养的茸鹿有梅花鹿、马鹿、白唇鹿、黑鹿及坡鹿。梅花鹿、马鹿主要产于东北、西北和内蒙古；白唇鹿为青藏高原特有；黑鹿分布于南方；坡鹿生活在海南部分地区。其中，梅花鹿和马鹿在驯养中最为常见。

(2) 茸鹿的形态特征

① 梅花鹿 梅花鹿（*Cervus nippon*）为中型鹿类，体长 140～170cm，肩高 85～100cm。成年体重 100～150kg，雌鹿体型小，雄鹿有角，多为四叉。背部有暗褐色背线，尾部短小，背黑腹白。夏季毛色棕黄，有白色梅花状斑点，因而得名（图 7-1）。主要分布在我国、日

本和俄罗斯。常见饲养梅花鹿品种有双阳、敖东、西丰和四平等。

② 马鹿　马鹿（*Cervus elaphus*）为大型鹿类，仅次于驼鹿，体长180cm，肩高110～130cm。雄性重约200kg，雌性150kg。其身体深褐色，背部有白色斑点。头部、面部长，具眶下腺。鼻端裸露，额部、头顶深褐色，颊部浅褐色。颈部、四肢长。蹄子大，尾巴短。雄性有角，通常6叉，最多8叉。夏季毛发短，赤褐色，又被称为"赤鹿"（图7-2）。我国饲养的常见马鹿品种包括东北、天山、塔里木等。

图 7-1　梅花鹿　　　　　　　图 7-2　马鹿

(3) 茸鹿的生活习性

① 野性　茸鹿经过长时间驯化，野性程度较浅，但仍有一定野性，主要表现为遇到陌生或不熟悉因素时的警觉反应，如长吼报警、起立待变、臀颈毛发逆立等。产仔期和配种期的母鹿与种公鹿，这些行为尤为明显，对熟人也无例外。尤其是刚交配完的种公鹿，野性更为充分，会凶狠撞击人。

② 草食性和反刍性　鹿是草食性和反刍性动物，常年以植物为食，其食性由消化系统结构决定。在夏季，野生鹿采食数百种野生植物，主要摄取草本植物嫩绿部分。秋季除了嫩绿植物，还偏爱多汁的灌木果实以及蕈类、地衣类和苔藓类植物。冬季主要依赖乔灌木枝条、枯叶、浆果为食，甚至挖掘橡实。春、秋、冬季因植物性饲料中无机盐缺乏，鹿会寻找盐碱地舔食或啃剥树皮。

③ 生态可塑性　鹿在不同环境下展现出的生存适应能力称为生态可塑性。梅花鹿分布广泛，而其他种类如驯鹿、白唇鹿等则分布较局限。在引种与风土驯化方面，多数鹿种能够适应新的生态环境和饲养条件，其基本特性和生物周期基本不受影响，但部分生物学特性（如发情、繁殖等）可能有所提前或延后。若想要达到最好的驯化效果，最好引入或驯化仔鹿。

④ 集群性　鹿在自然环境及饲养条件下，多以群体形式活动。头鹿、骨干鹿引导群体，王子鹿掌控行动。冬季群体规模常增大。圈养鹿群保持群居性，单独饲养时可能不安。合群鹿群对外来鹿可能产生攻击行为。

⑤ 繁殖和体重变化的季节性　鹿类繁殖季节性明显，水鹿在5～6月份发情交配，12月至次年1月产仔；其他茸鹿在9～11月份发情交配，次年5～7月份产仔。公鹿发情时间随年龄变化，幼龄初配鹿可出现春季发情交配。鹿类体重也随季节变化，以梅花鹿为例，公鹿冬季末至春季初体重最低，夏季末至秋季初体重最高，母鹿则推迟1～2个月。鹿的繁殖和体重变化均呈现季节性，这是其适应生存条件的反映。

7.1.2 茸鹿的繁育及饲养管理

7.1.2.1 茸鹿的繁育

(1) 茸鹿的繁殖

① 性成熟与初配年龄　鹿的性成熟受种类、栖息环境及个体发育影响。梅花鹿与马鹿的母鹿通常在 16～18 月龄达到性成熟。母鹿若发育良好，体重达成年 70% 以上时，16 月龄可参与配种；发育差者则不宜配种。育种母鹿初配年龄应延迟一年。公鹿性成熟期在 2.5～3 岁，但选种时以 4～5 岁为宜。

② 发情规律及表现　鹿的发情特性为季节性多次发情。9～11 月份是公母鹿配种期，母梅花鹿发情高峰在 10 月中旬，母马鹿则在 9 月中旬至 9 月末。母鹿发情周期约 12 天，每次持续 1～2 天，发情后 12h 配种受孕概率高。发情期间，母鹿采食正常，主要通过行为鉴定。初期烦躁不安、摇尾游走，不接受交配；盛期内眼角泪窝开张，分泌特殊气味物质，外生殖器红肿，流出黄色黏液，接受交配。公鹿性活动也具季节性，交配期食欲减退，兴奋，颈部增粗，性格暴躁，常吼叫。9 月中旬公鹿争偶角斗激烈，强者可占有 10 头以上母鹿。

③ 配种

a. 配种的准备工作　在配种前，审视鹿群现状及未来趋势，制订配种计划。对母鹿进行年龄和发育分类，分别管理初产与经产母鹿。配种鹿群规模控制在 20～25 头，确保配种工作顺利进行。对于公鹿，配种前需进行品质鉴定，剔除品质差或患病的公鹿，及时补充优质公鹿，确保配种质量。配种前需全面检修鹿舍、围墙、运动场，确保设施完好。检查配种器械，备齐记录本，做好配种准备。

b. 配种方式与方法　配种方式与方法有群公群母配种法、单公群母配种法和单公单母配种法三种。群公群母配种法是将 50 头母鹿以 1：（3～4）的比例与公鹿配种，期间不引入其他公鹿。单公群母配种法是将 20～25 头相近年龄、体质的母鹿与一头公鹿交配，5～7 天更换一次，发情期每 3～4 天更换。单公单母配种法是将试情公鹿发现的发情母鹿，与选定公鹿交配，以确保交配机会，提高受孕率。

c. 配种实施与管理　母鹿发情期时，按比例将公鹿放入母鹿圈。其交配短暂且多发生在清晨或黄昏，需密切观察鹿群。母鹿发情明显时，立即创造交配条件助其受孕。配种时，专人看护配种圈以防争斗。已配种的母鹿需观察后续表现，应特别注意是否再次发情。如确认未受孕，及时安排复配以提高受孕率。

④ 妊娠与产仔　鹿的妊娠期因种类、发育和驯养方式而异。梅花鹿 220～240 天，马鹿 223～250 天。老龄鹿妊娠期更长，圈养鹿比放养结合鹿长约 3 天。怀母羔的妊娠期较长，怀双羔的最长，约 240 天（以梅花鹿为例）。

产仔前后要做好临产症状观察，及时处置，确保顺利生产。产仔过程主要有以下表现，母鹿临产前半个月乳房膨大，行动谨慎。产前 1～2 天，腹部下垂明显，初产母鹿表现可能不明显。临产前，母鹿拒食，频繁走动或起卧不安，回视腹部。外阴部红肿、流出黏液时，即将分娩。需密切关注母鹿状态，一旦发现临产症状，应及时将其移入产仔圈以确保顺利产仔。母鹿产仔时，可能躺卧或站立。子宫阵缩加强后，胎儿进入产道，羊膜外露。破水后，胎儿娩出。产出时间通常 30～40min，最长 2h。产后应及时清理仔鹿鼻腔黏液，确保呼吸通畅；距腹壁 8～10cm 处用消毒粗线结扎脐带，剪断处涂碘酒防感染；填写仔鹿登记卡片，尽早打上耳号，便于饲养管理和记录。

（2）茸鹿的选种

茸鹿的选种是指从鹿群精选最优个体，即"优中选优"，对种鹿进行普查评定等级，淘汰劣等，即"选优去劣"。

① 种公鹿的选择　种公鹿品质影响后代，选择至关重要，评估时需考虑遗传、生产、体质等因素。遗传性方面选择优秀后代作为种用，主要评价的指标有生产能力、体质、体型、耐粗饲能力、适应性、抗病力、遗传力等。生产能力方面，主要评价指标有鹿茸产量、形状、角向、被皮光泽及产肉量，通常考虑产茸量高于同年龄公鹿平均产量的20%～35%。年龄方面，以3～7岁成年公鹿群为选种基础。在保障健康和鹿茸产量的前提下，优良种公鹿经鉴定后应充分利用配种效能，以获得更多优良后代。可适当延长配种年限1～2年。体质与外貌方面，种公鹿需具本品种典型特征与明显雄性特征，精力充沛，强壮雄悍，性欲旺盛。

② 种母鹿的选择　选择优质种母鹿对提升鹿群繁殖力、扩大种群及优化后代性能至关重要。挑选时需综合考量年龄因素、体质状况、繁殖性能、外貌与形态等方面。优先选择4～9岁壮龄母鹿，此阶段母鹿繁殖、生育能力强。理想的种母鹿应健康结实，营养良好，繁殖条件优越，以确保其生育和哺乳能力。优质种母鹿需温顺、母性强，生殖功能正常，泌乳量大，繁殖力强，无难产或流产记录。外貌优美、结构匀称且品种特征明显的母鹿是首选。躯体宽深，身躯发达，腰角和荐部宽阔，乳房和乳头发育完善且位置正确，四肢粗壮有力，皮肤紧致，被毛光泽度高，后躯发达，这些都是优秀种母鹿应具备的外貌特征。

③ 后备种鹿的选择　在繁殖育种上，后备种鹿需选自健康公母鹿的后代，挑选时需遵循严格标准。后备种鹿外部形态特征应表现为体态端正、结构匀称、四肢粗壮、皮肤紧致、被毛光亮、后躯发达等。生长发育方面应选生长快、健康活泼、反应敏锐的鹿，并需具备强抗病和适应环境能力。公鹿的初角茸生长状况很关键，优秀后备公鹿第二年长出良好初角茸，角柄粗短，遗传特性优良。无论是公鹿还是母鹿，其生殖器官均需严格评估。母鹿乳房乳头应完善且位置正确，公鹿睾丸应左右对称、大小一致，确保后代遗传品质优秀。

（3）茸鹿的选配

优良的种鹿后代品质不仅取决于其双亲品质，还取决于配对是否适宜。选配时应通过评估等级、生产力、亲缘关系等科学选择公母鹿，避免近亲繁殖。目前，茸鹿选配主要采用同质选配，即优质公鹿配育种群母鹿。对于一般生产群，应选相匹配的公母鹿，避免低等级公鹿。有缺陷的母鹿则采用异质选配，用优良公鹿配，避免缺陷遗传。相同缺陷的公母鹿不宜交配，以防缺陷恶化。年龄上，宜壮龄配壮龄或老龄、幼龄鹿。

7.1.2.2　茸鹿的饲养管理

在相同养殖条件下，不同养殖者养殖的鹿在健康、生产及经济效益上存在差异，这主要是因为养殖者在饲养管理技术上的差异造成的。饲料营养、繁育、护理、卫生、疾病防治等直接影响养殖效益。

7.1.2.2.1　公鹿的饲养管理

我国饲养公鹿主要是为了生产高质量鹿茸和繁殖优良后代，需通过科学饲养管理，确保公鹿良好繁殖体况和种用价值，延长其寿命和生产年限，提升鹿群水平。

（1）**公鹿生产时期划分**

公鹿生理与生产随季节显著变化。春夏食欲旺盛，代谢活跃，3~4月份脱盘生茸并换毛。秋季性活动增强，争偶角斗频繁，食欲减退，配种后明显消瘦。至次年1月份，性活动减弱，食欲恢复。据此，饲养管理分生茸前期、生茸期、配种期和恢复期。在北方，梅花鹿生茸前期为1月下旬至3月下旬，生茸期为4月上旬至8月中旬，配种期为8月下旬至11月中旬，恢复期为11月下旬至次年1月中旬。马鹿提前约15天。南方因气候差异，各时期略有不同。以广东省为例，梅花鹿生茸前期为1月下旬至3月上旬，生茸期为3月中旬至8月上旬，配种期为8月下旬至12月上旬，恢复期为12月下旬至次年1月中旬。生茸前期和恢复期主要在冬季，也称越冬期。各阶段相互联系，相互影响。饲养管理需根据营养需求特点，实行科学管理。

（2）**生茸期饲养与管理**

① 生茸期的营养要点　鹿茸主要成分为蛋白质，因此公鹿需高蛋白质摄入。饲养中需提升鹿营养状况，特别是蛋白质供应。营养不足则鹿茸生长慢、毛质差。梅花鹿公鹿生茸期精饲料配方见表7-1。

表 7-1　梅花鹿公鹿生茸期精饲料配方（风干基础）　　　　　单位：%

饲料名称	1岁公鹿	2岁公鹿	3岁公鹿	4岁公鹿	5岁公鹿
玉米面	29.5	30.5	37.6	54.6	57.6
大豆饼、粕	43.5	48.0	41.5	26.5	25.5
大豆（熟）	16.0	7.0	7.0	5.0	5.0
麦麸	8.0	11.0	10.0	10.0	8.0
食盐	1.5	1.5	1.5	1.5	1.5
矿物质饲料	1.5	2.0	2.4	2.4	2.4

② 生茸期的饲养要点　生茸期在春夏两季，公鹿面临脱花盘、新茸生长及换毛需求。因鹿茸生长快，营养需求高，饲养管理质量直接影响脱盘、鹿茸生长、体况和换毛。为确保需求，日粮需科学合理，富含维生素A、维生素E和蛋白质。精料中应提高豆饼和豆类比例，供应豆科牧草、青贮饲料和青绿饲料。可用熟豆浆拌料或粥料，提高适口性、消化率和生物学价值。同时确保矿物质饲料供应。应根据生茸阶段调整日粮及喂量，确保均衡。每天喂3次精料，保持饮水充足清洁。加料时循序渐进，每3~5天递增0.1kg，至生茸旺期达最大量。保持鹿旺盛食欲，避免加料过快导致问题。梅花鹿公鹿生茸期精饲料日供给量见表7-2。

鹿脂肪吸收能力弱，易在胃肠道内形成无法吸收的脂肪酸钙，造成浪费并可能引发健康问题。因此，应避免高油籽实在精饲料中。

表 7-2　梅花鹿公鹿生茸期精饲料日供给量

饲料	2岁	3岁	4岁	5岁以上
豆饼、豆类/(kg/头)	0.7~0.9	0.9~1	1~1.2	1.2~1.4
谷物/(kg/头)	0.3~0.4	0.4~0.5	0.5~0.6	0.6~0.7
麦麸类/(kg/头)	0.12~0.15	0.15~0.17	0.17~0.2	0.2~0.22
合计/(kg/头)	1.12~1.45	1.45~1.67	1.67~2	2~2.32
食盐/g	20~25	25~30	30~35	35~40
矿物质/g	15~20	20~25	25~30	30~35

③ 生茸期的管理要点　公鹿因年龄差异，其消化、营养和代谢特点不同。建议按年龄分群饲养，便于管理。生茸初期，气候多变，需确保公鹿保暖，此时生长速度较慢。生茸中

后期，公鹿代谢加剧，对营养需求增加，应提供适量青贮饲料。头茬茸收后，可饲喂青割饲料，减少精料比例。生茸期间，确保水盐供应，梅花鹿每日供水 7～8kg、食盐 15～25g；马鹿则需每日供水 14～16kg、食盐 25～35g。生茸旺季，宜适当延长饲喂间隔时间，建议在日出前和日落时进行饲喂。饲养期间，做好卫生防疫工作，调节舍内温湿度，及时清理排泄物、积水和剩余饲料残渣。

（3）配种期饲养与管理

梅花鹿公鹿配种期为 8 月下旬至 11 月中旬，马鹿配种期稍早。饲养管理目标为保持种公鹿的繁殖体况、精液品质和配种能力，以繁殖优良后代，同时确保非配种公鹿膘情适宜，安全越冬。收茸后需重新组群分别饲养管理。

① 配种期营养需要　精液品质、性欲、配种能力、使用年限是判断种公鹿繁殖力的主要指标。繁殖力受遗传、环境和日粮营养水平影响。精液蛋白质来源于饲料。配种期公鹿通过限制饲养控制膘情，降低性欲，减少伤亡，准备越冬。梅花鹿种公鹿配种期精饲料配方见表 7-3。

表 7-3　梅花鹿种公鹿配种期精饲料配方（风干基础）

饲料名称	比例/%	营养水平	含量
玉米面	50.1	粗蛋白/%	20
豆饼	34.0	总能/(MJ/kg)	16.55
麦麸	12.0	代谢能/(MJ/kg)	11.20
食盐	1.5	钙/%	0.92
矿物质饲料	2.4	磷/%	0.60

② 配种期的饲养要点　配种期公鹿食欲锐减，争偶角斗频繁，体力消耗大，体重可降 15%～20%，饲养管理和营养水平至关重要。饲养时，应喂优质粗饲料和混合精饲料，粗蛋白含量至少 12%，以满足基本需求。若粗饲料差，粗蛋白含量需提升至 18%～20%。矿物质和维生素对公鹿精子、精液品质和健康有积极作用，必要时需补喂添加剂。梅花鹿种公鹿配种期精饲料供给量可参考表 7-4。

表 7-4　梅花鹿种公鹿配种期精饲料供给量

饲料名称	2 岁	3 岁	4 岁	5 岁以上
豆饼、豆科籽实/[kg/(头·日)]	0.5～0.6	0.6～0.7	0.6～0.8	0.75～1
禾本科籽实/[kg/(头·日)]	0.3～0.4	0.4～0.5	0.4～0.6	0.45～0.6
糠麸类/[kg/(头·日)]	0.1～0.13	0.13～0.15	0.13～0.17	0.15～0.2
糟渣类/[kg/(头·日)]	0.1～0.13	0.13～0.15	0.13～0.17	0.15～0.2
合计/[kg/(头·日)]	1～1.26	1.26～1.5	1.26～1.74	1.5～2
食盐/(g/日)	15～20	15～20	20～25	25～30
碳酸钙/(g/日)	15～20	15～20	20～25	25～30

③ 配种期的管理要点　种用与非种用公鹿分开饲养管理，锯茸时维持秩序。配种前检修圈舍，定期清洗消毒水槽。保持圈舍整洁，定期消毒，以防坏死杆菌病。

④ 非配种公鹿饲养要点　配种前分群，非配种公鹿饲养在远离母鹿群的上风头圈舍内，避免受母鹿气味刺激影响食欲。非配种公鹿在配种期可能出现性冲动。为减少争斗，收完头茬茸后宜适当减少精料量，争斗激烈时暂停喂精料。

（4）越冬期饲养与管理

① 越冬期营养需求　鹿在越冬期不配种、不生茸，体重较秋季下降 15%～20%。主要表现有性活动减退、食欲和消化功能增强、热能消耗多等生理特点。日粮配制以粗饲料为

主，精饲料为辅，提高热能饲料比例，提供足够的蛋白质和碳水化合物，以满足瘤胃微生物生长和繁殖需要。配种恢复期增加禾本科籽实饲料；生茸前期增加豆饼或豆科籽实饲料。

② 越冬期饲养要点　越冬期公鹿饲养管理目标是恢复体况，增重，安全越冬，为生茸储备营养。

日粮需要满足御寒和增重复壮需求。精饲料中，热能饲料占50%～70%，蛋白质饲料占17%～32%。老弱病残鹿特别管理，确保安全越冬。配种结束后和严冬前，调整鹿群，组成老弱病残鹿群，专人饲养管理。从立春至清明，依据鹿的特征，逐步增加并精细加工精料，以疏松混合型投喂，满足饲养需求。梅花鹿公鹿越冬期精饲料配方详见表7-5。

表7-5　梅花鹿公鹿越冬期精饲料配方（风干基础）　　　　　单位：%

饲料名称	1岁	2岁	3岁	4岁	5岁以上
玉米面	57.5	55.0	61.0	69.0	74.0
大豆饼、粕	24.0	27.0	22.0	15.0	13.0
大豆(熟)	5.0	5.0	4.0	2.0	2.0
麦麸	10.0	10.0	10.0	11.0	8.0
食盐	1.5	1.5	1.5	1.5	1.5
矿物质饲料(含磷≥3.5%)	2.0	1.5	1.5	1.5	1.5

7.1.2.2.2　母鹿的饲养管理

母鹿饲养管理旨在保障健康、种用价值和繁殖能力。科学饲养可巩固遗传优势，繁殖优质后代，扩大鹿群并提升质量。

(1) 母鹿生产阶段划分

母鹿生产过程可分为配种与妊娠初期（9～11月份）、妊娠期（12月至次年4月份）和产仔泌乳期（5～8月份）。养鹿时，应根据各阶段特点实施相应饲养管理措施。

(2) 配种与妊娠初期饲养与管理

① 配种与妊娠初期营养需要　配种期母鹿性活动功能增强，卵巢开始产生成熟卵子并定期排卵。此过程需充足营养支持，特别是能量、蛋白质、矿物质及维生素。保障这些营养素供应是母鹿正常发情排卵的关键。全价营养供给可确保激素正常代谢和分泌，有利于母鹿发情、排卵、受配和妊娠顺利进行。

② 配种与妊娠初期的饲养要点　确保母鹿繁殖体况适宜，提高繁殖率。适时断奶，提供充足营养，通过科学饲养管理促进其恢复。日粮配制以粗饲料和多汁饲料为主，辅以精饲料。精饲料含豆饼、玉米等原料，并添加维生素A、维生素E及催情多汁饲料。

精料配比为豆科30%，禾本科50%，糠麸类20%。初配母鹿及后备母鹿处于生长发育关键期，需选用新鲜、优质饲料，精细加工调制，以提高其进食量，促进生长发育。具体供给量根据实际情况调整，详见表7-6。

表7-6　梅花鹿母鹿精饲料配方（风干基础）　　　　　单位：%

饲料名称	配种期和妊娠初期	妊娠中期	妊娠后期	哺乳期
玉米面	67.0	56.2	48.9	33.9
大豆饼、粕	20.0	14.0	23.0	30.0
大豆(熟)	0.0	12.0	14.0	17.0
麦麸	10.0	14.0	10.0	15.0
食盐	1.5	1.5	1.5	1.5
矿物质饲料	1.5	2.3	2.6	2.6

③ 配种与妊娠初期的管理要点　在母鹿配种及妊娠初期管理方面，关键措施包括：母鹿应以中等体况参与配种，不宜过度喂养；及时使仔鹿断乳，促进母鹿发情；按育种核心群、一般繁殖群、初配母鹿群和后备母鹿群分类饲养，每群15～20只；密切关注发情状况，确保及时配种；配种期，设专人昼夜值班，防公鹿顶伤母鹿；避免乱配，防止乱配、配次过多或漏配；配种后分群，适度调整母鹿群体；重复发情母鹿及时复配；持续记录配种情况，为次年预产期推算及育种工作奠定基础。

(3) 妊娠中、后期饲养与管理

① 妊娠中、后期营养需要　妊娠是胚胎在母体内发育为成熟胎儿的过程。母鹿的妊娠期约八个月，分为三个阶段：胚胎期（受精至第35日）、胎儿前期（第36～60日）和胎儿期（第61日至分娩）。

受孕后，母鹿与胎儿的体重均随内分泌变化和胎儿生长而增加。胎儿早期增重有限，但增长率高；后期增重显著，尤其在五个月后，营养积聚加速。最后1～1.5个月，胎儿增重占初生体重的80%～85%，营养需求远超早期。妊娠母鹿体重增加，物质与能量代谢增强，其基础代谢率高于空怀母鹿50%，妊娠后期能量代谢率提升30%～50%。

胎儿前期虽增重不多，但营养对胚胎发育很关键。营养不足或失衡易致胚胎死亡或畸形，尤其是蛋白质和维生素A缺乏易致早期死胎。妊娠后期胎儿增重快，营养需求大增，尤其是矿物质供应不足可致胎儿骨骼发育不良或母体瘫痪。每50kg母鹿妊娠期的每日营养中至少要含有8.8g钙和4.5g磷。妊娠期营养不足将影响胎儿生长和母鹿健康。

② 妊娠中、后期的饲养要点　妊娠期母鹿需高营养日粮，应特别关注蛋白质和矿物质，选用优质饲料，前期注重质量，后期控制容积。多汁和粗饲料投喂需谨慎，避免容积过大。临产前限制饲养，防止难产。

粗饲料中添加易消化发酵饲料，梅花鹿1.0～1.5kg，马鹿1.5～3kg。青贮饲料，梅花鹿1.5～2.0kg，马鹿4.5～6.0kg。日投喂2～3次，确保均匀、干净，冬季最好提供温水。避免投喂发霉、变质饲料。

需要注意的是精饲料需粉碎泡软，多汁饲料洗净切碎。投喂时确保均匀，避免拥挤。同时，应保证充足的清洁饮水。

③ 妊娠中、后期的管理要点　根据母鹿年龄、体况和受配日期调整鹿群结构，避免拥挤，以减少流产风险。为母鹿创造安静环境，避免惊扰。鹿舍保持清洁干燥，采光良好。

北方冬季应铺设柔软保暖垫草并定期更换。每日驱赶母鹿群进行适量运动，约1h。妊娠中期对所有母鹿进行健康检查，调整鹿群结构，对体质虚弱和营养不良的母鹿进行特殊饲养管理。妊娠后期做好产仔前准备，如检修圈舍、铺设地面、设置保护栏等。

(4) 产仔泌乳期饲养与管理

① 产仔泌乳期的营养需要　母鹿分娩后分泌的高浓度、营养丰富的乳汁，主要来自饲料中的营养成分。梅花鹿和驯鹿一昼夜可分泌700～1000mL乳汁，马鹿更多。仔鹿哺乳期从5月上旬至8月下旬，早产仔鹿哺乳100～110天，大多数90天左右。鹿乳中干物质32.2%，蛋白质10.9%，脂肪24.5%～25.1%，乳糖2.8%，均来自饲料，经乳腺细胞加工而成。

产仔泌乳期需确保脂肪和碳水化合物充足，以满足仔鹿生长和母鹿泌乳需求。蛋白质供应尤为关键，其量需高出乳汁纯蛋白的1.6～1.7倍。蛋白质不足将影响产乳量和乳脂含量，导致母鹿体况下降。同时，需确保脂肪和碳水化合物的供应，避免饲料浪费。

② 产仔泌乳期的饲养要点　在产仔泌乳期，母鹿日粮营养比例需合理，饲料应多样化。日粮容积应与消化器官容积相适应，以确保充分消化吸收。饲养中保证日粮质量和数量，投喂优质枝叶和多汁饲料，促进泌乳，提高乳汁质量。产后母鹿消化能力增强，采食量增加20％～30％，应适当增加饲喂量以满足营养需求。

③ 产仔泌乳期的管理要点　在分娩后，按母鹿分娩日期、仔鹿性别和母鹿年龄分组护理，每群30～40只。夏季注意鹿舍清洁消毒，预防乳房炎和仔鹿疾病。哺乳期，对胆怯鹿用温驯鹿引导，舍饲母鹿结合清扫和饲喂调教。产仔阶段，可能出现哺乳混乱，饲养员需细心工作，及时引哺或人工辅助哺乳。对缺乳或拒绝哺乳的母鹿应加强护理和调教，恶癖鹿应淘汰。

7.1.2.2.3 幼鹿的饲养管理

幼鹿生长期，代谢旺盛，需高蛋白和矿物质。早期重骨骼和内脏发育，后期则重肌肉和脂肪积累。1～3月龄幼鹿需高营养日粮，能量、蛋白质比例适中，钙磷比以（1.5～2）：1为佳；4～5月龄幼鹿，代谢更活跃，需更多蛋白质饲料，宜增加谷物比例。幼鹿消化道容积小，生理功能弱，日粮应高营养且易消化。不良的饲养管理会对幼年鹿成长产生持久性负面影响，科学培育幼鹿是提升鹿群质量、确保健康、促进养鹿业发展的关键。幼鹿成长分为三个阶段：哺乳仔鹿、离乳仔鹿和育成鹿。下面将从这三个阶段探讨其营养需求和饲养管理。

(1) 哺乳期仔鹿的饲养管理

① 初生仔鹿护理的重要性及注意事项　初生仔鹿（一周内）生理功能未健全，需人工护理，护理质量影响仔鹿成活率。护理关键为确保摄取初乳，保障充足休息。

实施仔鹿人工哺乳时应注意以下事项：a. 卫生与消毒，人工哺乳需严格保持乳汁和哺乳用具的清洁消毒，以防细菌滋生和乳汁酸败。b. 乳汁温度，确保乳汁定时、定量、定温，温度维持在36～38℃，以防仔鹿腹泻。c. 营养补充，30日龄内的仔鹿需补充鱼肝油和维生素，以促进生长；宜定期添加抗生素，以预防肠炎。d. 哺乳环境与方式，在专门的哺乳室或单圈内进行，引导仔鹿自行吸吮，避免惊吓和强行灌喂。e. 健康管理，关注仔鹿的食欲、采食量、粪便及健康状况，并采取人工协助排粪措施。f. 训练与调教，适当训练仔鹿提早采食精、粗饲料，进行正规调教，培养骨干鹿，避免与仔鹿顶撞嬉戏。

② 哺乳仔鹿的管理　哺乳期，部分鹿场采用多圈连用，将母鹿舍连接，分为产前、待产和产后三类。临产母鹿在待产圈分娩，产后母鹿及仔鹿调至产后圈，确保仔鹿摄取初乳并注射疫苗、打耳号。此方法可保证分娩不受干扰，便于管理，并有利于防止恶癖母鹿伤害仔鹿。约15日龄，仔鹿开始摄取饲料并反刍，此时消化能力弱，易患胃肠疾病。需每日清扫圈舍，定期更换垫草，并在保护栏内专设料槽补饲。

③ 哺乳仔鹿的补饲　随着幼鹿成长，母鹿乳汁营养不足，需早期补饲。补饲可促进瘤胃发育、消化器官成熟及消化能力提升，还可帮助幼鹿断奶后快速适应新饲料，有利于培育强抗粗饲料的鹿种。补饲方法为15～20日龄起，幼鹿可随母鹿采食少量饲料。设小料槽，提供混合精料，配比为豆粕60％（或豆饼50％、黄豆10％），炒香高粱或玉米30％，麦麸10％，适量食盐、碳酸钙和其他添加剂。起初每晚补饲1次，后早晚各1次。补饲量逐渐增加，并及时清理剩余饲料。

(2) 离乳后仔鹿的饲养管理

离乳仔鹿，指8月中旬断奶至年底的幼鹿。因需适应饲料与环境变化，饲养管理很关键，应确保仔鹿顺利断奶。

① 离乳仔鹿的驯化与离乳方法

a. 离乳前的驯化　离乳前，需逐步增加精料与优质多汁饲料供给，提高仔鹿采食量和消化能力，为其断奶后适应饲料打下基础。同时，利用母鹿采食时机，实施母仔分离训练，使仔鹿习惯独立行动，确保安全分群。断乳4周后，开始从舍内驯化至过道，每日1h，逐渐增强人鹿亲和力，确保鹿群稳定。离乳期间，保持舍内及饲料、饮水清洁，无积粪、脏水、积雪。饲料需优质易消化，避免腐败变质、酸度过高等问题，预防疾病。

b. 离乳方法　一次性断奶分群法：断奶前增加补饲量，减少母乳哺喂次数，8月中下旬拨出当年仔鹿进行断乳分群。晚出生或体质弱的仔鹿可推迟至9月10日进行二次断奶。分群时，根据仔鹿性别、日龄、体质每30～40只组群，远离母鹿饲养。部分鹿场采用留仔鹿移母鹿的方法，通过挂草帘实现公母仔鹿分开饲养。

② 离乳仔鹿的饲养管理　仔鹿断奶后第一周为适应期，常出现鸣叫不安、食欲下降等症状，需3～5天恢复。饲养员需耐心护理、呼唤和接近鹿群，建立亲近感，并进行人工调教。此举有助于仔鹿适应新环境和饲料条件，为后续技术实施奠定基础。

离乳初期仔鹿消化功能未完善，特别是哺乳期短的仔鹿。配制日粮时，应选营养丰富、易消化的饲料，应包含仔鹿已习惯的精粗饲料。粗饲料应新鲜、易消化、多样化，并逐步增加投喂量。精饲料宜加工成豆浆、豆沫粥等，效果优于简单浸泡后饲喂。

仔鹿的特点决定了初期需每日投喂4～5次精粗料，夜间补饲1次粗料。随着仔鹿成长，饲喂次数和营养水平逐步接近成年鹿。采食高峰期（9月中旬～10月末），饲喂方法与成年鹿相同，应根据上顿采食情况调整下顿投喂量。梅花鹿离乳仔鹿和育成鹿精料配方见表7-7。

表7-7　梅花鹿离乳仔鹿和育成鹿精饲料配方（风干基础）

饲料名称	比例/%	营养水平	含量
玉米面	31	粗蛋白/%	28
豆饼、豆粕	44	总能/(MJ/kg)	17.34
黄豆（熟）	13	代谢能/(MJ/kg)	11.37
麦麸	9	钙/%	0.77
食盐	1.5	磷/%	0.56
矿物质饲料（含磷≥10.32%）	1.5		

在4～5月龄，幼鹿需越冬。应提供青贮饲料、多汁饲料，并补充矿物质。可添加维生素和矿物质添加剂预防佝偻病。梅花鹿离乳仔鹿日粮中加5～10g食盐和10g碳酸钙（马鹿加倍）效果佳。幼鹿饲料选择性强，青草和秸秆粉碎发酵后喂食更佳。发酵饲料有乳酸香味，可提高采食量和饲料利用率。需密切观察幼鹿采食和排粪情况，以及时调整饲料比例和日粮量。

(3) 育成鹿的饲养管理

育成鹿正处于由幼鹿向成年鹿过渡的重要时期，饲养管理质量直接影响其日后生产性能。相较于仔鹿，育成鹿饲养管理要求较低，但营养需求不可忽视。营养供应不应降低，应实施有计划的定向培育策略。目标为培育出体质强健、生产力卓越、抗病力强且适应粗饲的理想型鹿群。

① 育成鹿营养需要　育成鹿精饲料配制能量浓度控制在17.138～17.974MJ/kg，粗蛋白水平约28%。日饲喂量依鹿体型和粗饲料质量确定。精饲料供应需适度，过多影响消化器官发育，过少则营养不足。

育成鹿基础粗饲料为树叶、青草，优质树叶更佳。青贮饲料可替代干树叶，但比例需根据水分含量调整。水分超80%，替换比例应为2∶3。早期应避免过度使用青贮饲料，以免影响胃容量和生长。

② 育成鹿的饲养管理　育成公鹿饲养需要注意青饲料供应，后备鹿需适量供给精饲料。根据青粗饲料质量调整精饲料喂量和营养水平。限制多汁饲料和秸秆喂量。8 月龄以上育成公鹿，青贮饲料喂量 2～3kg/天。

育成鹿是幼鹿向成年鹿转变的关键阶段，持续约 1 年，公鹿育成期更长。饲养管理要做好以下几点。

a. 公母鹿分群饲养　3～4 月龄后，因发育、生理、营养等差异，需分开饲养。

b. 防寒保温　冬季需采取措施减少体热散失，降低死亡率。

c. 加强运动　每日确保鹿群运动 2～3h，以促进生长发育和增强体质。

d. 卫生管理　保持鹿舍内外清洁干燥，定期消毒以防止疾病。

e. 调教驯化　对已驯化的育成鹿继续加强，提高其环境适应能力。放牧鹿群也需深入调教，使其克服易被惊扰的缺点。

育成鹿饲养与管理需综合考虑营养、饲料、管理、卫生等方面。科学合理的管理措施能培育出健壮、高产、抗病、耐粗饲的鹿群，为鹿业可持续发展奠定基础。

7.1.2.2.4　越冬期的管理重点

每年 1 月初与 3 月初，鹿群根据鹿的年龄及体质进行两次调整。瘦小、发育不良的鹿降级至小鹿群饲养，以改善其健康与生产能力，延长公鹿使用年限。

冬季鹿舍需防潮保温，确保避风向阳，定期更换垫料。清理粪便及积雪、尿、冰，保持清洁。寝床地面铺设 10～15cm 软草，提供舒适环境。入冬前清扫消毒，预防疾病。

采用控光技术提升棚舍温度，抵御风雪，实现保膘、保头、增产效益。对老弱病残鹿群安全越冬尤为重要。

7.1.2.2.5　鹿场及设施

(1) 鹿场的选择

在选择鹿场时，需考虑自然条件（气温、降水、风向、地形、土壤、水源及食物）和社会经济条件（交通、饲料、销售、防疫、居民区、劳动力及农林业发展）。

选址：要求微向南或东南倾斜，便于排水和保持干燥。山区鹿场：要求三面环山，避风、向阳、排水好。草原：要求地势干燥，水源充足；西北方向建防风林，防止风雪。江河沿岸：要求场地高于最高水位，以防洪水。土壤条件：要求沙壤土，渗水性良好，保持干燥和卫生。

建场前需勘测地下水位、水源、水质和水量，确保生产和生活用水充足优质。鹿场应优先使用地下水、井水或泉水，水量需满足枯水期需求。水质需化验，不达标的井水、泉水需处理后使用。

鹿场需确保用地充足，饲料来源稳定。山区建场应提供放牧和采草场地。饲料地面积：每 10 只鹿 1～2hm^2。采草与搂树叶的山场：每 10 只鹿 3～4.5hm^2（山区），或 4.5～7hm^2（草原）。

鹿场临近公路或铁路更佳，距公路 1～1.5km 或铁路 2.5～5km 为宜。交通便利有助于饲料供应、鹿群调运及产品发送。

鹿场选址应远离工矿区及公共设施，特别是疫情多发区。复杂环境易惊扰鹿群或引发疾病。鹿场与居民区应保持 2.5km 以上距离，避免在家畜放牧场及受牛、羊传染病污染的地区建鹿场。勿让鹿群与牛、羊共用放牧地，防止疾病交叉感染。

（2）鹿场的规划和布局

依据鹿养殖场的经营性质和发展规划，需合理配置建筑物，以满足饲养和卫生要求，提升管理效率。

鹿养殖场可划分为生产区、辅助生产区、管理区和职工生活区。生产区含鹿舍、饲料加工室、兽医室等；管理区含办公室、仓库等；职工生活区含家属宿舍等。

布局建议：东西宽广场地可平行或交错排列各区；南北狭长场地则向南或西南排列。管理区与生产区距离应超 200m，各区建筑应联系便捷且保持适当距离。主干道路应避免穿越生产区，直通管理区。

养鹿生产区建筑布局要求：鹿舍位于中心，采用多列式建筑，确保阳光，避开主风；运动场设在鹿舍西南或南面；精料库、饲料粉碎间、调料室需要便于相互联系，应靠近水源，与鹿舍距离相等，可考虑机械化操作；粗料棚和干草垛位于鹿舍上坡或平行下风处，便于运输且防风，地势应干燥通风；青贮窖设在鹿舍上坡处，避免污染，便于取料；粪场位于生产区下风头，与鹿舍距离 50m 以上。

（3）鹿舍设计

① 鹿舍类别与功能　鹿舍按功能分为公鹿舍、母鹿舍、育成鹿舍、产仔鹿舍、病鹿舍等，是鹿群采食、反刍、运动及休息的场所。合理设计的鹿舍对鹿群健康与生产至关重要。

鹿舍及运动场面积需根据鹿种、性别、群别及养鹿方式调整。马鹿体型大，需面积多。母鹿怀孕期长，需与仔鹿同圈饲养，故需扩大产圈面积。配种期需容纳种公鹿，母鹿舍面积应放宽。仔鹿体型小，占用面积少。

常年圈养鹿群的棚舍与运动场有固定尺寸。例如，某尺寸鹿舍可饲养梅花鹿和马鹿不同性别和年龄段的鹿群，实际操作中，需根据鹿群具体情况确定每头鹿的平均占用面积。参考详见表 7-8。

表 7-8　鹿舍建筑面积　　　　　　　　　　　　　　　　　　　　　　　单位：m^2

群别	梅花鹿		马鹿	
	圈棚	运动场	圈棚	运动场
公鹿	2~2.5	9~11	4	21
母鹿	2.5~3	11~14	5	26
育成鹿	1.5~2	7~8	3	15

② 采光　鹿舍普遍采用三壁式敞圈结构，搭配人字形房盖，前端无墙壁，仅以明柱脚支撑。房檐高度 2.1~2.2m。该结构通风良好，利于排除污浊空气，便于清扫和起垫，可保持鹿舍干燥卫生。

③ 排水　鹿舍内部地面设计中，寝床应自后墙根至前檐下微缓坡，最低点高于运动场 3~5cm，避免滴水渗入。运动场地面设 3°~5° 斜坡，利于排除粪尿及污水，可防积存、逆流。坡度不宜过陡，以免影响饲养操作和鹿群活动。

排水设计中，前墙排水渠道至走廊排水沟流入蓄粪池；运动场设大坡度水沟，雨水和尿液可顺利排入蓄粪池。

④ 建筑结构

a. 墙壁　墙壁地基是鹿舍构建的关键。地基深浅与宽窄需依土质设计，一般深 1.6~1.8m，宽 0.6m。东北严寒，地基需至不冻土层。推荐使用 30cm 高明石为基础，砖墙厚 37~40cm，保证承重与保温。后墙留窗通风，前无墙，设明柱脚支撑，前檐明柱深入地下，用砖垛或水泥柱稳固。

b. 寝床　寝床需坚实干燥，排水好。硬杂木木板寝床保温佳，是理想选择。砖铺或三合土夯实处理，稳固耐用。

c. 运动场地面　运动场地面应坚实、干燥、土质稳定。东北多采用砖质地面以适应寒冷干燥气候。南方则倾向水泥地面，确保平整、易排水、便于清扫。两种结构均可保障鹿只活动空间，但易磨损鹿蹄，夏季过热、冬季过冷，影响鹿群生长健康。选择时需综合考虑气候、地理条件及鹿只需求，确保环境舒适安全。

d. 产圈　单圈，专为母鹿分娩及初生仔鹿护理设计，也适用于老弱鹿只的饲养与护理。可建于圈舍一侧或一角，配置防雨、防雪棚盖。面积 $4\sim6m^2$，确保鹿只活动空间。设计时可考虑两端设门，连通运动场或鹿舍，便于管理观察。

e. 公鹿小圈　在满足条件下，鹿场可在鹿舍设公鹿小圈，面积 $6\sim10m^2$。走廊与母鹿舍或公鹿舍相连通，便于交通与管理。此设计服务于单公群母或单公单母配种，可提升配种效率与准确性。

f. 圈门　运动场前门应位于中央或一隅，宽 $1.5\sim1.7m$，高 $1.8\sim2m$。运动场间门与前墙间距约 $5m$。圈棚间门位于中间或前 $1/3$ 处，宽 $1.3\sim1.5m$，高 $1.8m$。前栋鹿舍每 $2\sim3$ 个圈设后门，便于通往后栋走廊，方便拨鹿和饲养。门材料推荐铁管、铁皮，下部实板，上部留缝，以便观察鹿群。

g. 隔棚　在母鹿舍及部分公鹿舍前 $2.5\sim3m$ 区域，设立可操作的木制腰隔。日常开放，方便鹿群活动。拨鹿时关闭，分隔运动场与圈棚。隔棚确保通道清晰，便于拨鹿作业。隔棚侧设 $1.3m$ 门，保证舍内外拨鹿顺畅。

h. 通道　在每栋鹿舍运动场前壁外，设置 $5\sim6m$ 宽通道，称走廊。通道是鹿群出牧、归牧及拨鹿的主要途径，也是安全生产防护设施。设计中，前栋鹿舍后墙可作后栋通道外墙，前墙作前舍通道内墙。通道两端设门，宽约 $3m$，便于日常管理和应对紧急情况。

⑤ 鹿舍围墙安全设计概要　为确保鹿舍安全，围墙需坚固。石座花墙高度 $1.9\sim2.1m$，明石高 $30\sim60cm$，砖墙至 $1.2m$，上饰花砖墙。墙头可设计闪边起脊或水泥平台，增强稳定与美观。

花砖围墙厚 $24cm$，确保结构强度。墙角及长墙中间筑 $48cm\times48cm$ 墙垛，增强稳定性。墙基需坚实，防止变形倾倒。

条件允许下，建议使用预制水泥板和柱构建运动场围墙，美观实用且耐久。

圈养与放牧结合时，鹿舍应宽敞实用，无需隔棚，可大圈饲养。运动场前门需加宽，方便鹿群出入。

(4) 鹿群喂饮设备

① 料槽　在养殖业中，石槽、水泥槽和木板槽是常见料槽。宽料槽为首选，应紧贴运动场中央固定。标准料槽长 $30\sim350cm$，上口宽 $70cm$，底宽 $40\sim50cm$，深 $25\sim30cm$，料槽底部离地面 $20\sim30cm$，满足 $15\sim20$ 只鹿进食。

② 水槽　东北地区养鹿场常用铁水槽供冬季温水。水槽固定在炉灶上，炉灶要坚实，有能关闭的灶门和 $1.2\sim1.5m$ 高的烟窗。水槽标准尺寸为长 $120\sim180cm$，宽 $50\sim60cm$，深 $20\sim30cm$，可置前墙角。

③ 锯茸保定设备　锯茸保定设备由拨鹿小圈、保定装置及连接通道构成。拨鹿小圈为无房盖附属设备，面积多样，形式灵活。通道有两种导入方式，即转门推板导入和导门逐步

导入，分别适用于夹板式和吊索/抬杆式保定器。保定设备应设在公鹿舍旁，内壁光滑，无锐角。半自动夹板式保定器需配房盖和水泥地坑以防锈蚀。多数养鹿场使用化学保定剂进行保定。

7.1.3 茸鹿常见疾病防治

7.1.3.1 肠毒血症

肠毒血症，由魏氏梭菌引起，特征是胃肠出血。此病严重威胁养鹿业，如 2011~2012 年怀柔某鹿场暴发，导致多只鹿死亡。消化道为主要传播途径。肠毒血症无年龄性别限制，具有季节性和条件性。发病高峰在 6~10 月份，此时饲料转变易诱发。肠毒血症分为急性型和亚急性型。急性型突然发病，难观察到明显症状，10h 内死亡。亚急性型病程稍长，病鹿精神沉郁，离群独处，鼻镜干燥，反刍停止，腹围增大，流涎，体温升高，呼吸困难，粪便带血、腥臭；死前表现疝痛症状，如四肢叉开、腹部向下用力，最终因运动失调、后肢麻痹、口吐白沫昏迷倒地死亡。可通过流行病学、症状和病理剖检初步诊断。确诊需进行细菌学检查和毒素测定。

肠毒血症发病急、死亡率高，难以有效治疗。病程稍长或受威胁的鹿群，可消炎抗菌、对症治疗，如注射青霉素和磺胺类药。加强饲养管理，防污染，保持鹿舍干燥，避免饲草和饮水污染，是预防肠毒血症的关键。在疾病多发区，早春接种疫苗可降低发病率。疫情发生时，应隔离治疗病鹿，并对鹿场严格消毒，以防止疫情扩散。

7.1.3.2 布鲁氏菌病

布鲁氏菌病是人兽共患的慢性传染病，对人和动物健康构成威胁。主要影响生殖系统，母鹿易患胎膜炎、流产及不孕等，公鹿可能患睾丸炎等。人类感染症状包括发热、多汗、关节痛、神经痛及肝脾肿大，病程长且易复发。母鹿患子宫内膜炎，常因胎儿腐烂引起，病症包括高烧、食欲减退、阴道排脓，逐渐消瘦，多数死亡。公鹿患附睾炎和睾丸炎，表现为睾丸肿大，行动受限，走路异常，局部紧张，睾丸脓肿，后期变干酪样。约 2% 血清阳性公鹿患睾丸炎，可能产畸形茸。在诊断上，依据流行病学、临床症状和剖检病变可初步判断，确诊需实验室检查。血清凝集反应为常用诊断法，感染后 4~5 天出现阳性。操作简单，现场适用，常用于布鲁氏菌病检查。

布鲁氏菌病无特效疗法，应淘汰病鹿防止传播。人类感染常采用抗生素和磺胺类药物联合治疗或中医治疗。

预防措施：坚持自繁自养，外地引进鹿只需确保无布鲁氏菌病疫情，隔离检疫后引入。加强饲养管理和卫生防疫，避免接触病原体。定期检疫，淘汰病鹿，阴性鹿定期免疫接种。采取综合性措施控制疾病传播，包括检查、免疫、管理、治疗和消毒。预防接种可使用羊 5 号弱毒液体菌苗，保护率达 75%。建立防疫制度，禁止家畜和无关人员进入饲养场，并定期消毒、杀虫、灭鼠。每年除常规消毒外，检出阳性鹿后，需对被污染圈舍、用具彻底消毒，并保持定期消毒。消毒可用 20% 石灰乳或 2% 氢氧化钠。同时进行杀虫和灭鼠工作。鹿群阳性比例低时，扑杀全部阳性鹿。比例大时，淘汰病鹿和无饲养价值者，暂不淘汰的阳性鹿需与健康鹿隔离饲养，必要时药物治疗。

7.1.3.3 口蹄疫

口蹄疫，是由口蹄疫病毒引发的急性高度接触性传染病，感染偶蹄兽。口蹄疫病毒属微RNA病毒科，主要感染我国动物的病毒类型为O型、A型和亚洲I型。这些病毒型间抗原性各异，但临床症状相同。病鹿与潜伏期带毒动物为主要传染源。病毒主要寄存于水疱皮和水疱液中，以及病鹿的奶、尿、唾液等分泌物中。发病初期排毒量最高，传播风险最大。口蹄疫病毒主要通过直接接触和间接接触传播，间接接触为主要途径。

本病传播快，症状显著。患病鹿体温升高，精神不振，肌肉震颤，流涎，食欲丧失，反刍停止；口腔黏膜、唇部、颌部、舌部出现水疱、糜烂、溃疡，舌坏死广泛；四肢皮肤、蹄叉、蹄间病变，表现为口蹄疮、糜烂，严重时蹄匣脱落，导致跛行。疾病高峰期（3～4月），母鹿常出现流产、胎衣滞留、子宫炎、子宫内膜炎等病症，仔鹿易感染死亡。依据鹿的流行病学特点，结合口腔、皮肤、蹄及剖检变化进行初步检查。确诊需实验室检查，包括补体结合反应和乳鼠血清学保护试验。

该病传播迅速，影响广泛。成年动物多为良性病程，但死亡率在某些地区增长。幼龄动物心肌受损，死亡率更高。防控工作很关键，需采取有效措施保障动物和公共卫生安全。

7.2 蝎子养殖

蝎子是节肢动物门蛛形纲蝎目动物的统称，目前已知有6科70属，是世界上最古老的动物之一。最原始的种类可以追溯到4亿年前的志留纪，在演化过程中其形态特征的进化十分保守，被称为"活化石"。目前，有超过700种蝎子分布于世界各地（南极洲除外），以热带和亚热带地区分布最为广泛。蝎子及其毒液自古以来在医学中就被广泛应用，已从中分离出多种活性多肽，具有抗菌、抗肿瘤、镇痛、抗癫痫等药理作用。已报道的具有药用价值的蝎子有104种，具有代表性的包括东亚钳蝎 [*Buthus martensii*，又名马氏正钳蝎（*Mesobuthus martensii*）]、统治者惧蝎（*Pandinus imperator*）、兵士中杀牛蝎（*M. eupeus*）、五线滑尾蝎（*Leiurus quinnquestriatus*）、异戾蝎（*Tityus discrepans*）、孟加拉德干异距蝎（*Heterometrus bengalensis*）等。在我国常用以入药的为东亚钳蝎，对风湿类疾病有较好的治疗效果，其数量最多，分布最广，现今全国各地均有分布，以长江以北地区较多。因此，下面以东亚钳蝎为例来详细介绍蝎子的养殖。

7.2.1 蝎子的生物学特性

（1）蝎子的形态特征

东亚钳蝎，又名马氏钳蝎、远东蝎，整个躯体似琵琶形。雌雄体长差异较大，雌性较雄性体大且体长，雌蝎体长5.5～5.9cm，雄蝎体长4.2～5.0cm，躯干背面紫褐色，腹面、附肢及尾部橙黄色。蝎子的身体分为头胸部、腹部两个部分，腹部又分为前腹部和后腹部。其中头胸部和前腹部合称躯干，呈椭圆形；后腹部较窄，称为尾部（图7-3）。

图7-3　蝎子的外部形态特征

（2）蝎子的生活习性

① 栖息环境 蝎子大多生活于片状岩杂以泥土的山坡，且不干不湿，植被稀疏，有些草和灌木的地方。在树木成林、杂草丛生、过于潮湿、无石土山或无土石山以及蚂蚁多的地方，蝎少或无。它们居住在天然的缝隙或洞穴内，但也能用前3对步足挖洞。蝎窝最好有孔道可通往地下20～50cm深处，以便于冬眠。

② 活动 蝎子喜群居，一般在4月中下旬出蛰（即惊蛰以后），11月上旬开始缓慢入蛰冬眠，因而全年活动时间有6个月左右。蝎子昼伏夜出，多在温暖无风、地面干燥的夜晚出来活动，而在有风天气则很少出来活动。蝎子生长发育最适宜的温度为25～30℃，当温度降至0℃以下时会被冻死；温度超过41℃时，蝎子体内的水分被蒸发，若此时既不及时降温，又不及时补充水分，则蝎子极易出现脱水而死亡；温度超过43℃时，蝎子很快死亡。

③ 食性 蝎子为肉食性动物，喜吃质软又多汁的昆虫。投喂时应以肉食性饲料为主，饲喂的小昆虫种类愈多愈好，常见的主要有蜘蛛、小蜈蚣、蝗虫的若虫和蟋蟀。而在人工喂养时，蝎子主要以黄粉虫幼虫、玉米螟幼虫、地鳖虫若虫、家蝇成虫为饲料。每次投喂量应根据蝎群及蝎龄的大小适量供应。

④ 冬眠 冬眠是蝎子的习性，当地表温度降至10℃以下时，它们便沿着石缝钻至20～50cm深处进行冬眠，冬眠从立冬前后至第2年谷雨前后。

⑤ 生命周期 一般蝎子的寿命大约8年，而繁殖产仔期约有5年。按生长发育阶段可分为1～7龄蝎、孕产蝎。其中1～7龄蝎的年龄不是按年度计算的，而是按蜕皮次数计算的。在温室条件下仔蝎4天左右可长到1～2龄；50天左右可长到2～3龄；105天左右可长到3～4龄；160天左右可长到4～5龄；215天左右可长到5～6龄；280天左右可长到6～7龄。

7.2.2 蝎子的繁育及饲养管理

7.2.2.1 蝎子的繁育

（1）蝎子的引种与选种

① 引种 蝎种的来源有两个途径：一是捕捉野蝎，二是向养蝎场户购买。野蝎多为近亲繁殖，其质量不如购买的经过杂交培育的良种蝎。购买蝎种数量不能过少，至少百条，否则效益不佳。

购买或捕捉来的种蝎，可用罐头瓶运输。事先按计划备足空罐头瓶，到达目的地后，瓶内放入2～3cm厚的湿土，每瓶可装种蝎25～30条，公、母要分开装，避免互相残杀。也可用洁净无破损的编织袋，每袋可装1500只左右。运输过程中要具备良好的通风条件，避免剧烈震动，防高温和防寒。为防止逃跑和死亡，到目的地后应立即放入窝内。

投放种蝎时，每个池子最好一次投足，否则，由于蝎子的认群性，先放与后放的种蝎之间会发生争斗，造成伤亡。刚投入池子的蝎子在2～3天内会有一部分不进食，是适应新环境的过程，要注意观察并及时采取相应措施。

② 选种 种蝎要选择体大、健壮、敏捷、腹大发亮、后腹卷曲、周身有光泽且无异常表现者，尾部伸直者多为老弱病态。从年龄上讲，选成龄雌蝎或孕蝎更好，中龄蝎虽成本低，但当年不能产仔。

（2）蝎子的繁殖

① 繁殖特点 东亚钳蝎为卵胎生，在自然界，雌、雄蝎的数量比例大约为3：1。多在

6~7月份进行交配，在自然温度下一般1年繁殖1次，但在人工加温条件下1年可繁殖2次。雌蝎交配1次，可连续3~5年产仔。人工养殖时种蝎公母最佳比例为1∶2。虽然很多资料上面都建议蝎子的公母比例为1∶3，但是实际养殖中多数公蝎子短期内只能制造两个精荚，也就是只能交配2次，部分能交配3次，为了保证交配成功率，保证公蝎子的成活率，保证蝎子的产仔一致，减少挑选孕蝎的工作量，恒温养殖的最佳公母比例为1∶2。

② 繁殖　雄蝎交配前烦躁不安，到外寻找配偶，一旦找到，雄蝎即以触肢拉着雌蝎到僻静处，雄蝎的两触肢夹住雌蝎的两触肢，两者头对头，"舞步轻盈"地拖来拖去。稍后，雄蝎从生殖孔排出精荚粘于石块上，随后，雄蝎把雌蝎拉过来，使精荚另一端有锐刺的部分与雌蝎生殖孔相接触，精子随即从精荚中逸出进入雌蝎生殖孔。交配后雄蝎卧地休息片刻，而雌蝎照常活动，并且还可以与其他雄蝎进行交配，但雌蝎交配次数过多会引起死亡。

雌蝎受精后，雌、雄蝎应分开饲养，尤其临产前。孕期在自然条件下需200天，但在加温条件下只需120~150天。产仔期在每年的7~8月份。临产前3~5天雌蝎不进食，也不爱活动，常待在石块或瓦片等背光安静的场所。孕蝎产仔时收缩有力，此时带有黏液的仔蝎便从生殖孔中陆续产出，每胎产仔20~40只，少则几只，多的达60只。刚产下的仔蝎会顺着母蝎的附肢爬到母蝎的背上，密集地拥挤成一团。母蝎在负仔期间不吃不动，以便保护幼蝎（避敌害及不利气候）。

初生仔蝎在出生后第5~7天在母蝎背上蜕第一次皮，此时呈乳白色，体长1cm，出生后10天左右逐渐离开母蝎背而独立生活。从仔蝎生长发育到成蝎需要蜕皮6次。蜕皮与环境温度关系密切，在35~38℃只需2h，30~35℃需要3h，25℃以下时蜕皮困难，甚至死亡。

7.2.2.2　蝎子的饲养管理

(1) 蝎子的养殖方式

人工养蝎的方式很多，有盆养、缸养、箱养、房养、池养、炕养及温室养等，可根据具体情况，因地制宜选择使用。少量可用盆、缸、箱等饲养，大量养殖宜用房、池养，要提高养殖效益，必须采用加温饲养的方法（如炕养、温室养和花房型无冬眠饲养等）。养蝎房高为2~2.8m，养蝎池的大小为高0.5m、宽1m、长1.5m。加温饲养的热源可用煤炉、电炉、柴灶等，有条件的可通暖气，升温效果更好。不论采取哪种养殖方式，都要在盆、缸、房、池内建造蝎窝。

(2) 蝎窝建造

蝎窝用瓦片、土坯或石板垒成，上下层应留1~1.5cm缝隙，可垫小瓦片或以少量泥浆黏结而成，作为蝎子栖息的场所。层数愈多，蝎子栖息的空间愈大。在蝎房的围墙或蝎池内壁四周贴上15~30cm高的玻璃或塑料薄膜，以防蝎子逃跑。饲养密度，一般房养每平方米可养成龄蝎500只，中龄蝎1000只，2~3龄小蝎10000只。

(3) 蝎子的饲养管理

① 饲料与投喂　蝎子是肉食性动物，应以动物性饲料为主，如黄粉虫、地鳖虫等，配合饲料为辅。配合饲料用肉泥、麸皮、面粉、青菜渣按3∶3∶3∶1配合而成。投喂时间以傍晚为好。软体昆虫喂量为：成龄蝎30mg，中龄蝎30mg，幼龄蝎10mg，一周投喂1次。根据剩食情况，再做下一次喂量调整。供水：一般将海绵、布条、玉米芯等用水浸透，置于塑料薄膜上，供蝎吸吮。春、秋季10~15天供水一次，炎夏2~3天供水一次。

② 种蝎的管理　首先要抓好配种。蝎子多在 6～7 月份交配。繁殖期间，蝎窝要压平、压实，保持干燥，饲养密度不宜过大，以免漏配。一般公蝎找到母蝎拉到僻静的地方进行交配。有时公、母蝎相遇后立即用角钳夹着进行逗玩，属正常现象，达到高潮即行交配。如双方靠近，有一方用毒刺示威而不刺杀，1～2min 后勉强接纳也属正常。如发现有一方摆开阵势对抗，拒绝接纳，说明未达到性成熟，要进行更换。如公、母各居一方，互不理睬，不必担心，到黄昏后即会互相接近交配。

其次要养好孕蝎。母蝎经交配受孕以后，要单独分开饲养，可用罐头瓶作"产房"，内装 1cm 厚的含水量为 20% 的带沙黄泥，用圆木柄夯实泥土，然后把孕蝎捉到瓶内，投放 1 只地鳖虫，如被吃掉，应再放食料，让孕蝎吃饱喝足。孕蝎临产时，前腹上翘，须肢合抱弯曲于地面，仔蝎从生殖孔内依次产出，如遇到干扰与惊吓，母蝎会甩掉或吃掉部分仔蝎。产仔后要给母蝎及时供水、供食。

③ 仔蝎的饲养管理　仔蝎的饲料应以其喜食的肉类为主，植物性饲料占饲料总量的 15%，其中青菜约占 5%。宜在肉类饲料中加入少量的复合维生素。喂食时间为每天下午 5 点。

仔蝎出生后 12 天左右，第 2 次爬下母蝎背，此时已能独立生活，可以实行母子分养。其方法是先用夹子夹出母蝎，然后用鸡毛或鹅毛将仔蝎扫入汤匙内，再移入仔蝎盆中饲养。

仔蝎进入 3 龄，应进行第一次分群。长到 3～4 龄，体格增大，可转入池养。冬季在蝎房内接上暖气，夏季采用在周围洒水等办法控温调湿，可以加快生长。每天早晨打扫卫生，清理剩下的食物。

如果蝎房过于干燥，蝎子易患枯瘦病，要及时在室内洒水，并供给充足饮水。如蝎房过于潮湿，蝎子易患黑霉病，要设法使蝎窝干燥一些。蝎子如进食腐败变质的饲料或不清洁的饮水，极易患黑腹病，要注意预防。如 2 龄仔蝎接触到被污染的空气，则易患萎缩病，此时仔蝎不生长，自动脱离母背而死亡，要切实注意环境空气新鲜。

④ 商品蝎的饲养管理　商品蝎活动范围大，因此投食量也要加大，单位面积上饲养密度要减小，每平方米不超过 500 只。一般产仔 3 年以上的母蝎、交配过的公蝎及有残肢、瘦弱的公蝎，都可作商品蝎。

7.2.3　蝎子常见疾病防控

蝎子在人工饲养过程中，由于各种因素的影响，其抗病性明显低于野外生活时。目前，常见的蝎子疾病主要有黑腹病、黑霉病、干枯病、消枯病、腹胀病、蝎螨病等十几种。除此之外，还存在着蝎虱以及蝎的天敌动物蚂蚁、鼠类等危害蝎子的生长发育。因此，在饲养过程中要时刻关注蝎子的状态，做到预防为主。

(1) 黑腹病

黑腹病又称体腐病，俗称黑肚病。蝎黑腹病是由于平时饲养管理不善，蝎子吃了腐败变质或不清洁的饲料或喝了不洁饮水而引起的细菌感染所致。病蝎主要表现为活动减少，或停止出巢，食欲减退或不食，继而出现腹部发胀，以及黑色腐烂溃疡性病灶。用手轻按会从蝎腹内压出黑色或污泥状物。病程较短，因病蝎前腹部发胀变黑褐色，逐渐出现溃疡性病灶，很快死亡。病蝎死亡后尸体松弛，组织液化发臭，腹腔充满黑水。

预防措施：要加强饲养管理，保持饲料虫鲜活，同时应注意饲料、饮水及用具的卫生。清除烂食或污水。发现病蝎立即翻垛、清洗，拣出病蝎消除污染源，并对蝎池全面喷洒

0.1%的来苏儿进行消毒。目前，该病无有效治疗药物。发病早期用酵母1g、红霉素0.5g，配合饲料500g搅匀，或用大黄苏打片0.5g，土霉素0.1g，配合人拌饲料100g，喂养蝎群3～5天。

(2) 黑霉病

黑霉病也称真菌病或黑斑病，是一种真菌病害。发病原因主要是蝎的窝土湿度大，潮湿时间过久，饲料变质等，或气温偏高，促使真菌大量繁殖，病菌随呼吸道和消化道侵入蝎体内而致病。病原菌侵入各主要脏器，可引起体内生理机能障碍，甚至脏器病变。黑霉病发病季节性很强，多发生在秋季或雨季，饲料过剩发生霉变会使真菌大量繁殖造成蝎体感染。蝎子感染真菌发生黑霉病后，病初期表现为极度不安，后期表现为呆滞，行动迟缓，不进食，病蝎的后足不能紧缩，后腹不能卷曲，肌肉松弛，全身柔软，体前腹面出现褐色斑点并逐渐扩散成片，食欲减退或不食，病蝎粪便呈褐色。蝎窝土湿度过大，加之天气过热还可能引起蝎半身不遂症。蝎患该病后表现为全身无知觉，爬行时侧身或用一边附肢和第2螯肢爬行，常滚爬而行。病蝎体表光泽消退，其头胸部和前腹面出现黄褐色或红褐色小点状霉斑，并逐渐向四周蔓延，隆起成片。病蝎后期消瘦，几天后死亡，尸体上逐渐长出菌丝体。

平时防治需要加强饲养管理，注意环境和饲养设施的清理和消毒，并保持养蝎屋（棚）空气流通，经常检查和调节窝内的湿度，只要注意控制窝土的湿度，即可防止该病的发生。如发现病蝎要及时翻垛（清巢），对病死蝎要进行焚尸处理，养蝎舍窝要用2%福尔马林或0.2%高锰酸钾溶液彻底消毒。治疗患病初期病蝎，用2%碘酊涂于患处，每日1～2次，连涂7～10天即愈；严重病蝎用0.25g金霉素1片，研成末加水250～400mL，配成0.05～0.06%的药液，夹着病蝎的后腹部强行让病蝎自饮，每天2次，连饮3～4天可愈；或用土霉素或长效磺胺0.5g拌入500g饲料中喂服，5～7天即可痊愈。要换窝换土，原窝土消毒后再用。

(3) 干枯病

干枯病又称枯尾病，也称青枯病。该病是由自然气候环境干热，空气温度太低，加之长时间缺少饲料和长期供水不足，蝎窝内缺少水分，窝土水分低于3%，过于干燥，蝎体长期得不到水所致的一种非传染性疾病。病初病蝎全身干燥无光泽，体瘦，前腹异常扁平；食欲开始减退，活动迟缓。随后其后腹尾部（尾梢处）变干、枯黄萎缩，病变部位并逐渐向前腹部延伸，当后腹部末端呈枯黄色干枯萎缩时，病蝎即慢慢枯竭而死亡。

预防在于加强管理，在盛夏酷暑天气干燥时应多补充饮水，应注意调节饲料含水量，经常检查和调节蝎窝土的湿度，如果发现蝎窝土缺少水分过于干燥，应立即将蝎移出窝土，并喷洒水分，使窝土保持一定湿度（不可出现明水），之后再将蝎放回窝土饲养。盛夏气候干燥，蝎应每隔2天补喂1次果品，如番茄、西瓜皮等，同时要供给充足的清洁饮水，并向病蝎的栖息活动场所增加喷水次数，使其湿度增大到20%左右，使病蝎得到水分补充，一般症状即可自行缓解，不需要药物治疗。

(4) 消枯病

消枯病又称枯瘦病。该病主要是由蝎窝长期不换土，窝土过于干燥或给蝎子供水不足等引起的一种慢性脱水性疾病，该病常年可见。病蝎表现为后体干燥无光，前腹异常扁平，后腹部呈枯黄色，干枯萎缩，不爬行；失去平衡，遇食倒退呈恐惧状，食欲减退或不食，蝎体日渐枯瘦而死亡。

预防在于加强饲养管理，经常调节窝土的湿度并经常更换窝土，如发现窝土过于干燥，应及时给蝎窝喷洒水分，并调节饲料含水量，要定时定量投放饲料，防止蝎因饥饿过度而暴食。治疗用土霉素1~2片，酵母片3片，共研成细末加水配成水溶液，夹着病蝎后腹部强制喂服，每天2次，连喂3~4天可愈。

（5）腹胀病

腹胀病又称大肚子病，其症状为病蝎腹部膨胀。该病因蝎子所栖息的环境温湿度较低，进食过量致使蝎子消化不良而引发。此病多发生在早春气温较低和晚秋阴雨低温时期饱食后。病蝎活动迟缓或趴着不动，停止饮食，病蝎前腹肿大，消化不良，不进食，一般发病10~15天后死亡。雌蝎一旦发病，则造成体内孵化停止或不育。

预防在于加强饲养管理，在早春低温和秋季低温时期应注意保温增湿，必要时可用火炉、电热炉等升温，将养蝎房的温度控制在20℃以上，促使蝎活动量加大，以便使蝎增强消化吸收能力，加快对体内贮存的过量营养物质的消化吸收。治疗蝎子腹胀病，可在短时间内停食，并升温促蝎活动，以加快对食物的消化和吸收。蝎严重腹胀时用1g食母生或乳酶生、0.1g长效磺胺混于水中喂饮或配合饲料100g搅拌喂服。

（6）蝎螨病

蝎螨病是由饲养管理不善，蝎窝湿度过大和卫生条件差，蝎螨寄生于蝎体表上所引起一种慢性皮肤病，经接触感染。患蝎体表寄生着黄色粉末样的寄生虫螨，其常潜伏在病蝎脚须和胸腹部两侧以及腿、尾部小缝内，患蝎行动困难，食欲减退，出现浑身瘙痒，活动减少，生长发育受影响，重者逐渐消瘦，严重的则会衰竭而死亡。

预防在于改善饲养卫生条件，通风保持蝎窝干燥，调节蝎子的窝土湿度，防止窝土湿度过大，对饲料虫要进行严格检查，防止带有寄生虫的饲料虫进入蝎房。发现蝎有螨寄生时，及时隔离饲养，同时将小喷雾器盛水加入25％杀虫脒3mL、酒精1mL，把病蝎提出窝房，背腹各喷一下，进行体表杀螨，3天1次，连喷4次可痊愈。同时要换窝土，或用漂白粉喷洒消毒和杀螨，防止蝎螨扩散寄生为害。

（7）蝎虱

蝎虱是一种寄生在蝎子体外的寄生虫。虱螨呈黄色，个体很小，似尘埃一样。因此，当大量蝎虱寄生时，可以直观地看到一些连接部位出现黄色粉末状物体。抓住蝎体，在白纸上轻轻抖落，可有黄色小爬虫落下来。养蝎室闷湿，空气不流通，窝土湿度过大，室内臭味难除，地面和墙壁不卫生，适宜蝎虱大量生长繁殖，并潜伏在蝎子的身体表面，吸取蝎体营养。当条件适宜蝎虱生长时，蝎虱大量繁殖并迅速生长，并潜伏在蝎子体表面的缝隙处，如脚须、胸腹两侧以及腿、尾的小缝与褶皱中。蝎虱的大量生长繁育，会大量消耗和吸收蝎体营养，影响蝎子的身体机能及活动，严重影响蝎子的生长发育，重者可使蝎体逐渐消瘦而死亡。

预防在于改善饲养条件，加强养蝎室的通风，确保空气新鲜，经常检查调节蝎窝温湿度，保持室内卫生、干燥。发现病蝎及时隔离饲养，并用比较淡的漂白粉溶液进行蝎体清洗消毒，杀死蝎虱。对发病蝎群进行全群消毒，用淡漂白粉溶液进行全群喷洒，尤其是胸腹部两侧、腿、尾、脚须小缝与褶皱中，并注意喷洒地面、墙壁等，消毒杀虫。

（8）敌害防治

蝎子属有毒昆虫，虽然敌害动物不多，但由于蝎子体小防御能力弱，易受不怕蝎毒的动物食害，蝎的天敌动物主要是蚂蚁、鼠类、蟾蜍、蜥蜴、壁虎、蛇和鸟类等，养蝎尤其要经常防止蚂蚁和鼠类的危害。蚂蚁多攻击吃掉防卫能力较弱的幼蝎和正在蜕皮的蝎。老鼠进入蝎室先将蝎子尾部咬断，然后再咬死或取食蝎体，危害整个蝎群。

防治敌害的主要方法是在建造蝎窝时，发现蚁穴及时堵塞夯实，并要仔细查看，不可将蚂蚁随土带入。还要用蚁药饵撒在蝎房周围，阻挡蚂蚁进入养蝎场房，毒蚁药饵配制方法：用萘（臭虫丸）50g（碾碎），植物油50g，锯木屑250g，混匀拌成药粉。如果在冬季，蝎子进入冬眠季不食不动，中小蝎常被老鼠闯入蝎窝食害。有时老鼠还将蝎子拖入鼠穴内，因此，要定时检查堵塞鼠洞，在蝎池上方罩上纱窗网，采用室内养蝎时可用纱网盖住蝎窝。还可用鼠夹和鼠笼捕鼠，防止老鼠侵入蝎群对蝎造成危害。但切勿用毒鼠药灭鼠，以免蝎子中毒。

【本章小结】

了解药用动物的种类，掌握其分类的依据和方法，养殖技术和利用方式，可为后续动物药的鉴别、生药学的研究起到积极的推动作用。本章主要围绕我国目前常见的药用动物茸鹿和蝎子的生物学特性、繁殖技术、饲养管理以及常见疾病的防治等内容进行全面总结和归纳。

【复习题】

1. 鹿茸的主要成分及功效有哪些？
2. 中国目前驯养的茸鹿品种主要有哪些？
3. 茸鹿选种的基本要求是什么？
4. 茸鹿繁殖的技术要点有哪些？
5. 鹿茸质量鉴定的主要依据是什么？
6. 试述茸鹿常见疾病种类、发病特征及治疗措施。
7. 蝎子的主要功效有哪些？
8. 蝎子的繁殖特点有哪些？
9. 蝎子选种的基本要求是什么？
10. 成蝎雄、雌的区别主要在哪些方面？
11. 蝎子饲养管理的要点有哪些？
12. 简述蝎子常见疾病的种类、发病特征及治疗措施。

（秦凤，张尚志）

第8章

肉用动物养殖

肉用特种动物养殖是指针对特定肉品需求而进行的养殖活动，通常涉及一些非传统的动物品种或者特殊的养殖技术。肉用动物养殖旨在满足市场对于品质、口感或者营养价值更高的肉类的需求。

在肉用特种动物养殖中，常见的有肉鸽、林蛙、鸵鸟、鳄鱼、野猪等，它们与传统的家畜相比，具有一些独特的特点和优势，其肉质通常更为精细和嫩滑，具有独特的口感和风味。例如，鹿肉富含蛋白质和微量元素，而且脂肪含量较低，深受消费者青睐。鸵鸟肉则以其低脂肪、高蛋白质的特点备受追捧，成为健康饮食的首选。这类动物的养殖通常需要采用特殊的技术和环境条件。例如林蛙需要适宜的湿润环境和适度的温度来生存和生长，因此其养殖常常需要建造特殊的池塘或者湿地环境。

由于篇幅限制，本章仅选择两种代表性的常见肉用动物——肉鸽和虾进行详细介绍。

8.1 肉鸽养殖

肉鸽，又称家鸽或鹁鸽，属于脊索动物门鸟纲鸽形目鸠鸽科，其驯化历史超过5000年。根据用途，鸽子可分为信鸽、观赏鸽和肉鸽三种，而本节主要关注的是肉鸽。中国养鸽历史悠久，自2500多年前开始，而肉鸽作为商品生产始于20世纪70年代，并在80年代后迅速成为畜牧业中的热门。

肉鸽以其生长速度快、性成熟早、繁殖率高和饲养周期短而闻名，这些特点使得肉鸽具有较高的经济价值。肉鸽的屠宰率高达70%～80%，胸腿肌率为28%～30%，蛋白质含量为21%～22%，且含有丰富的氨基酸、微量元素和维生素，脂肪含量低，这些特征使其成为理想的低脂高蛋白食品。此外，鸽肉还具有药用价值，能够增进食欲、增强体质，并缓解神经衰弱等症状。

常见的肉鸽品种包括石歧鸽、佛山鸽、公斤鸽、杂交王鸽、王鸽、鸾鸽、蒙丹鸽和卡奴鸽等，它们在体型、毛色、生长速度和适应性等方面各具特点。肉鸽养殖业的发展不仅带动了相关产业，还促进了农村经济的发展，成为农民增收的重要途径。

肉鸽的养殖具有投资少、周转快、经济效益高的特点，随着人们生活水平的提高，人们对健康食品的需求增加，肉鸽以其营养价值和口感，逐渐成为人们餐桌上的新宠。

8.1.1 肉鸽的生物学特性及品种

8.1.1.1 肉鸽的形态特征

(1) 外貌特征

肉鸽可以分为九个主要部分：头部、颈部、胸部、背部、腹部、翼部、腰部、尾部和脚部。

① 头部　头部是肉鸽形态特征中较为显著的部分。肉鸽的头部呈圆形，大小适中。在头的最前端是喙，这是肉鸽用来摄取食物的重要器官。肉鸽的喙粗短，略带弯曲，非常适合啄食各种食物。喙的强度和形状是选育过程中重要的指标，因为它们直接影响着鸽子的采食效率和生长速度。在喙的基部，盖有柔软膨胀的皮肤，称为蜡膜或鼻瘤，这是肉鸽特有的结构。眼睛位于头的两侧，具有独特的视色素和保护机制，使肉鸽在各种气候条件下都能保持敏锐的视觉。眼沙，即虹膜的颜色，也是肉鸽的品种特征之一，不同的颜色如牛眼、黄沙、橙沙、珍珠沙、红沙等，可以作为品种鉴别的参考。

② 颈部　颈部是肉鸽的另一个显著特征。肉鸽颈部较长，肌肉发达，具有很好的灵活性，这使得肉鸽能够自由转动头部，进行觅食、防御和梳理羽毛等行为。

③ 胸部　胸部是肉鸽身体中最为发达的部分，也是肉鸽主要的肉质部分。肉鸽有一个强大的胸骨，上面长着强壮有力的胸肌，这些肌肉是肉鸽飞翔时牵引双翼的关键。胸肌的发达程度是肉鸽作为肉用品种的重要特征之一。

④ 背部　肉鸽的背部位于胸部和腰部之间，这个区域宽而直，是力量的象征。背部前端的两侧长着强大而有力的双翼，这些翅膀是肉鸽飞翔时的主要工具。背部的肌肉发达，有助于支撑肉鸽的身体，并在飞行时提供必要的力量。在选育过程中，背部的形态和肌肉发展是评估肉鸽品质的重要指标。

⑤ 腹部　肉鸽的腹部位于腰部下面，这个区域容纳着肉鸽的消化器官和生殖器官。腹部的肌肉相对较少，主要是脂肪和内脏器官。腹部的皮肤薄而松，具有一定的弹性和适应性，能够保护内部器官。选育中，腹部的形态和大小也是评估的重要指标，因为其直接影响着肉鸽的肉质和繁殖能力。

⑥ 翼部　即肉鸽的前肢，是它们飞翔的工具。肉鸽的翅膀相对较短，不善于进行长距离飞行，但足以满足肉鸽在鸽舍内或短距离移动时的需要。

⑦ 腰部　也被称为鞍部，其末端有尾脂腺，鸽子常用喙将尾脂腺分泌出来的尾脂涂在全身羽毛上，以保护羽毛，防止雨水和潮湿空气的侵袭。

⑧ 尾部　肉鸽的尾部位于身体的末端，是一个相对较短的区域，主要功能是在飞行中保持平衡，以及在地面行走时提供一定的操控性。肉鸽的尾部羽毛可能较长，这些羽毛在飞行中起到舵的作用，可帮助鸽子在空中调整方向和保持平衡。尾部的末端通常有一个小的肉质凸起，称为尾椎，上面着生有宽大的尾羽。这些尾羽的数量通常是 12 根，它们在飞行中展开成扇状，有助于鸽子在飞行中保持稳定。尾部的形态和羽毛的质量也是选育过程中的重要指标，因为它们直接影响着鸽子的飞行能力和肉质。

⑨ 脚部　肉鸽的脚部是它们与地面接触的部位，也是它们支撑身体和行走的关键。肉鸽的脚部分为胫、趾、爪三个部分。胫部是脚的主体部分，上面长有鳞片，这些鳞片是皮肤的衍生物，随着鸽子的年龄增长而逐渐角质化。这些鳞片的特征可以用来鉴定鸽子的年龄。

胫部的下方长有趾，每个趾的末端都有一个角质物，称为爪。肉鸽的爪尖锐而微弯，有助于它们在地面行走时保持平衡和抓握力。在选育中，脚部的形态和结构也是评估的重要指标，因为脚部直接影响着肉鸽的行走能力和肉质。

（2）羽毛

羽毛是肉鸽形态特征中最为显著的特征之一。肉鸽的羽毛是表皮细胞所分化的角质化产物，具有保护身体、保持体温和减少能量消耗的作用。羽毛的类型和分布因鸽子的品种和用途而有所不同。肉鸽的羽毛通常光滑且有光泽，颜色和图案多样，常见的有白色、灰色、瓦灰色、黑色等，不同品种的肉鸽在羽毛颜色和图案上有所区别。

肉鸽的头部和颈部羽毛比较短，而翅膀和尾部则有较长的羽毛。翅膀上的羽毛包括主翼羽、副主翼羽、覆主翼羽、覆副主翼羽、胛羽、小翼羽和肩羽等。主翼羽通常有 10 根，是鸽子飞翔时鼓风前进的工具。副主翼羽有 12 根，在飞翔时起支撑鸽体悬浮于空中的作用。覆羽则有保护和加强主翼羽和副主翼羽力量的作用。胛羽和小翼羽分别有 3 根和 1 根，在飞行中起到辅助作用。

尾羽在上文尾部中已经介绍。

肉鸽每年有规律地脱掉旧羽，重生新羽的现象叫换羽。换羽一般从春天开始，到秋季结束。这个过程通常是逐步进行的，从头部开始，渐渐换到身体后部。换大羽的时间多在夏末秋初，为期 1~2 个月。整个换羽过程是掉一根生一根，新羽不长到一定程度，下一根老羽不掉，所以不会出现裸体鸽子和完全不会飞翔的鸽子。

羽毛的质量也是选育过程中的重要指标，因为羽毛状况反映着鸽子的健康状态，并且在屠宰和加工过程中，光滑的羽毛更容易被去除。此外，羽毛的颜色和光泽也是评估肉鸽品质的重要指标，健康的鸽子羽毛应紧裹体躯，不应蓬松杂乱，且应富有金属光泽。

8.1.1.2　肉鸽的生活习性

① 适应性强　肉鸽能够在极端的环境中生存，无论是严寒的寒带还是炎热的亚热带，它们都能够适应。这种适应性是经过长期的进化和自然选择形成的，使得肉鸽具有较强的抗病能力。

② 食性　肉鸽主要以植物性饲料为食，特别喜欢吃各种谷物，如玉米、小麦、高粱等，同时也喜欢豆类。肉鸽没有胆囊，因此它们的食物偏好是素食，尽管它们也能够适应吃一些熟的饲料。此外，肉鸽对青绿饲料和砂粒也有一定的喜爱。

③ 警觉性高　肉鸽对外界的刺激非常敏感，容易受到惊吓。如果它们的巢箱受到老鼠、猫等动物的侵扰，肉鸽可能会拒绝回到巢箱，甚至会在夜间选择栖息在屋檐或巢外的栖架上。在饲养管理中，需要保持鸽舍的安静和安全，避免生人进入鸽舍，以免引起鸽群的惊慌。

④ 记忆力强　肉鸽具有很强的记忆能力，它们能够识别和记忆许多信息，包括巢穴的位置、配偶、颜色和饲养员的面孔等。这种特性在饲养管理中非常有用，可以利用鸽子的记忆力来建立良好的条件反射，从而简化管理流程。

⑤ 喜欢清洁干燥的环境　肉鸽喜欢生活在干燥、清洁的环境中，远离粪便和污土。在饲养肉鸽时，应保持鸽舍的清洁和干燥，以减少疾病的发生，并促进肉鸽的生产潜能的发挥。

⑥ 群居性　肉鸽喜欢群居，它们能够和平地生活在一起，很少会发生打斗。在喂食的时候，肉鸽会一起从栖架上跳下来到食槽旁边进食，进食后又会一起休息。这种群居性使得

肉鸽在饲养管理上更加方便。

⑦ 晚成鸟　肉鸽属于晚成鸟，它们的雏鸽在出生后需要亲鸽哺育大约 1 个月的时间才能够独立生活。在这段时间里，雏鸽完全依赖亲鸽提供的鸽乳和挑选的食物。

⑧ 固定配偶制　肉鸽实行一夫一妻制，一旦配对成功，它们会保持固定的配偶关系，并且不会再与其他鸽子乱配。这种专一的配偶关系在生产上需要注意，以便进行有计划的人工选配，避免近亲繁殖，从而提高鸽种的品质。

⑨ 喜欢水浴和日光浴　肉鸽喜欢在水中洗浴，也喜欢在阳光下进行日光浴。即使在寒冷的冬天，它们也会在冷水里洗浴。这种习性有助于保持肉鸽的健康。

⑩ 协作性强　肉鸽在筑巢、孵化和育雏方面表现出很强的协作性。在配对后，雌雄双方会共同寻找筑巢材料，编织巢窝，并且会轮流孵蛋和哺育雏鸽。这种协作精神在肉鸽的生活中起到了重要的作用。

8.1.2　肉鸽的品种及繁育

(1) 肉鸽的品种

① 石岐鸽　石岐鸽（图 8-1）是一种体型长、翼长、尾长的肉鸽，原产于中国广东省中山市石岐区。它们适应性强，耐粗饲，具有良好的生产性能，年产乳鸽 7～9 对。石岐鸽的体重适中，成年公鸽体重约为 750g，母鸽约为 650g，4周龄乳鸽体重可达 500～600g。它们的羽色多样，包括灰色、黑色、棕色及雨点等多种颜色。石岐鸽的肉质细嫩，味道鲜美，尤其在美国市场上非常受欢迎。

② 佛山鸽　佛山鸽（图 8-2）是广东省佛山市育成的新品种，以多产、生长快、繁殖率高而闻名。成年鸽体重可达 700～800g，体型大的可达 900g。1 月龄乳鸽体重可达 500～650g，种鸽每年可产乳鸽 6 对或 7 对。佛山鸽的羽色多为蓝色，且多是牛眼（珠色眼），带有深、红、蓝色彩。该品种的生产性能较好，但目前市场上较少见。

图 8-1　石岐鸽

③ 公斤鸽　公斤鸽（图 8-3）是由养鸽专家陈文广同志培育成功的品种，体重可达 1000g 左右。它们适应性和抗逆性强，幼鸽前期生长快、早熟、易肥、省饲料，经济效益高。公斤鸽的体型偏长，以瓦灰色最多，也有雨点和其他毛色的。该品种的飞翔力较强，是肉鸽中飞翔力较强的品种之一。

图 8-2　佛山鸽

图 8-3　公斤鸽

④ 杂交王鸽　杂交王鸽（图 8-4）是一种由王鸽和石岐鸽或肉用贺姆鸽杂交而成的品种。它们体型介于王鸽和石岐鸽之间，较美国商品王鸽稍小，体重稍轻。杂交王鸽的体重适中，1 龄成鸽体重公鸽为 650～800g，母鸽为 550～700g。乳鸽生长较快，2 周龄体重达 400～450g，3 周龄以上达 550～600g，全净膛重为 350～400g。繁殖性能好，每对种鸽年产乳鸽 6 对或 7 对。杂交王鸽适应于生产商品乳鸽，多饲养于我国香港地区。然而，杂交王鸽的遗传不稳定，体型和毛色不一，因此在生产过程中极易发生品种退化，故应重视选种、选配工作，建立起良好性状的杂交王鸽核心群。

⑤ 王鸽　王鸽（图 8-5）原名皇鸽，也称 K 鸽，是美国新泽西州育成的著名肉用鸽品种。它们体型矮胖，胸宽背圆，尾短而翘，嘴短而鼻瘤小。成年鸽体重公鸽为 800～1100g，母鸽为 700～800g。王鸽年产乳鸽 6～8 对，4 周龄乳鸽体重可达 600～800g。王鸽的羽色以白色为主，还有银色、红色、黄色、灰黑色和棕色等。现已培育成两个纯羽色品系，即白王鸽和银王鸽。

⑥ 鸾鸽　鸾鸽（图 8-6）原产于西班牙和意大利，是世界上体型最大的肉用鸽之一。成年公鸽体重可达 1400～1500g，母鸽体重可达 1250g 左右。母鸽年产乳鸽 6～8 对，4 周龄乳鸽体重可达 750～900g。鸾鸽的体型巨大，呈方形，胸部稍突出，肌肉丰满。它们的羽色多样，包括黑色、白色、银灰色、绛色、灰二线等。

图 8-4　杂交王鸽　　　　　　图 8-5　王鸽　　　　　　图 8-6　鸾鸽

⑦ 蒙丹鸽　蒙丹鸽（图 8-7）原产于法国和意大利，是一种不善飞翔、喜地上行走的肉鸽。它们的体型与王鸽相似，但尾不上翘，呈方形，胸深而宽。成年公鸽体重可达 750～850g，母鸽体重可达 700～800g，重者可达 1000g 左右。母鸽年产仔鸽 6～8 对，4 周龄乳鸽体重可达 750g 以上。蒙丹鸽的毛色多样，有纯黑色、纯白色、灰二线、黄色等。

⑧ 卡奴鸽　卡奴鸽（图 8-8）又称赤鸽，原产于法国，是肉用和观赏的兼用鸽。它们外观雄壮，颈粗，胸宽，站立时姿势挺立。成年公鸽体重达 700～800g，母鸽达 600～700g，4 周龄乳鸽体重达 500g 左右。卡奴鸽性情温顺，繁殖力强，年产乳鸽 6～10 对，高产的达 12 对以上。它们的羽色有纯黑、纯白、纯黄三种，也有混合色的。

图 8-7　蒙丹鸽　　　　　　　图 8-8　卡奴鸽

(2) 肉鸽繁育

① 种鸽的选择　肉鸽的选种就是选出品质较优的个体留作种用，是保障鸽场经济效益的关键措施，主要包括表型选择和家系选择两个方面。

a. 表型选择　表型选择是肉鸽选种中的重要环节，它主要基于肉鸽的可见性状进行选择，这些性状包括但不限于体型、体重、生长速度和肉质等。在选择过程中，优先考虑那些体型适中、肌肉发达、体重较大的个体，因为这些特征通常与良好的生长潜力和优质的肉质相关。此外，生长速度快的肉鸽也是优选对象，因为它们能够更快地达到出栏标准，从而缩短养殖周期，提高生产效率。

在表型选择中，外貌鉴定是一个关键步骤。合格的肉鸽应该具有特定的外观特征，如平坦的头顶、翘起的颈部、宽阔的额头、短而粗的腿、清晰的虹彩、紧凑而有光泽的羽毛、匀称的身躯和脚翅以及平直的龙骨。此外，胸肌的发达程度也是评估的重要指标，理想的肉鸽胸肌应该丰满，侧看呈元宝形。

除了外貌，生产力鉴定也是表型选择的重要组成部分。繁殖力强的肉鸽，通常年产乳鸽在6对以上，而乳鸽在21～28日龄时体重能达到500～600g，这些都是生产力良好的表现。此外，产蛋性能、适应性和抗病力也是重要的考量因素。例如，选择产蛋性能好的肉鸽可以提高养殖场的生产能力，而适应性强、抗病力高的肉鸽则能减少养殖过程中的疾病发生率，降低养殖风险。

b. 家系选择　家系选择则是从遗传和血统的角度出发，考虑肉鸽的遗传潜力和家系性能，这种方法更加注重肉鸽的遗传背景和家系历史。家系选择时，应选择有优良血统和稳定遗传特性的个体。家系选择通常基于家谱记录和历史成绩，选择具有优秀遗传背景的个体，以确保后代能够继承这些优良的性状。

在家系选择中，血统是一个重要的考量因素。选择有优良血统的肉鸽，可以利用其优秀的遗传背景，提高后代的生产性能。此外，遗传稳定性的考虑也至关重要。选择遗传稳定性好的肉鸽，可以确保后代能够稳定地继承优良性状，减少性状分离的可能性。

家系性能也是家系选择中的重要考量因素。通过分析家系中个体的生产性能，选择那些家系性能稳定的肉鸽进行繁殖，可以提高后代的整体质量。此外，在选择种鸽时，还要考虑亲缘关系的远近，避免近亲繁殖，以降低遗传缺陷的风险。

综上所述，肉鸽的选种是一个综合性的过程，需要同时考虑表型选择和家系选择。通过综合运用这两种方法，可以更加科学地选择种鸽，提高肉鸽的遗传潜力和生产性能，从而获得更好的经济效益。

② 肉鸽的选配　肉鸽选配是根据育种者或者生产者的目的或者目标，人工有意识地组织优良公母鸽进行配对，以期获得理想后代。选配需要综合考虑多个因素，包括公母鸽的优良遗传特性，如快速生长和良好肉质；体型和年龄的合理搭配，以及双方的健康状态；生产性能，避免近亲繁殖，以增加遗传多样性。同时，还要考虑当地环境和市场需求，必要时采用人工辅助技术。最后，通过记录和跟踪后代表现，不断优化选配策略，以提高繁殖效率和经济效益。

③ 肉鸽的繁育

a. 纯种（系）繁育　纯种（系）繁育是肉鸽繁育中的一种常用方法，其目的是保持优良的血统和特性，是进行杂交改良的基础。这种方法涉及同一品种（系）的公母鸽的交配，以期望后代能够继承该品种的优良特性。在繁育过程中，需要进行严格的选种和选配，并且通过提纯复壮来提高鸽群的生产性能。例如，我国的地方鸽种可能具有早熟、产蛋率高、抗病力强等优点，但同时也存在个体小、生长慢、肉质差等缺点。通过纯种繁育，可以保留其优良性状并尝试克服这些缺点。同样，对于国外引进的良种肉鸽，其体型大、生长快、肉质好，但对饲养管理水平要求高、适应性差，也可以通过品系繁育来发挥其优良种性。

b. 杂交繁育　杂交繁育是指不同品种或品系间的交配，目的是产生杂种优势，如生长快、抗病力强等。杂交可以改变亲代的遗传性，使遗传性状发生变异，并且可以使不同品种或品系的不同优良性状结合在同一个体上，从而丰富后代的遗传性。在新的环境条件下，经过选择，可以育成新的品种或品系。杂交也能使优良显性基因互补和杂合子频率增加，表现出基因的显性效应和上位效应，从而使杂交一代出现杂种优势。后代通常表现出生活力强、生长发育快、繁殖率高、饲料利用率高等特性。杂交繁育可以分为育种性杂交和商品性杂交两种类型。目前，肉鸽的商品杂交尚处于起步阶段，但已经有人成功应用不同纯种杂交，生产出具有杂种优势的商品肉用仔鸽。这些杂交后代体格健壮、生长快、抗病力强，但通常不能留作种用。

8.1.3　肉鸽的饲养管理

8.1.3.1　肉鸽的营养需要

肉鸽的饲料主要由能量饲料、蛋白质饲料、矿物质饲料和维生素组成。能量饲料主要包括未经加工的谷类和豆类籽实，如玉米、稻谷、糙米、高粱、大麦、小麦等，是鸽子能量的主要来源。蛋白质饲料包括豆类（如豌豆、蚕豆、绿豆、黑豆等），以及鱼粉、骨粉等，它们对于鸽子的生长和繁殖至关重要。矿物质饲料包括贝壳粉、骨粉、红土、木炭、壳粉、食盐、河沙、黄泥、旧石灰等，主要提供钙、磷、镁、铁、铜、锌、碘、硒等矿物质，这些矿物质是构成骨骼、血红蛋白等的主要成分。维生素包括禽用复合维生素添加剂，以及通过青绿饲料补充的维生素，在维持鸽子的正常生理功能和健康中发挥至关重要。

肉鸽的饲养标准中，能量、蛋白质、维生素和矿物质的含量需要根据肉鸽的品种、年龄、发育阶段、饲料来源、环境条件和饲养方式的不同而进行调整。例如，繁殖期的鸽子需要更多的蛋白质和能量，而幼鸽则需要更容易消化吸收的饲料。此外，为了保证肉鸽的健康，促进生长发育，饲料中还应适当加入药物添加剂。

8.1.3.2　保健砂的配制与使用

肉鸽保健砂的配制和使用是一个复杂但至关重要的过程，它能够为肉鸽提供必要的矿物质和维生素，促进其健康生长和繁殖。

（1）保健砂的配制

选用纯净、无杂质和无霉败变质的原料，如骨粉、贝壳片、河沙、木炭末、食盐、黄泥、熟石灰、陈石膏、红铁氧等。根据配方，精确称量各种原料。将所有原料充分混合均匀，确保每批保健砂的成分一致。根据需要，可以加入生长素、红糖、龙胆草、甘草、金银花等添加剂以增强保健砂的功效。按照配方中的比例，将各种原料混合均匀，即制成不同类型的保健砂。

(2) 保健砂的使用

保健砂应单独投喂，不能与饲料混合，以保持其新鲜度，避免浪费。每隔2～3天投喂一次，以保证保健砂的新鲜度。根据鸽子的需求和季节变化调整投喂量，一般占饲料量的5%～10%。在种鸽产蛋孵化期和乳鸽生长阶段，需要特别注意保健砂的供给。通过观察蛋壳质量、饲料消化情况和鸽子健康状况，评估保健砂的效果，并根据需要调整配方。

(3) 注意事项

一旦找到适合自己鸽群的保健砂配方，应保持稳定使用，避免频繁更换。每次投喂后应彻底清理剩余的保健砂，并更换新配的保健砂。配制好的保健砂应保存在塑料容器内，避免放在铁质或木质容器内，并加盖保存。更换不同类型的保健砂时，需要有一个过渡期，一般需10天左右，以免鸽子消化不良。通过合理的保健砂配制和使用，可以有效提高肉鸽的健康水平和养殖效率。

8.1.3.3 肉鸽的饲养管理

(1) 肉鸽的日常管理

① 环境管理　肉鸽的日常管理中，环境管理是至关重要的。鸽舍应保持干燥，通风良好，避免环境潮湿、闷热、不洁。适宜的温湿度是肉鸽生长和健康的必要条件，通常鸽舍温度应保持在25℃左右，相对湿度50%左右。定期进行清洁，包括清扫鸽舍、清洗水槽和更换饮水，以保持良好的卫生条件。此外，提供充足的阳光，鸽舍最好坐北朝南，以充分利用自然光照，这对肉鸽的健康和生产性能都有积极的影响。

② 观察与记录　饲养员应定期观察鸽子的健康状态，包括精神状态、食欲、粪便等，以便及时发现和处理问题。记录生产情况，如产蛋日期、孵化情况、乳鸽生长情况等，这些记录对于反映生产情况、指导经营管理、做好选种留种工作具有重要意义。常用的生产记录表格包括留种登记表、幼鸽动态表、种鸽生产记录表、种鸽生产统计表等。

③ 饲料管理　肉鸽的饲料管理应遵循少给勤添的原则，每天定时喂料2次或3次。应根据肉鸽的不同生长阶段和生理状况，提供营养丰富的日粮，并确保饲料的质量和新鲜度，避免饲料变质。同时，应提供足够而清洁的饮水，并根据季节调整饮水量，以满足肉鸽对水分的需求。

④ 疾病防治　疾病防治是肉鸽日常管理中的另一重要方面。应定期进行驱虫和疫苗接种，以预防常见疾病的发生。同时应保持鸽舍卫生，减少疾病发生的机会。一旦发现病鸽，应及时隔离治疗，防止疾病在鸽群中传播。

⑤ 日常操作程序　肉鸽养殖的日常操作程序包括上午、下午和晚间的工作内容。上午的工作包括观察鸽子健康状态，给育雏鸽第一次添料，清扫鸽舍，清洗水槽并更换饮水，喂料，检查产蛋、孵化及乳鸽生长情况，做好记录，灌喂育肥仔鸽，隔离治疗病鸽，清除死鸽。下午的工作包括给育雏鸽添料，更换饮水，添加保健砂，安排水浴或调配饲料、配制保健砂，观察鸽子的生长和孵化，做好登记，喂料，观察采食情况，治疗病鸽，做好生产记录。晚间的工作包括给育雏鸽添料，检查归巢情况，观察鸽群，隔离病鸽，照蛋，记录孵化情况，治疗病鸽，做好防蛇鼠、防风雨等工作。

⑥ 特殊情况处理　在肉鸽的日常管理中，可能会遇到一些特殊情况，如发现惊惧和悲哀的鸽子。应采取相应的管理措施，如保持环境安静，减少应激因素，给丧偶鸽选择合适的新配偶，给失胚蛋鸽找来合适的胚蛋让其孵化等，以帮助鸽子恢复正常状态。

(2) 肉鸽各阶段的饲养管理

① 乳鸽的饲养管理 乳鸽是指 0～1 月龄的鸽子，这个阶段的鸽子完全依赖亲鸽的哺育，需要大量的营养物质和精心护理。

乳鸽孵化后，完全依赖亲鸽哺育，需要经历从全浆性的鸽乳到浆粒混合料，再到全粒料的喂养过程。在 1～7 日龄内，亲鸽会喂给乳鸽全浆性的鸽乳，随后逐渐过渡到半消化的饲料。为了确保乳鸽的健康成长，需要进行一系列的管理措施，包括调教亲鸽哺喂、调换乳鸽位置，以及及时进行"三调"（调整亲鸽哺喂、乳鸽位置和人工哺育）。随着乳鸽日龄的增长，需要逐渐更换饲料，以适应其生长需求。这个过程需要谨慎处理，因为饲料的突然改变可能会导致乳鸽消化不良，甚至死亡。对于亲鸽不会哺育的乳鸽，需要进行人工哺育。包括口腔吹喂和手工填喂两种方式，操作时需要耐心细致，以避免损伤乳鸽的口腔和舌头。为了使乳鸽达到最佳的肥育效果，需要控制饲料量和调整饲料成分。通常会选择体型较大、肌肉丰满、羽毛整齐光亮的乳鸽进行填肥，使用专门的填肥设备和饲料，以达到快速增重和提高肉质的目的。不留种的商品乳鸽应在 21 天前后离开亲鸽进行人工肥育，而留种的雏鸽应在 28 天左右及时离巢单养，以避免影响亲鸽的产蛋和孵化。

② 童鸽的饲养管理 童鸽是指 1～2 月龄的育成鸽，这个阶段的鸽子开始独立生活，但尚未完全发育成熟，需要特别的照顾。

在童鸽离开亲鸽后，应进行一次初选。选择符合品种特征、生长发育良好、没有缺陷、体重达到标准的乳鸽作为童鸽。这些童鸽应被套上脚圈并记录系谱，以便进行进一步的饲养管理。童鸽需要一个良好的饲养环境来适应独立生活。这包括提供专门的饲养笼，这些笼子应有保温设施，以帮助童鸽适应环境变化。一些童鸽可能不会自行采食和饮水，需要进行训练。开始时，可以将颗粒小、表面粗糙的碎玉米、小麦等饲料撒在饲料盆上，并人工辅助它们学会饮水。为了增强童鸽的抗病力，应适当添加钙片、维生素等药物，这有助于预防及治疗软骨病和消化不良等病症。刚离亲的童鸽需要保暖，特别是在寒冷的天气或环境下，应避免雨水淋湿羽毛引起感冒。童鸽的饲养密度应控制在 3 对/m^2，以减少疾病传播和发生的机会。此外，网上平养可以减少童鸽与粪便的接触，从而降低疾病的风险。童鸽需要足够的运动空间来增强体质。因此，应提供舍外大于鸽舍面积 2 倍以上的运动场和飞行空间，并设合适的栖架。童鸽约 50 日龄开始换羽，此时对外界环境变化较敏感，容易受凉和发生应激。因此，需要特别注意管理，以帮助它们顺利换羽。

③ 青年鸽的饲养管理 青年鸽是指 3～6 月龄的育成鸽，这个阶段的鸽子新陈代谢旺盛，适应能力强，消化能力强，但需要适当限制饲喂，防止过早成熟，避免过肥。过肥可能导致早产、无精蛋多、畸形蛋多等不良现象，影响繁殖力。青年鸽在 3～5 月龄时，活动能力和适应能力增强，可能会出现早熟、早配现象。因此，应将公母分开饲养，防止早配和早产，以免影响鸽的生长发育及产鸽的生产性能。青年鸽活泼好动，这时应将它们转入离地网养或地面平养的方式，以增强其体质。在饲养日粮上既要满足生长所需的营养，又要防止鸽长得过肥。养至 5～6 月龄时，青年鸽已趋于成熟，主翼羽已脱换七八根，此时应调整日粮，增加豆类蛋白质饲料的喂量，使其成熟度尽量一致，开产时间也比较整齐。由于青年鸽多集群，接触地面和粪便的机会多，因此感染体内外寄生虫是不可避免的。应进行驱虫，一般在 3 月龄和 6 月龄时各进行一次驱虫。6 月龄配对前应进行选优配对上笼工作，对不符合种用标准者予以淘汰。

④ 种鸽的饲养管理 种鸽是指 6 月龄以上、开始参与繁殖的鸽子，这个阶段的鸽子需

要特别关注其生产性能和健康状况。

在种鸽的配对期，需要进行人工辅助配对，以确保鸽子能够顺利交配。具体方法包括将选定的雌雄鸽子关在同一个笼子里，通过共同采食和活动使它们相互熟悉，促进配对。此外，还需要进行认巢训练，让产鸽在指定的地方产蛋。对于新配对的产鸽，应给予适当的巢盆和垫料，并在巢盆内放一个假蛋，当它们愿意在盆内孵化时，再将真蛋放入，换出假蛋进行孵化。同时，应建立产鸽档案，记录配对年月等信息，并在必要时进行重选配偶。

在孵化期，需要准备好巢盆和垫料，诱导种鸽快速产蛋。同时，应细致观察产鸽的健康状况，并记录产蛋和出壳日期。为了确保孵化环境的安静，应采取措施减少干扰，使鸽子能够专心孵蛋。对于不愿孵化的青年鸽，可以将其关在巢房内，强制它们进行孵化。此外，还需定期检查孵蛋情况，及时剔出无精蛋和死胎蛋，并进行并蛋工作，使没有蛋孵的产鸽尽早交配产蛋。

哺育期的管理在乳鸽饲养管理中有详细叙述。在这个阶段，需要密切关注亲鸽的哺育情况，确保乳鸽健康成长。同时，应注意饲料的质量和喂量，以及保持鸽舍的卫生和温度适宜。此外，还应进行调并乳鸽、更换饲料、及时离亲等管理工作，以提高鸽群的繁殖效率。

种鸽在换羽期会经历羽毛的更换，这个时期需要特别注意管理。换羽期通常在夏末秋初，部分鸽子在春天也有换羽现象。在换羽期间，鸽子会停产，因此需要保证饲料的质量，以促进羽毛的换新。同时，应注意防止鸽子受凉和发生应激，以及选择有效的药物进行交替使用，做好鸽群疾病的防治工作。

8.1.3.4　鸽舍与鸽笼

鸽舍和鸽笼是肉鸽饲养管理中两个重要的设施，它们的设计和构造直接影响着肉鸽的生长、繁殖和健康。

鸽舍是鸽子生活、栖息和繁殖后代的场所，根据肉鸽的饲养方式不同，可以分为群养式、单列式和鸽笼式等多种形式。鸽舍的建造应选择干燥、通风良好、无污染的位置，以确保鸽子的健康。鸽舍的建筑面积应根据饲养数量和地形而定，建议一人管理一幢或两人管理一幢，数量以 200～500 对为宜。群养式鸽舍通常是开放式的，设有飞翔区和栖架，适合群养鸽子的活动和休息。单列式鸽舍则采用分层设计，每个小鸽舍内饲养一对鸽子，便于管理和饲养。鸽笼式鸽舍则使用多层鸽笼，便于管理和饲养，适合大规模的肉鸽养殖。

鸽笼是用于饲养肉鸽的笼子，有柜式和箱式两种。柜式多层鸽笼通常有四层或三层，每层有多个鸽笼，适合大规模的养殖。箱式鸽笼则相对较小，适合用于青年鸽的隔离饲养或种鸽的配对。

总之，鸽舍和鸽笼是肉鸽养殖中不可或缺的设施，它们的设计和建造应充分考虑肉鸽的生活习性，以提供良好的生活环境，促进肉鸽的健康生长和繁殖。

8.1.4　肉鸽常见疾病防治

(1) 预防措施

肉鸽常见疾病的整体防治措施涉及多个方面，包括饲养管理、疾病监测、及时治疗等。以下是一些综合性的防治措施。

① 加强饲养管理　提供新鲜清洁的饮水和饲料，确保饲料的多样性和均衡。定期清理

鸽舍，保持良好的通风和卫生环境，减少疾病的发生和传播。

② 定期进行健康检查 定期健康检查，及时发现并隔离病鸽，防止疾病在鸽群中传播。检查内容包括但不限于呼吸道、消化道和皮肤状况等。

③ 疫苗接种和药物预防 根据肉鸽的年龄和健康状况，定期进行疫苗接种，特别是对新城疫、鸽痘等常见传染病的预防。同时，合理使用抗生素和其他药物，预防感染。

④ 环境控制和消毒 定期对鸽舍进行彻底的清洁和消毒，使用安全的消毒剂杀死可能的病原体。保持鸽舍干燥，防止病菌和寄生虫的滋生。

⑤ 合理用药和治疗 对于生病的肉鸽，应及时诊断并给予适当的治疗。使用药物时，应严格按照兽医的指示进行，避免滥用或不当使用抗生素，以免产生抗药性。同时，应确保药物的来源可靠和质量安全，以免对肉鸽造成二次伤害。

⑥ 监测和记录 建立肉鸽健康监测系统，记录鸽群的健康状况、疫苗接种情况、用药情况等重要信息。这不仅有助于及时发现健康问题，也有助于追溯疾病的来源和传播路径。

(2) 常见疾病

① 鸽瘟（新城疫） 该病潜伏期为 1～7 天，病鸽精神委顿，翅膀下垂，不食，嗜饮，常下痢，排绿色恶臭稀粪。发病后出现转脖等神经症状，有的发生瘫痪，死亡率较高。剖检可发现腺胃有出血点、肠黏膜出血、脑炎。目前尚无特效治疗药物，主要靠预防。可用 0.3% 过氧乙酸带鸽喷雾消毒，并用 0.5% 过氧乙酸进行棚舍、环境消毒。引进种鸽时应隔离 2～3 周，并用鸽 I 型副黏病毒灭菌苗进行预防注射。一旦发生鸽瘟，应及时捕杀病鸽，病死鸽应火焚或深埋，病鸽舍及用具必须彻底消毒。

② 鸽痘 该病潜伏期为 4～14 天，分为皮肤型、黏膜型及混合型三种。皮肤型鸽痘可见鸽没有羽毛生长的皮肤上形成痘痂，黏膜型鸽痘主要发生在喙部和咽喉黏膜上，混合型是指在同一鸽体的皮肤和黏膜同时出现上述两种症状。预防本病要注意灭蚊，并在雏鸽出生后 3～5 天接种鸡痘疫苗。治疗时隔离病鸽后用浓盐水涂擦患处，剥去痘痂后再涂上碘酊和甲紫；或用 2%～4% 硼酸溶液洗涤患部，再涂上甲紫。治疗黏膜型鸽痘可先除去喉部假膜，然后涂上碘甘油。

③ 鸽副伤寒病 病鸽精神沉郁，羽毛粗乱，翅膀下垂，闭目呆立，食欲减退或消失，饮水增加，下痢，排粪呈黄绿色或灰绿色的恶臭稀粪，并含有未被消化的食物。急性病鸽 2～3 天死亡，慢性病鸽持续下痢，体形消瘦衰竭而死。部分病鸽发生头颈弯曲、运动失调等神经症状。剖检可见小肠黏膜水肿出血；肝脏肿大呈古铜色，表面有灰白色坏死点；肾脾肿大，实质器官有灰白色小结节样病变。该病的防治措施主要为改善饲养管理条件，隔离病鸽，消毒鸽场。治疗用环丙沙星针剂肌内注射 1 周或每 5kg 饲料加 5g 氯霉素拌料连喂 3 天（产蛋期禁用）；或用氟哌酸防治，每 50kg 饲料加 12g 喂服，连用 5 天；也可用碱胺类药物治疗。

④ 禽霍乱 该病多表现为急性死亡而不见症状；病程较长的患鸽表现为精神萎靡，毛松乱无光泽，弓背缩颈，不活动，体温升高达 42℃ 以上，食欲减退或废食，口渴喜饮水造成嗉囊饱满，胃内流出的水恶臭，伴有下痢、粪便稀且呈白色或黄绿色等症状，一般 2～3 天死亡。剖检可见心脂肪、嗉囊积液、有酸臭味，及心肌有出血点，肝肺大且呈黑红色，有针尖大小不等的灰白色点状坏死。预防注意消毒，减少应激因素。有鸽霍乱的鸽场，应于 60 日龄左右注射禽霍乱菌苗预防。若发现有鸽霍乱，应将病鸽隔离，及时用氟哌酸进行治疗，每 50kg 饲料加药 12g，也可用复方禽菌灵防治，连用 5 天。

8.2　虾类养殖

虾属于节肢动物门甲壳亚门十足目。现有近2000种，包括青虾、河虾、草虾、小龙虾、对虾、明虾、基围虾、琵琶虾、龙虾等，其中对虾是我国特产。主要的对虾品种包括南美白对虾、斑节对虾、日本对虾、刀额新对虾、中国对虾、长毛对虾等。南美白对虾自1998年引入我国内地，由于具有抗病能力强、生长快、适应盐度广等特点，目前已成为我国对虾养殖的主打品种。以下主要介绍南美白对虾的养殖技术及疾病防治等。

8.2.1　虾的生物学特性

8.2.1.1　形态特征

南美白对虾（图8-9）体长而扁，略呈梭状，适于游泳活动。全身洁白透明，尾扇外缘为带状红色，两条长须为粉红色，头短，额角稍向下弯，尖端长度不超出第1触角柄的第2节。成虾体长最大可达23cm，尾节具中央沟，但无缘侧刺。雌虾不具纳精囊，属开放式类型，所以精荚易脱落，造成获取受精卵困难。雄虾第一腹肢的内肢特化为交接器，略呈卷筒状，表面布有不同形态和大小的沟峰和凸起。

图8-9　南美白对虾

8.2.1.2　生活习性

人工养殖条件下，南美白对虾对水环境要求较严格。

（1）水温

南美白对虾是热带虾种，属于变温动物，特别是对高温适应能力强，其生长温度为17～37℃，最适生长温度为25～32℃。对低温的适应能力较差，水温在18℃以下时，则摄食明显下降，如果水温在15℃以下，则停止摄食，9℃以下会死亡。

（2）盐度

南美白对虾在盐度为5‰～40‰的水体中都能正常生长，最适盐度范围为12‰～28‰。通常盐度越低，生长越快；盐度越高，虾的肉质和风味越好。

（3）酸碱度

酸碱度的变化是水体理化反应和生物活动的综合结果，可作为水质好坏的指标之一。南美白对虾适于在弱碱性水中生活，适应范围为pH值7.5～8.6。

（4）溶解氧

南美白对虾抗低氧能力较强，个体越大，对溶解氧的耐受能力越差。它可忍耐的最低溶解氧值为 1.2mg/L，但在养殖过程中一般要求养殖水体中的溶解氧大于 4mg/L。

8.2.2 虾的繁育及饲养管理

8.2.2.1 虾的繁育

（1）亲虾选种

选种标准为：体型健壮，外表光滑，颜色纯正，健康无患病，反应迅速，活动敏捷，性腺发育良好。

（2）捕捞时间

一般在每年的 6～9 月份。

（3）培育环境

① 亲虾培育池　培育池的选址应远离污染源，选择宽阔无遮拦的地带，以确保光照和通风。培育池主要由水泥砌成，可砌成圆形、方形或长方形，面积一般在 3～5 亩（1 亩＝667m²），水深 1.5m 以上。排水孔在水泥池底，坡比 1：（2.5～3.0）。同时，在池埂的四周要安装好围栏，以防亲虾逃跑和其他生物进入。此外，在培育池上方安装 5 只左右的日光灯，并配备供氧设备和进、排水系统。

② 亲虾促熟　主要利用切除或烫除法去除对虾单侧眼柄。

③ 培育环境

a. 水质与溶解氧　水质应充足、清洁，符合渔业水质标准。定期换水，并使用供氧设备以确保水中溶解氧充足，一般不低于 5mg/L。

b. 水温　培育的水温一般在 23～30℃，不同品种的亲虾对水温的要求有所不同，南美白对虾一般适宜的水温在 26～30℃，而在越冬期，水温至少需要保持在 20℃。

c. 盐度　南美白对虾培育的适宜盐度为 25‰～32‰。

d. 放养密度　亲虾的放养密度不宜过高，否则会导致水质恶化和亲虾患病概率增大等问题。而且，放养密度也会受亲虾品种、大小以及季节等因素的不同而有差别，针对南美白对虾，其放养密度一般在 10～15 尾/m³。

e. 光照条件　光照强度需适中，适宜亲虾生长和繁殖的光照条件一般在 400～1000lx 之间。同时，应注意避免太阳直射，可在培育池上方使用遮阳网等来控制光照。

④ 饲养　饲养亲虾一般要求饲料中含有蛋白质、脂肪、维生素和矿物质等营养物质。例如，蛋白质类物质可以从鱼类、贝类和昆虫等生物中获取。此外，还可以根据所饲养亲虾的不同，决定是否再予以一些特定的营养添加剂。

（4）繁殖过程

① 交配

a. 性腺成熟　性腺成熟的雌虾，卵巢饱满，呈橘红色，前叶伸至胃区，形似 V 字。与此同时，雄虾的精囊外表显示为乳白色，且位于第 4～5 对步足之间，则表示其精荚已成熟。

b. 交配环境　交配池应严格消毒，水质适宜，光照充分，白天光照应在 400～1000lx，夜晚使用日光灯将光照控制在 200～300lx。

c. 交配过程　在南美白对虾交配时，雄虾通常会平行游在雌虾的后下方，然后雄虾会通过翻转将其与雌虾的腹面相对并抱和在一起，一般为头尾相对，少数也有头尾相反的。抱和后，雄虾向雌虾的第3～5对步足间的位置释放精荚，利用精荚的黏性性能将其黏附在雌虾身上。

d. 交配确认　若雌虾的纳精器上粘有白色的精荚则表明交配成功。

e. 交配后处理　将已经交配的雌虾放入产卵池中待产，而未交配的雌虾则将被捞回雌虾培育池中继续培育。

② 产卵与孵化

a. 产卵池　产卵池应建于室内，呈方形或长方形，池底由水泥铺成。使用前需用高锰酸钾、福尔马林等消毒剂进行仔细消毒，同时所使用的海水在使用前也需进行多层处理和过滤。

产卵池应远离农药、化肥等污染源，水质需干净清澈，水中溶解氧含量一般应在5mg/L以上，水温在25～30℃为宜。此外，水中含盐量在29%左右可以提高孵化率。

b. 产卵过程　南美白对虾一般在夜里进行产卵，对虾从池底浮上，以不停游动和扇动的方式将卵分散在水中。一般一只身长14cm的对虾怀卵量在10～15万粒。

c. 孵化条件　孵化密度一般控制在30万粒/m³左右，孵化期间水的pH值应控制在8.0～8.5，水中溶解氧含量一般需在5mg/L及以上，以7mg/L为最优的孵化时溶解氧含量，氨氮含量应控制在0.02mg/L以下，温度控制在28～30℃最有利于受精卵的孵化，盐度应在30‰～35‰范围内。此外，在孵化过程中也需注意给予适当的光照，及时清理池内污物，严格管理水质等。

③ 虾苗养殖

a. 虾苗的培育环境　育苗池应建于室内，呈方形或长方形，水深在1～1.5m，且水体应进行消毒等处理，以保证水质良好，还需使用EDTA对水进行消毒，以避免水中金属离子对幼苗生长产生危害。培育水温一般控制在28～32℃，盐度在25‰～35‰之间，溶解氧含量不得低于5mg/L。无节幼体的培育密度一般在15万～30万尾/m³。

b. 饵料投喂　蚤状幼体Ⅰ期和Ⅱ期阶段主要以投喂单细胞藻类为主，例如骨条藻、角毛藻和扁藻等。同时可配合筛网予以人工配制饵料。Ⅲ期阶段可投喂一些无节幼体。饵料应过200～300目筛后才可投入水中。糠虾幼体主要食物为轮虫、卤虫的无节幼体，也可使用虾片、藻粉以及一些人工配合饵料等。饵料须经150目筛方可投入喂养。仔虾时期适宜饲喂卤虫、轮虫等的无节幼体以及成虫。饵料应过60～120目筛，筛网目一般随着仔虾的成长而从目数大向目数小选择。

c. 虾苗日常管理　定期检测水质情况，严格监测水质，水的温度、盐度、pH值、溶解氧等各项指标均应控制在适宜的范围内。根据幼体所处的生长阶段定时进行加、换水，同时注意控制水质各指标应在加、换水前后保持一致，避免培育水温骤升或骤降。定期检查幼体的健康状况，包括外观、形态、活力、胃肠情况等。严格筛选健康亲虾；严格管理水质、养殖密度等生长环境，对养殖使用的工具、设备等进行定期消毒；投喂营养丰富的饵料帮助增强幼苗免疫力，并且可予以具有免疫抗菌作用的中药来帮助提高幼苗的抗病能力。若虾苗患病，应当将其隔离，并根据患病情况选择适合的药物治疗方案。建立养殖档案，及时记录养殖信息；不断学习养殖相关知识，完善和提升养殖水平。

8.2.2.2 虾的饲养管理

(1) 虾养殖场设计与规划

由于对虾的特殊性，它既可以在海水中养殖，也可以在咸淡水中养殖，经过人工淡化苗种后，其又可以在纯淡水中养殖。因此，对虾的池塘养殖是非常重要的一种养殖方式。

① 养殖场的选择　养殖场是生产对虾的主要场所，养殖场地的选择、规划、设计合理与否，直接关系到对虾养殖的投资、产量、成本和经济效益等实际问题。因此，场地的选择，应根据对虾生活习性和要求而进行周密的调查和勘测。建塘设计要区分在海水区还是淡水区养殖，主要设计内容包括虾塘潮间位置确定、塘池形状、大小和深度；建闸、筑堤和开沟的方式；进排水系统，以及抗浪等设施。

对虾养殖池塘的设计必须从全局出发，全面考虑虾场整体布局的合理性与协调性。通过修建完善的引水渠道、配置高效的水泵提水设备，并结合科学的进排水系统，确保虾塘具备合理的地形结构、适宜的水深、充足的换水能力以及必要的提水设备，这些都是实现高产养殖的基本保障。

② 池塘的规划

a. 虾塘的大小与形状　对虾养殖池塘的面积一般在 20～40 亩，最大不宜超过 50 亩。虾塘的形状通常是长方形或长条形为好。一般长方形虾塘的长、宽之比为 5∶3 或 3∶2，池塘坡比为 1∶(2.5～3.0)。以东西长、南北短为好，适当比例的长条形虾塘有利于提高换水效率。

b. 虾塘的深度　从沟底到水面的深度以 1.5～2m 为宜，一般沟深约 60cm。池堤顶宽 2～3.5m，堤顶高出设计水位 0.8m。虾塘稍深一些可增大水体容积，降低光线强度，也可保持水体环境的相对稳定。但不要太深，否则底部水体交换较差，池水不易排空，建塘工程增大，造价也会高些。

c. 塘底　虾塘的塘底为泥沙土质，淤泥厚 10cm 以下，保水性能好，如果塘底淤泥过多，要先干塘清除过多淤泥。底部应该平坦并略向排水一侧倾斜，便于清塘和收虾时排干池水，池底最低处设置 2m×2m×1m 的集虾坑，以便于清塘捕捞。

d. 进排水系统　一个虾塘群体应有独立的进排水系统，进排水的大闸分设于临海大坝的两端，两闸不宜太近，以免新旧海水混杂。进水闸宽度 1.0～2.0m，闸顶应高出进水渠能达到的最高水位 0.2～0.4m。排水闸亦兼作收虾用，闸宽与进水闸相同。闸底高度要低于池内最低处 20cm 以上，以便能排尽池水。闸室设三道闸槽，由内向外安装防逃网、闸板和收虾网。在排水闸内侧，可加设半径为 3～5m，网目为 0.8～1.2cm 的挡网，以防止排水时对虾被逼在网上。

e. 蓄水池　蓄水池面积可在 1 亩左右，最好能高于养殖池 1m 以上。其作用是使对虾发病季节虾池所换海水能经过预先消毒处理，或当海区有赤潮发生，不能从海区进水时，使虾池能进行内部换水。

f. 消毒　新建的池塘，先进水浸泡，然后进行药物消毒；改造老塘养虾时，先干塘暴晒 20～30 天，彻底清除淤泥和杂草再进行消毒。消毒药物常用生石灰、二氧化氯或茶子饼等。

放苗前 10～15 天时，先给虾塘进水，水深约 50cm，然后施以发酵好的有机肥和微生物制剂培养基础饵料。同时，施尿素和过磷酸钙，使塘水透明度在 25～30cm，水色呈茶褐色或黄绿色。对于纯淡水的池塘，在放苗前1～2天用食盐或海水晶调整池水的盐度。每亩撒投盐和海水晶150～200kg，以便放养的虾苗尽快适应环境，提高养殖成活率。购买的虾苗一般都处于幼体阶段，淡化程度不够，对环境适应差。因此，应建立暂养池让虾苗渐渐适应环境。无暂养条件时，可在虾池设置塑料箱作为进一步淡化和缓冲水质条件差异的暂养箱，也可用农膜拦截虾池的一部分，再局部进行调水，逐渐使虾苗适应全池水质。

(2) 放苗

① 暂养池的消毒和水质调整　使用残留较小或没有毒素残留的新型消毒剂进行池塘消毒，常用消毒剂有纳米碘、二溴海因等。然后用60目以上的筛网过滤，注进水深50cm，用卤水、工业盐调整暂养池水盐度后，用少量虾试水确认安全后，即可放养虾苗。

② 缓苗　在自然条件下养殖，当水温达18℃，稳定在16℃以上时方可放苗。虾苗运回后，先将虾苗袋放进暂养池里，轻轻地翻动袋子，同时用瓢子取水"浇淋"袋子，稍后，将一大塑料盆置于暂养池水面上，并装进少许池水，将虾苗慢慢地随水倒进盆子里，这时还要用瓢子陆续加入池水、排出盆水。片刻，将盆子的一边慢慢地提起让虾苗缓缓流入池水中。虾苗下池完毕，应及时适度加大增氧量。

③ 放养密度　粗养时，放养密度为1.5万～2.5万尾/亩；精养时，放养密度为5万～6万尾/亩，条件好的精养池放养密度为8万～10万尾/亩，工厂化养殖放养密度为20万～50万尾/亩。

④ 饲喂　放苗后，即可投喂对虾专用饲料。饲料投饵量为每万尾虾苗每次投5～10g，每天4～5次，每两天递增投饵量20%。

(3) 淡化养殖管理

① 基础生物饵料及调控水色　基础饵料繁殖培养多采取增温肥水、保温促饵的方法，需用活水素（微生物肥料）、过磷酸钙或经发酵的鸡类等肥料肥水，或移植沙蚕、卤虫、贝类、海藻和光合细菌等也是切实可行的好办法。水色宜调成浅绿色或黄绿色。

② 投饵管理　投饵场所应该根据对虾的活动习性而定，小虾时期对虾多在池塘边浅水域活动，随着对虾的成长对虾逐渐向深水区移动。切忌在中心沟等深处投饵，因为2m以上的深水区氧气不足，对虾很少在深水区觅食和栖息。为了提高饲料的利用率，减轻残饵对池水的污染，加快对虾的生长速度，养成中后期可增加投喂次数，夜间投饵量占日投饵量的60%。

③ 水质管理　养殖过程中要保持基础饵料充足和池内生物群落相对稳定，尽量减少由于水环境的变化对虾苗的刺激和饵料不足影响其生长，要根据水色和生物量的变化及时施肥和加水。养殖前期水体呈黄绿色，可施过磷酸钙、微生物肥料肥水，中后期若池水过肥，藻类太多，水色过浓，可用藻菌清杀大部分藻类或用清水素（枯草杆菌），澄清水质。

养殖期间做好水质指标监测，使用物理、化学手段使养殖环境处于较佳状态。每天应对池中的溶解氧、pH值、氨氮、亚硝酸盐进行监测，后三项指标池中变化幅度大，对对虾生长影响大。pH值应控制在7.8～8.6之间，通常使用全池泼洒生石灰的办法或使用降碱酶、明矾来调节pH值。氨氮、亚硝酸盐含量偏高，可全池泼洒沸石粉、食盐来减少二者的毒性。

养殖中后期由于对虾排泄物的沉积、残饵以及浮游生物的代谢分解等，使池底水质严重恶化，氨氮、甲烷、硫化氢、二氧化硫等有毒气体浓度升高，甚至严重超标，对虾的生长受到极大的影响，对病害的抵抗力下降，容易感染疾病，建议施用清水素0.25mg/kg或光合细菌 2～5mg/kg 或芽孢杆菌 0.5～1mg/kg 等有益生物制剂净化池底，也可施用沸石粉、生石灰等吸附。

养殖前期（1 个月）只添水，不换水，每次添水 5～10cm，加注的新水要经过充分曝气，最好经过贮水池沉淀、消毒后再加入池中。养殖中后期视水质情况换水，每次换水量不超过 20%。

④ 日常管理　为了掌握虾情动态必须坚持巡池，每天不应少于四次，至少每天早、晚、午夜必须巡塘，做好水质、饵料消耗、虾体状况、池底颜色、添漏水情况、池内鱼害情况记录，发现问题应及时妥善处理。观察虾生长情况可在夜间用手电筒定位观察、定置网观察。灯光可观察数量，定置网可观察摄食生长情况。具体的做法是定置网下在投饵区，网上撒投料的密度与周围的密度相同，过 2h 提起，观察所剩料及排泄粪便的情况，以便观察投饵量的大小及消化吸收情况。

（4）收获

认真检查对虾的生长现状和养殖水体生物负载能力，了解气候情况后，准备收虾工具，做好市场调查，落实销售对象。收获可采取闸门挂网的方式一次性收获，也可采用定置网具分期收获。当寒潮侵袭、气温突变时不收获；水质变劣，污染严重时应尽早收获；虾蜕壳当天不收获；停长或出现病灶时突击收获，收获的虾要尽快包装。

8.2.3　虾常见疾病防治

8.2.3.1　烂鳃病

本病由多种弧菌、真菌大量繁殖而引起。虾感染后导致黑鳃。池底积污严重、池底含铁离子和铜离子较高、池底酸性较大都容易诱发此病。病虾鳃丝呈灰黑色，严重时鳃尖端溃烂、脱落，鳃丝坏死失去呼吸机能，导致对虾吃料减少，病重的虾浮于池边水面，游动缓慢，反应迟钝，特别在池中溶解氧含量不足时，病虾首先死亡。

预防措施：平时注意保持养虾池的良好水质，及时清除池中的残饵、污物，合理控制放养密度，改善进排水条件，保证一定含量的溶解氧。虾一旦发病，要立即换水，尽量排去底层水。同时，投喂氟苯尼考、维生素 C、大蒜、鱼油等"药饵"。

8.2.3.2　红体病

别名为桃拉病毒病，由桃拉病毒感染引起，有急性和慢性两种表现。体长 3～6cm 的虾易发生急性感染，死亡率较高，而体长 8～9cm 的虾易发生慢性感染，死亡率相对较低。急性期，病虾发病初期尾柄色泽变红，随后红色范围逐渐扩大至整个腹部，最后影响到头胸部，病虾在水平面缓慢游动，离水易死亡。慢性期，病虾壳表面出现多重损坏性黑斑。

预防措施：平时优化改良池塘环境，增强对虾自身免疫能力；在放苗、除野、起捕等操作过程中动作要轻，带水作业，虾体不要叠压。病虾可采用抗病毒药、抗生素、免疫多糖、复合维生素、大蒜、鱼油等拌料投喂治疗。同时，用聚维酮碘或二溴海因全池消毒。

8.2.3.3　红腿病

别名红肢病，由副溶血性弧菌感染造成。病虾附肢变红，游泳足更加明显，头胸甲的鳃区呈黄色或浅红色，病虾多在池边慢游，厌食。壳变硬，肝胰腺和心脏颜色变浅，轮廓不清，甚至溃烂或萎缩。游泳足变红是红色素细胞扩张的结果；鳃区变黄呈黄鳃是鳃区甲壳内表皮中的黄色素细胞扩张的结果。

预防措施：对虾放养前要彻底清塘，应经常泼洒石灰调节酸碱度和消毒，定期向养殖水体泼洒光合细菌或芽孢杆菌及池底改良活化素，以保持良好的水质；少投或不投喂活饵料，投喂全价配合颗粒饵料。发现病虾，立即换水和强力增氧，改良水质。同时，用超碘季铵盐或溴氯海因进行水体消毒，也可泼洒漂白粉。

8.2.3.4 白斑病

细菌、真菌、饵料霉变、维生素C缺乏都可引起本病。病虾在池边缓慢游动，反应迟钝，不摄食；附肢变红色，头、胸甲的鳃区呈黄色，头胸甲壳上有明显的白色或暗蓝色圆点，严重时腹节甲壳也有白色斑点。发病后期虾体皮下、甲壳及附肢都出现白色斑点。病虾多死于深水中。

预防措施：平时用生物制剂调节水质，发现虾病后及时清除死虾，防止交叉感染。同时，用抗病毒、抗病菌类药物治疗，也可用亚甲蓝与福尔马林混合溶液药浴。

【本章小结】

本章以肉鸽与虾为例介绍了肉用特种经济动物养殖，围绕其形态特征、生物学特征、品种、繁育技术、饲养管理等方面展开详细介绍。内容强调科学管理与技术应用，助力高效养殖与产业可持续发展。

【复习题】

1. 肉鸽的生活习性中，哪几点对饲养管理具有重要影响？
2. 分析纯种繁育和杂交繁育的优缺点，并比较它们在肉鸽生产中的应用。
3. 探讨在肉鸽繁育中如何进行选配，以确保生产性能和遗传多样性。
4. 如何配制肉鸽的保健砂？请列举保健砂中常用的几种原料及其作用。
5. 论述肉鸽疾病防治中环境控制和消毒的重要性及具体措施。
6. 选择亲虾时需要注意哪些特征？
7. 分析亲虾培育环境的各项要求（如水质、温度、盐度、光照等）对繁育过程的影响。
8. 南美白对虾的产卵池应满足哪些条件？
9. 讨论饲喂管理在对虾养殖中的重要性及其实施要点。
10. 论述水质管理在对虾养殖中的作用，并描述常见的水质问题及其解决方法。

（张瑜娟，戴立上）

第9章

观赏用动物养殖

孔雀在动物学分类上属于动物界脊索动物门鸟纲鸡形目雉科鸟类，俗称凤凰、越鸟、南客等。孔雀，作为一种具有悠久历史和丰富文化内涵的特种经济动物，是吉祥、善良、美丽、华贵的象征，其经济价值一直备受关注。

孔雀肉质细嫩，营养丰富，蛋白质含量高，脂肪含量低，是一种高蛋白、低脂肪的野味珍品。孔雀肉的药用价值在《本草纲目》中已有记载，具有滋阴清热、平肝息风、软坚散结等功效。在观赏方面，孔雀独特的开屏造型和绚丽羽毛吸引了无数观赏者。孔雀羽毛还可制作成各种装饰品和标本，具有较高的艺术价值和收藏价值。

9.1 孔雀的生物学特性

9.1.1 孔雀的品种

孔雀一般分为绿孔雀、蓝孔雀及杂交变异孔雀等。

(1) 绿孔雀

绿孔雀，学名为爪哇孔雀，为我国云南省西部、中部和南部特有的珍稀鸟类，已被列为国家一级保护动物。在古代，绿孔雀的分布范围曾广泛覆盖从中原至岭南的广大地域。考古发现，由河南南阳淅川县下王岗遗址出土的距今约 4000 年的绿孔雀遗骨，为这一历史分布提供了实物证据。

绿孔雀作为雉科鸟类中体型最大的一种，其成年雄鸟体重通常在 7～8kg 之间。在形态上，雄鸟全长约 140cm，雌鸟则相对较短，全长约 100cm。头部具有显著竖起的冠羽，颈、上背及胸部羽毛呈现出明亮的绿色光泽。雄鸟的体羽主要为翠蓝绿色，下背部则闪烁着紫铜色的金属光泽（图 9-1）。

绿孔雀最为显著的特征之一是其尾羽，这些

图 9-1 绿孔雀

尾羽延伸形成尾屏，长度可达 1m 以上，由百余枚羽毛组成。尾屏上分布着由紫、黄、蓝、绿等多种颜色构成的眼状斑纹，形成了一道独特而绚丽的风景线。当雄鸟进行求偶展示时，展开的尾屏显得异常艳丽、光彩夺目。

相较于雄鸟，雌鸟的羽色主要以褐色为主，带有一定的绿色辉光。此外，雌鸟并不具备雄鸟那样的尾屏，这一差异在求偶行为中起到了重要的作用。绿孔雀作为我国唯一的本土原生孔雀，不仅具有极高的生态价值，同时也承载着丰富的文化内涵，自古便有"百鸟之王"的美誉。

图 9-2　蓝孔雀

(2) 蓝孔雀

蓝孔雀又名印度孔雀，是印度的国鸟，主要分布在印度和斯里兰卡，属于非保护动物（图 9-2）。除了常见的蓝孔雀形态外，还有两种突变形态，即白孔雀（图 9-3）和黑孔雀。此外，还有蓝孔雀与白孔雀或黑孔雀的杂交品种（图 9-4）。在人工养殖环境中，蓝孔雀是主要的养殖对象。

图 9-3　白孔雀　　　　　图 9-4　蓝孔雀和白孔雀杂交后代

9.1.2　孔雀的生物学特性

(1) 形态特征

雄蓝孔雀全长约 180cm（包括尾羽），雌孔雀约 100cm。雄性体重约 5kg，雌性约 4kg。雄蓝孔雀羽毛鲜艳美丽，体羽翠蓝绿色，下背闪紫铜色光泽，头顶有一簇直立的羽冠。成年雄蓝孔雀嘴部呈灰色，面部呈黄白色，颈部羽毛纯蓝并带有光泽，具有 150cm 长的覆尾羽，覆尾羽上有大而呈金属光泽的眼状斑。

雌性蓝孔雀的羽色主要以褐色为主，带有淡绿色辉光。成年雌性蓝孔雀羽毛以灰色为主，颈部背侧羽毛灰黑相间，腹部羽毛灰黄色，胸腹部羽毛灰白色。与雄性不同，雌性蓝孔雀没有延长的覆尾羽。

幼孔雀的冠羽簇为棕色，颈部背面为深蓝绿色，羽毛松软，有时出现棕黄色。

蓝孔雀的双翼相对不发达，限制了其飞行能力。即使飞行，其高度通常不超过 10m，且下降速度较慢。然而，蓝孔雀的双腿肌肉强健有力，奔跑时速度极快，逃窜时多表现为大步飞奔。

(2) 生活习性

① 栖息性　蓝孔雀喜欢温暖干燥的环境,对炎热潮湿的气候并不适应。蓝孔雀栖息于海拔2000m以下的开阔稀树草原或有灌丛、竹丛的开阔地带,在−30~45℃都能正常生长。蓝孔雀喜欢沙浴、登高栖息。光照直接影响蓝孔雀的活动能力,光由弱到强,蓝孔雀的活动能力加强,相反活动能力减弱。黑夜时,蓝孔雀完全停止活动,登高栖息。在野生环境中,蓝孔雀通常在早晨从树上下来,开始活动觅食,中午温度升高时回到树上静栖,或隐蔽于林中的阴凉处,下午温度稍降后又下树活动觅食,直到傍晚上树栖息。

② 集群性　蓝孔雀的集群性很强,一般不单独行动。即便刚出生的蓝孔雀,一旦离群就叫声不止。在野生或家养下,雄蓝孔雀自然选择配偶,多见一雄蓝孔雀与3~5只雌蓝孔雀结伴活动。雌雄蓝孔雀在一定活动区域内共同觅食和栖息。

③ 杂食性　蓝孔雀为杂食性,但仍然以植物性饲料为主,主要包括浆果、谷物种子以及草籽等,并可捕捉昆虫、蛙类、蜥蜴、蝗虫、蟋蟀等小动物。在人工饲养条件下,可采食专门为它们配制的配合饲料。

④ 争斗性　在群养条件下,尤其在蓝孔雀繁殖期间,雄孔雀经常因为争夺配偶而发生剧烈争斗,这种争斗常伤及雌孔雀。

⑤ 行动敏捷　蓝孔雀拥有强健的腿部和出色的奔跑能力,有一定高飞能力。在繁殖季节,雄孔雀通过"开屏"展示求偶行为,雌孔雀也能用喙吻雄孔雀的头、脸部,以示回应。

⑥ 应激性　蓝孔雀天生胆小,对突如其来的声响、动作、物品都保持警觉性,如出现应激反应,蓝孔雀会发生惊叫、逃跑等群体骚动现象。

⑦ 认巢性　雌雄蓝孔雀认巢的能力都很强,并能很快适应新的环境,自动回到原处栖息。但与此同时,一旦形成一个群体,这个群体则拒绝新蓝孔雀进入,一旦新蓝孔雀进入便会出现长时间的争斗,特别是雄蓝孔雀争斗更为激烈。

⑧ 叫声　雄孔雀"哇—哇"声拖腔长,与老鸦的叫声相似。

⑨ 性成熟迟　22月龄开始性成熟。

⑩ 寿命长　孔雀的寿命为20~25年。成年孔雀每年8~10月份换羽,10月份以后大部分孔雀羽毛已换齐全,雄孔雀尾屏因个体差异一般要到11~12月份才能长齐。

(3) 繁殖习性

蓝孔雀的性成熟期在22月龄,雄孔雀的性成熟期早些。野生蓝孔雀,每年春季开始繁殖,多选择在山脊和阴坡草丛灌木之间的低凹处筑巢。一旦进入繁殖期,雄孔雀会频繁展示

其绚烂的尾羽(图9-5),向雌孔雀展示爱意,进行求偶。雄蓝孔雀从早上6:00即有开屏,雄蓝孔雀对雌蓝孔雀展示华丽的覆尾羽,并步步靠近雌蓝孔雀,当雌蓝孔雀已进入产蛋期即进行交配。

雌孔雀处于发情期时,就采取下蹲姿势,此时雄孔雀则跳到雌孔雀的背上进行交配(图9-6)。雄蓝孔雀用嘴啄住雌蓝孔雀颈部羽毛,同时放下

图9-5　繁殖季节雀舍内雄蓝孔雀竞相开屏现象

尾羽，两脚不断地蹬踩雌孔雀的背部，身体后部有明显抖动。雌孔雀则会散开尾羽，接受雄孔雀的交配。雄雌生殖器对接达到成功交配，整个过程持续 5～10s，交配后各自离去。

　　蓝孔雀的繁殖季节为每年的 3～8 月份，产蛋高峰集中在 5 月份。产蛋前 2h 内，雌蓝孔雀很不安静，频繁来回走动。一般每隔 1 日产 1 个蛋，多选择在早晚时段进行产蛋。每窝产蛋的数量在 4～8 个，一年可产 20～30 个。蛋为椭圆形，颜色为淡褐色、黄色或白色，蛋重 95～100g，蛋形指数 1.30～1.33。蓝孔雀有抱窝性，雌蓝孔雀负责孵蛋（图 9-7），孵化期为 27～30 天。

图 9-6　蓝孔雀交配

图 9-7　雌蓝孔雀孵蛋

9.2　孔雀的繁育及饲养管理

9.2.1　孔雀的繁育

9.2.1.1　蓝孔雀的配种与受精

（1）配种

为了确保种群的健康和多样性，一般选择健康、羽色鲜艳、脚力强劲且趾不弯曲的蓝孔雀个体。蓝孔雀可根据外貌特征、体重、生长发育、产蛋量和孵化率等性状组建优良的种蓝孔雀育种群。为了防止近亲交配，可以向不同单位引进具有不同血统的种蓝孔雀。

　　野生状态下，孔雀一般以 1 只雄孔雀为中心组成一个小群体，其中 3～5 只雌孔雀，有时还带着仔孔雀。人工饲养条件下，采用增加光照的方法可使孔雀的性成熟提早到 15 月龄，开产时体重接近或等于成年体重，约为 6kg。如采用人工孵化技术并加强雌孔雀营养，则可大大提高受精率和孵化率。

（2）配种方法

在人工饲养条件下，蓝孔雀的繁殖期往往可提前和延长。雌蓝孔雀交配 15 天后开始产蛋，为此要在角落处挖一沙坑，放好沙供其产蛋用。并及时拣蛋，避免蓝孔雀产生抱窝行为。

　　① 大群配种　按雄雌 1∶（4～6）的比例将种雄蓝孔雀放入雌孔雀的群体内，任其自由交配。繁殖期间，发现因争斗伤亡或无配种能力的雄蓝孔雀可随时挑出来，不再补充新的种雄蓝孔雀。

② 小群配种　一只雄蓝孔雀、4～6只雌蓝孔雀放养在同一栏舍内饲养并配种。

③ 个体控制配种　将雄蓝孔雀单独养在配种栏舍内，将雌蓝孔雀养在另一栏舍内，每天抓一只雌蓝孔雀放在栏舍内配种，雌蓝孔雀每5天轮回一次，以保证受精率。

(3) 提高受精率的措施

① 精选种孔雀　选择健康、优质的雄蓝孔雀留作种用。

② 雄雌蓝孔雀配种合群的时间要适宜　雄雌蓝孔雀若合群过早或过晚，都会影响交配。适宜的合群时间是经产雌蓝孔雀群在4月中旬，初产雌蓝孔雀群在4月末放入种雄蓝孔雀。正式合群配种前可以试放一两只雄蓝孔雀进入雌蓝孔雀群，观看雌蓝孔雀是否接受交配，以确定合群时间。

③ 雄雌配比要适当　蓝孔雀的雄雌配比对种蛋受精率有很大影响。如果雄蓝孔雀比例高，争斗严重；反之，雄蓝孔雀比例低，发情的雌蓝孔雀易被漏配。雄雌蓝孔雀以1：（4～6）为适宜。配种过程中随时挑选出因争斗伤亡和无配种能力的雄蓝孔雀，且不再补充种雄蓝孔雀。

9.2.1.2　种蛋的管理

种蛋的管理包括种蛋的选择、贮藏、消毒和运输。

(1) 种蛋的选择

种蛋必须来源于非疫区、健康且高产的蓝孔雀群。蛋重以95～100g为最佳，过轻或过重的蛋均不宜作为种蛋使用。蛋面必须保持洁净，新鲜种蛋的壳面应光滑、无斑点、无污点，并富有光泽。应避免使用水洗或畸形、沙壳、有裂纹的蛋。

种蛋的新鲜度也是关键，一般来说，孵化用的蓝孔雀蛋以产出后10天内的为宜。若无法立即孵化，可将其存放于清洁的容器中，置于温度15～16℃、相对湿度70%～80%的环境下，保存期限不超过一周。

照蛋时，如果发现散黄、蛋黄表面有血丝、蛋内容物变黑、气室歪斜或血肉斑等异常情况，则这些蛋都不适合作为种蛋使用。

(2) 种蛋的贮藏

在准备贮藏种蛋时，首先要确保种蛋存放在一个清洁、阴凉、通风良好的房间内。在存放之前，对贮藏室进行熏蒸消毒是必不可少的步骤，以确保环境的卫生。种蛋的贮存时间应控制在7～10天之内，以免对孵化率产生不利影响。

贮藏温度需要根据贮存时间的长短来调整。如果贮藏时间不超过一周，最适宜的温度范围是13～16℃；如果贮藏时间为1～2周，那么应将温度调至12℃；而当贮藏时间超过两周时，应将温度设定为10℃，以确保种蛋在最佳状态下保存。

同时，贮藏室内空气的相对湿度也至关重要。通常，相对湿度应保持在70%～75%之间，以确保种蛋在贮藏过程中不会过于干燥或潮湿。可以使用滚筒式干湿温度计或电子湿度计等工具来准确测定相对湿度。

在码放种蛋时，应注意将大头朝上、小头朝下，并使蛋的长径方向与地面成45°角，这样的摆放方式有助于保持种蛋的稳定性和透气性，可减少破损和变质的风险。

(3) 种蛋的消毒

种蛋的消毒过程通常分为两个阶段，首次消毒在蛋产出后的2h内进行，第二次则在孵化前进行。在消毒方法上，有多种选择，如熏蒸消毒法、浸泡消毒法和照射消毒法等，其中以熏蒸消毒法和照射消毒法效果最佳。

9.2.1.3 种蛋的人工孵化

蓝孔雀，与家禽相似，是卵生动物，其繁殖过程涵盖体内成蛋和体外成雏两个阶段。而"孵化"特指这一过程中的体外成雏阶段。在人工养殖蓝孔雀时，孵化方式分为自然孵化和人工孵化两种。

自然孵化，适用于小规模饲养或产蛋初期蛋量较少的情况，是依赖亲鸟或其他鸟类进行抱孵，使受精蛋在自然环境中得到正常发育。例如，雌孔雀产蛋后，可以选择自行孵化。

人工孵化则是通过人为控制温度、湿度、通气和翻晾蛋等条件，为蓝孔雀的胚胎发育创造一个理想的环境。孔雀的孵化期为 26～27 天。目前，人工孵化的方法多种多样，包括机器孵化法、火炕孵化法、缸孵化法、桶孵化法以及热水袋孵化法等。值得注意的是，蓝孔雀种蛋的孵化条件和程序与家鸡相似，但在孵化期以及温度、湿度的控制上有所区别。下面重点介绍孵化器孵化法。

(1) 准备工作

蓝孔雀种蛋入孵前，为确保孵化过程顺利进行，需进行以下准备工作。

① 孵化机性能测试　提前 3～4 天测试孵化机性能，确保温度计、控温装置、警铃、抽风设备、报警系统、翻蛋系统、通风系统等均正常运行。在入孵前 1～2 天调整孵化机内的温度和湿度至适宜条件。

② 孵化室与孵化器消毒　入孵前一天，对孵化室及孵化器进行全面消毒，包括清扫、冲洗、喷洒消毒药水（如 3%～5% 来苏儿、1% 次氯酸钠溶液或百菌杀）和熏蒸消毒（使用福尔马林或高锰酸钾）。熏蒸后需散尽甲醛气体，以免对胚胎造成毒害。

③ 种蛋预热　若种蛋存放在低温环境中，入孵前需进行预热，以唤醒胚胎发育，减少孵化器内温度下降幅度，并去除蛋表凝结水。预热方法是在室温 25℃、相对湿度 65% 的孵化室内放置种蛋 12～18h。

④ 上蛋入孵　预热后的种蛋，待蛋表温度与孵化室温度相近时，即可进行码盘入孵。

(2) 孵化条件

孵化蓝孔雀种蛋的关键要素包括温度、湿度、通风换气和翻蛋。温度对孵化率和雏鸟健康至关重要，平面孵化器适宜温度为 38.5～39.5℃，立体孵化器为 37～37.5℃，出雏机则为 37℃，孵化室温度保持在 24～27℃。过高或过低的温度都会影响胚胎的正常发育和孵化率。变温孵化时，应遵循前期高、中期平、后期低的原则。湿度方面，应遵循"两头高，中间低"的原则，初期相对湿度为 65%～70%，中后期降至 55%～60%，出雏时提高到 65%～75%，以确保蛋壳变脆，利于雏鸟出壳。通风换气是确保孵化环境空气清新、氧气充足的关键，孵化前 8 天每天换气 2 次，每次 3h，之后应经常换气，尤其是在有雏鸟破壳时。翻蛋则有助于胚胎各部分受热均匀，防止粘壳。头 7 天每隔 0.5～1h 翻蛋 1 次，之后逐渐减少至每 3h 翻 1 次，出雏前 4 天停止翻蛋。

(3) 照蛋

照蛋是检查孵化条件并剔除无精蛋和死胎蛋的过程，通常在孵化期内进行两次。第一次在孵化后第 8 天进行，使用照蛋器或自制照蛋箱照蛋，以识别胚胎发育正常的受精蛋（血管鲜艳发红）、死胚蛋（颜色浅，无放射状血管）和无精蛋（发亮，无血管网）。第二次在孵化后第 22 天进行，此时将蛋转入出雏机，以识别活胚蛋（黑红色，气室倾斜，周围有粗大血管）和死胚蛋（气室周围无暗红色血管，边缘模糊）。

（4）落盘与出雏

蓝孔雀种蛋孵化至第 27 天需进行落盘，即将蛋移至出雏盘，停止翻蛋，增加水盘提高湿度以准备出雏。落盘后需调整温度和湿度，确保适当降低温度而增加湿度，保持水盘清洁以促进水分蒸发。出雏通常从第 26 天开始，需关闭照明灯以保持环境安静。雏蓝孔雀出壳后应待羽毛干透再取出，放入育雏室或箱中。出雏期间应减少照明，每隔 2h 捡雏一次，对于出壳困难的雏鸟可人工破壳协助。

9.2.2　孔雀的饲养管理

蓝孔雀的养殖阶段分为育雏期、育成期和繁殖期。

9.2.2.1　蓝孔雀育雏期饲养

蓝孔雀的育雏期是从出壳到 60 日龄。初生雏蓝孔雀需要温暖环境，并快速生长发育，因此需供应充足、优质的高蛋白质饲料。雏蓝孔雀对环境变化极为敏感，任何刺激都可能导致其情绪紧张，影响采食，所以需保持环境幽静和空气新鲜。

（1）育雏条件

① 温度　温度设为 34℃，之后每日递减 0.3℃，直至 20～30 日龄时与自然温度相符。雏孔雀对温度的反应明显，温度适宜时，它们活泼好动，食欲旺盛，羽毛光滑；温度过低时，它们会挤在热源附近，发出尖叫；温度过高时，则会远离热源，大量饮水。常见的育雏舍取暖方式包括保温伞、火炉、火炕、红外线和暖气等。随着养殖设备的发展，保温伞和暖气取暖设备更为完善，在实际生产中更为常用。

② 湿度　育雏前 10 天内保持相对湿度 65％左右，10 天后保持在 55％左右。加湿方法为放置水盘、湿沙盘等，减湿方法为加强通风、勤换垫料等。

③ 密度　一般 1～3 周龄，每平方米 12～15 只；3～10 周龄，每平方米 7～10 只；10～20 周龄，每平方米 6～8 只。20～60 日龄的雏孔雀，应从室内移到室外饲养，从每平方米 5～8 只降到每平方米 2～3 只左右。孔雀群不超过 30～40 只。

④ 通风　雏蓝孔雀个体小，但生长发育迅速，特别是在育雏后期，代谢机能旺盛，需要大量的氧气，因此要加强通风换气，保持空气清新，以确保雏蓝孔雀对氧气的需求。

⑤ 光照　蓝孔雀的性成熟与光照密切相关。雏蓝孔雀第 1 周需每日光照 23～24h，之后每周递减 50min，直至每日 8～9h。自然光照不足的饲养场需补充人工光照。避免过强光线以防啄癖。多层笼育雏需确保光照均匀。

（2）育雏方式

蓝孔雀为早成鸟，出壳后即可啄食。育雏方式分为室内和室外两种，1～20 日龄时主要采用室内育雏，包括地面育雏、立体笼育雏和育雏箱育雏等；而 21～60 日龄则结合室内外进行。

① 育雏箱育雏　使用 1.2m×0.8m×0.7m 的木质箱，上盖透气窗纱，底板垫 4cm 厚锯末。通过灯泡高度调节箱内温度。

② 地面育雏　根据条件选择水泥、砖、土地或炕面，铺设垫草饲养（图 9-8）。设置料槽、饮水器和供暖设备，可用围席或挡板分隔饲养，每区 30～40 只。随羽毛生长，逐渐去掉围席，保持垫草干燥，特别是饮水器周围。

③ 立体笼育雏（笼育）　使用竹木或金属制成 3～5 层叠式笼，每层笼高 50～60cm，宽 140～150cm，长度根据需要调整。笼内供暖可用电热或热水管。

图 9-8　地面育雏

（3）育雏准备

孔雀舍需确保保温效果，不透风，防漏雨且干燥。需检查房顶、墙壁、门窗、栅顶和墙角，确保无漏雨、裂缝、鼠洞或鸟巢。之后彻底清扫并密封门窗缝隙。

进雏前 2 周，需对蓝孔雀舍和育雏设备进行全面清洁消毒。随后，确保育雏室温度至少维持在 25℃。育雏用具主要为料槽和饮水器。雏孔雀进舍前，需根据营养需求和饲养量备好足够饲料，并准备好育雏室垫料，如稻草、麦秸、锯末等，长度约 10cm，厚度约 5cm，保持干燥、清洁、吸水性强。之后可改用细沙子作为垫料。

（4）育雏管理

① 雏苗选择　确保挑选体质健壮的雏蓝孔雀，关键指标为：精神饱满、活泼、反应灵敏，羽毛整洁，体格匀称，无残疾，且腹部柔软有弹性。

② 分群与转群　及时根据体质、品质、雌雄差异进行分群饲养，保证群体均衡增重。20 日龄后转至室外育雏间，增加孔雀活动空间。

③ 饮水管理　出壳后 3h 开始初饮，水温 16～20℃。保持不间断供水，并观察饮水量的变化，预防疾病。

④ 饲喂管理　雏蓝孔雀出壳后 3h 即可开食，用蒸熟的小米拌鸡蛋黄作为初食。随后根据生长阶段逐步增加动物性饲料和微量元素。饲料细度 1～1.5mm，增强适口性。前 10 天饲料中加入少量抗生素预防疾病。喂食次数根据日龄调整，使蓝孔雀保持旺盛食欲。

9.2.2.2　蓝孔雀育成期管理

育成蓝孔雀又称青年蓝孔雀。育成期为 61 日龄至成年（2 岁）前。作为肉用商品孔雀，饲养至 8 月龄时，体重可达 3～4kg，即可上市。

（1）饲养方式

饲养方式一般采用舍饲（图 9-9）。舍饲就是在育成期孔雀栏里养殖。栏舍设计需根据场地条件进行，应确保室内占 1/3 面积，室外运动场占 2/3 面积，地面铺设黄土或沙子。室外围网高度应达 5m，孔径不超过 2cm，以保障孔雀安全。室内外都需设置栖架，便于孔雀栖息。夏季若无树荫，可搭建凉棚以避暑。

(2) 育成管理

雏蓝孔雀在饲养阶段完成后，需转至育成蓝孔雀场或舍继续饲养，此转场称为第一次转群，最佳时间为7~8周龄。转群宜在凉爽时段进行，转群前需彻底清扫和消毒孔雀舍及其

图 9-9 舍饲

设备，确保环境安全。转群时，需淘汰病弱孔雀，减少病菌带入。同时，保持原先在一起的孔雀群体不变，以减少陌生感和啄斗。转群前后增加维生素C的供应，以减少应激，并施行24h连续光照保证采食和饮水。转群后，舍内应继续消毒。整个过程中，饲养管理需保持连续性和稳定性，避免环境突然变化。在转群前1~2周，应进行疫苗接种和驱虫处理。

① 密度与分群　随着孔雀成长，饲养密度应逐渐降低至每10m² 3只。孔雀群规模应控制在20~30只之间，并按强弱、大小及性别进行分群管理。雄孔雀与雌孔雀比例建议为1：(5~6)，以确保繁殖效率。

② 光照　开放式孔雀舍采用自然光照，而密闭式舍则需适当补充人工光照。育成孔雀光照强度维持5lx，60日龄至18月龄每日光照8h，不足体重者可延长至13~16h。18月龄后逐渐增加光照至14~16h，以促进性成熟和提高产蛋量。

③ 饲喂　每天喂两次全价颗粒饲料和青绿饲料，冬季添加胡萝卜等。饲料槽长度逐渐从每只孔雀5cm增加到8cm。每周补喂一次高粱粒大小的沙粒，促进消化。

④ 饮水　确保孔雀随时能饮用清洁水。

⑤ 日常管理　备好沙子供孔雀洗浴，保持环境安静和清洁干燥，及时清理粪便，消毒饲养用具。孔雀舍要通风良好，夏天尤其要确保空气新鲜。加强免疫和驱虫工作，确保孔雀健康。

(3) 肉用蓝孔雀的饲养管理

不适宜作种用的蓝孔雀等可作为商品肉用孔雀，饲养8个月后上市销售，经济价值高。肉用蓝孔雀需达到一定体重和肥度，以确保肉质鲜嫩。饲养方式可选地面平养或网上养殖，光照可自然或早晚补充2~3h，强度为5~10lx。密度建议每10m² 4~5只，网上饲养密度可适当增加。不间断供水，并定期检查加水。育肥要创造良好环境，采取两种肥育法：蛋白质充足时，快速肥育，保持食欲；不足时，分阶段肥育，先高蛋白质后增碳水化合物。

9.3　孔雀常见疾病防治

9.3.1　新城疫

新城疫是由新城疫病毒引起的一种急性、烈性、败血性传染病。主要发病特征是呼吸困难、腹泻、神经机能紊乱以及黏膜和浆膜出血。病孔雀和带毒孔雀是主要传染源，病原体污

染饲料、饮水用具等，可通过消化道和呼吸道而传染。各种龄期均有发病，死亡率很高。

（1）症状

本病分为最急性型、急性型和慢性型 3 种类型。最急性型表现为突然死亡，且无明显症状。急性型表现为羽毛松乱，精神不振，体温升高，食欲减退，腹泻，呼吸困难，出现神经症状，病程 2～4 天，最终衰竭死亡。慢性型由急性型转变而来，表现为进行性消瘦，麻痹，共济失调，最终死亡。部分康复孔雀可能遗留神经症状，失去饲养价值。

（2）诊断与防治

根据流行情况、症状和病变可初步诊断，确诊需在实验室进行病毒的分离鉴定和血清学试验检查。目前无特效药物，重在预防。如加强饲养管理，清洁消毒，推荐接种新城疫Ⅱ系疫苗。一旦发现病例，立即隔离，早期注射高免血清或抗体制剂有一定疗效。病死孔雀需无害化处理，饲养环境应彻底消毒。

9.3.2　沙门氏菌病

沙门氏菌病是一种急性败血性传染病，由多种沙门氏菌引起，主要传染源为病鸟和带菌鸟，可通过种蛋垂直传播。雏孔雀感染后死亡率极高，而成鸟多呈慢性或隐性感染。

（1）症状

幼孔雀感染后，症状包括羽毛松乱、精神不振、呼吸困难、体温升高、腹泻，最终可能衰竭死亡。慢性型则表现为食欲不振、生长发育不良、繁殖率下降。

（2）诊断与防治

基于流行情况、症状和病变可进行初步诊断，经实验室分离沙门氏菌及血清学检查可确诊。防治关键在于加强饲养管理、确保环境卫生和饲料饮水消毒。可使用呋喃唑酮、土霉素等药物进行预防和治疗。

9.3.3　链球菌病

链球菌病是由非化脓性链球菌引发的急性败血性或慢性细菌性传染病，主要传染源为病鸟和带菌鸟，通过消化道和呼吸道传播。饲养环境差、气候潮湿易诱发，幼孔雀发病较重。

（1）症状

最急性型基本无明显症状，突然死亡。急性型表现为食欲不振、口渴、精神萎靡、体温高达 43℃以上、频繁排粪（绿褐色或淡黄色水样粪）、呼吸困难，最终死亡。

（2）诊断与防治

基于流行情况、症状和病变可初步判断，确诊需进行实验室病原检查，可见短链状球菌，有荚膜，特定培养基上呈特定形态，能发酵多种糖类。

预防措施：加强饲养管理，保持清洁和消毒，隔离病鸟；饲料和饮水中加入维生素和补液盐。治疗可用抗菌药物（如氨苄青霉素、链霉素等），同时用磺胺二甲嘧啶拌饲料喂，连续治疗 1 周。

9.3.4　马立克病

本病由马立克病毒引起，主要感染鸡和野鸡，其他禽鸟如孔雀亦能感染。

（1）症状

病鸟精神不振，头颈低垂或歪斜，双肢无力，常蹲伏在地，不能行走，逐渐瘫痪。体温升高，食欲废绝，饮水减少，腹泻，排出白色稀粪，消瘦，病程 2～3 天，衰竭死亡。剖检可见神经水肿、增粗，肝脏肿大、坏死，脾脏肿大并有结节。

（2）诊断与防治

根据典型症状与病变可初步诊断，确诊需通过琼脂扩散试验与阳性血清反应。目前无特效药，需加强饲养管理，采取防疫措施，及时为雏鸟接种马立克病疫苗。发现疫情时，立即隔离、封锁并彻底消毒，对病死鸟进行无害化处理，并对相关场地和用具进行全面消毒。

【本章小结】

本章对孔雀的生物学特性、饲养管理、繁殖技术、疾病防治等方面进行了全面介绍，旨在为孔雀养殖业的发展提供科学指导和技术支持。

【复习题】

1. 详细描述蓝孔雀的繁殖习性及其繁殖过程。
2. 简述蓝孔雀在人工饲养条件下配种的三种主要方法，并说明每种方法的特点。
3. 列举提高蓝孔雀种蛋受精率的三个措施，并简要说明每个措施的作用。
4. 比较自然孵化和人工孵化在蓝孔雀繁育中的优缺点。
5. 论述雏孔雀育雏期环境管理的重要性及其对孔雀健康的影响。

（沈曼曼）

第10章

蛋用动物养殖

特种经济蛋用动物养殖指的是专门用于生产高附加值蛋类产品（包括鹌鹑蛋、鸵鸟蛋等）的农业活动。与传统的鸡蛋生产不同，这类蛋类产品在品质和价格上均有所不同。特种经济蛋市场价格较高，主要是因为其营养价值更丰富或口感更佳。本章以鹌鹑为例进行介绍。

10.1 鹌鹑的生物学特性

鹌鹑（*Coturnix coturnix*），简称鹑，属于鸟纲鸡形目雉科，是鸡形目中最小的一种禽类。家鹑由中国野生鹌鹑驯化培育而成，育成史仅百年左右。如今，家鹑养殖被视为早成熟、高产、高效益的特禽产业之一。自20世纪30年代以来，家鹑在日本、法国、美国、朝鲜等国迅速发展，全球饲养数量已达10多亿只。经过多年选育，培育了如日本鹌鹑、朝鲜鹌鹑、法国肉用鹑、美国法老鹌鹑等著名品种。我国在过去十多年中开始规模化饲养，目前已饲养近2亿只，位居全球首位，在我国鹌鹑是仅次于鸡、鸭的第三大养禽业。

鹌鹑产业在我国的发展始于20世纪30年代，由冯焕文首次引进日本鹌鹑并进行繁殖。20世纪50年代初，谢公墨再次引进日本鹌鹑，虽推广有限，但为鹌鹑的认知奠定了基础。20世纪70年代，借助上海、北京等专业鹑场的努力，我国引进了朝鲜鹌鹑，养鹑业有所起色。20世纪80年代初，法国肉用鹑的引进以及全国家禽育种委员会增设特禽专家组，推动了鹌鹑养殖的迅猛发展。同时，我国农业院校开设的相关课程，养鹑专业户的大量涌现，鹑产品加工厂的纷纷建立，也在鹌鹑养殖业快速发展中起到关键作用。目前，鹌鹑养殖是我国星火计划的重要推广项目，也是脱贫致富的理想选择。

10.1.1 鹌鹑的营养价值

鹌鹑肉质细腻鲜嫩，具有独特的芳香，营养成分全面，其蛋白质、钙、磷、铁等营养素的含量高于鸡肉，而胆固醇含量则较低。鹌鹑蛋口味细腻清香，营养价值丰富，必需氨基酸如赖氨酸、亮氨酸和苯丙氨酸含量较高，同时富含卵磷脂和维生素。鹌鹑蛋的胆固醇含量也低于鸡蛋（表10-1、表10-2）。

表 10-1 鹌鹑肉与鸡肉营养成分比较（每 100g 肉量）

类别	水分/%	蛋白质/%	脂肪/%	碳水化合物/%	灰分/%	热量/kJ	钙/mg	磷/mg	铁/mg
鹌鹑肉	73.4	22.2	3.4	0.7	1.3	514.4	20.4	277.1	6.2
鸡肉	74.2	21.5	2.5	0.7	1.1	464.4	11	190	1.5

表 10-2 鹌鹑蛋与鸡蛋营养成分比较（每 100g 可食部分）

营养成分	鹌鹑蛋	鸡蛋	营养成分	鹌鹑蛋	鸡蛋
水分/%	72.9	74.6	铁/mg	3.8	2.7
蛋白质/g	13.1	11.8	维生素 A/IU	1000	1440
脂肪/g	12.3	11.6	维生素 B_1/mg	0.11	0.16
糖/g	1.5	0.5	维生素 B_2/mg	0.86	0.31
热量/kJ	694.5	669.4	全蛋胆固醇/mg	674	680
钙/mg	72	55	蛋黄胆固醇/mg	1674	2000
磷/mg	238	210			

10.1.2 鹌鹑的生长发育特性

鹌鹑的生长周期短、成熟早，生产性能优良，饲料报酬高。蛋用鹌鹑在 40~45 日龄时开始产蛋，到 400 日龄时，平均年产蛋量达到 240~300 枚。雌鹌鹑的平均体重为 130~150g，蛋重约 10g，年产蛋量为体重的 20 倍。肉用鹌鹑在 40~45 日龄时体重可达 250~300g，为初生重的 25~30 倍。蛋用鹌鹑在 40 日龄时，每只需配合饲料 450~500g；肉用鹌鹑在 42 日龄时体重约 220g，仅需饲料 700g；成鹌鹑的日平均饲料消耗为 20~25g。

10.1.3 鹌鹑的体型与羽色

经过数十年的驯化和选育，家养鹌鹑在体型、体重、形态、羽色、生产性能、繁殖能力、适应性和行为等方面与野生鹌鹑大相径庭。由于培育目标的不同，家鹑的体型和外貌也因品种、品系、配套系等而异。例如，羽色方面，家鹑常见的羽色包括栗褐色（又称野生色）、黑色、白色、黄色及杂色。有色羽鹌鹑的羽毛由黄、黑、红三种色素混合而成；白色羽毛品种则因缺乏色素而呈现白色；杂色羽毛则多为杂交或返祖现象所致。鹌鹑体型小，在鸡形目中为体型最小的种类。肉用型鹌鹑体型大于蛋用型，雌鹌鹑体重大于雄鹌鹑，这在其他禽类中较为少见。鹌鹑的体型呈纺锤形，头部小，喙细长尖锐，无冠、髯、距，尾羽短而下垂。

10.1.4 鹌鹑的生活习性

① 残留野性 尽管鹌鹑经过百年驯化，仍保留一定的野性，如爱跳跃、快速移动、短距离飞行等。公鹑性格活跃，善鸣、好斗、胆怯，对强光敏感，喜欢温暖。鹌鹑进食频繁，饮用清洁水，对环境变化极其敏感，容易产生骚动、惊群、啄癖或啄斗行为。

② 性喜温暖 鹌鹑的生长和产蛋需要较高的温度。适宜的温度范围为 17~28℃，最佳产蛋温度为 24~25℃。初生雏鹌鹑体温为 38.61~38.99℃，比成年鹌鹑低约 3℃，至 8~10 日龄时体温与成年鹌鹑相当。雏鹌鹑对温度的敏感性高于雏鸡。

③ 性成熟早、生长快、生产周期短 鹌鹑从出壳到开产约需 45 天。公鹑在 1 月龄

开始鸣叫，45 日龄开始求偶交配。鹌鹑生长速度快于鸡，肉用鹌鹑在 40～50 天即可上市。

④ 孵化期短，繁殖力强　鹌鹑的孵化期为 16～17 天，一年可繁殖 3～4 代，理论上年繁殖后代总数可达 1000 只。

⑤ 产蛋力强　鹌鹑蛋的平均重量为 10～12g，占母鹑体重的 7%～8.5%；而鸡蛋为56g，仅占母鸡体重的 3%。鹌鹑的年产蛋数量高于鸡，平均为 270～280 枚（最高纪录为450 枚），年产总蛋重约 2.8kg，是母鹑体重的 20 倍，而高产蛋鸡的相应数据为 10 倍。因此，鹌鹑的蛋料比优于鸡。

⑥ 性情温顺而胆小　鹌鹑适合笼养，对外界刺激敏感，容易惊群，特别需要安静的环境。

⑦ 新陈代谢旺盛　人工饲养的鹌鹑运动和进食频繁，每小时排粪 2～4 次。成年鹌鹑体温为 40.5～42.0℃，心搏 150～220 次/min，呼吸频率随室温变化而大幅波动。

10.2　鹌鹑的品种与繁殖

10.2.1　鹌鹑的品种

经过百余年的驯化与培育，现已形成 20 多种专用的家鹌鹑品种。这些品种可分为蛋用和肉用两类。蛋用鹌鹑以日本鹌鹑为主，肉用鹌鹑则以美国金黄鹌鹑和澳大利亚鹌鹑较为著名。

(1) 蛋用品种

① 日本鹌鹑　日本鹌鹑（图 10-1）是全球著名的蛋用鹌鹑品种，也是最早育成的家鹌鹑品种之一。该品种由日本的小田厚太郎于 1911 年利用中国野生鹌鹑进行育种，经过 65 年的改良，形成了现在的"日本改良鹑"。目前，它主要分布于日本、朝鲜、中国、印度和东南亚，且已有新的品系引入欧美鹑种血统。

日本鹌鹑体型较小，成年雄性体重约 100g，雌性体重约 140g。它们性成熟较早，在限饲条件下，雌鹌鹑可在 6 周龄左右开始产蛋，平均蛋重为 10.5g，年产蛋量为300 枚以上，最高可达 450 枚，年平均产蛋率为 75%～85%。种蛋的受精率较低，通常为 60%～80%。初生雏鹌鹑体重为 6～7g，对环境温度和饲料蛋白质要求较高。适宜的环境温度为 20℃ 以上，若温度高于 30℃ 或低于10℃，产蛋量将下降。20 世纪 30 年代和 50 年代，中国曾从日本引进该品种，目前在上海、北京等地仍有饲养，

图 10-1　日本鹌鹑

但性能有所退化。现存数量较少，在我国鹌鹑养殖中占比较小，覆盖面有限。

② 朝鲜鹌鹑　朝鲜鹌鹑（图 10-2）由朝鲜引进日本鹌鹑进行培育，体重较日本鹌鹑略大，羽色基本相同。我国于 1978～1982 年引进了朝鲜鹌鹑的龙城系和黄城系，经过观察，龙城系的生产性能较佳。龙城系鹌鹑体型较大，成年雄鹌鹑体重 125～130g，雌鹌鹑约150g，具有生长快、性成熟早的特点。年产蛋量平均为 270～280 枚，蛋重较大，11.5～

12g，蛋壳色斑与日本鹌鹑相似。该品种的肉用性能也优越，35～40日龄的仔鹌鹑体重可达130g，屠宰率超过80％。

目前，朝鲜鹌鹑在我国鹌鹑养殖中占据主要地位。北京市种禽公司种鹌鹑场通过多年封闭培育，显著提升了其均匀度和生产性能。这一品种因适应性强、生产性能优良，在我国鹌鹑养殖业中占有重要地位，覆盖面广泛。

③ 中国白羽鹌鹑　中国白羽鹌鹑（图10-3）由北京市种鹑场、南京农业大学和中国农业大学于1990年联合育成。体型略大于朝鲜鹌鹑，成年雄性体重145g左右，雌性体重170g左右。其育成基于朝鲜鹌鹑的突变个体——隐性白色鹌鹑，经过7年的反交、筛选、提纯和推广，最终定型。初生雏鹌鹑体羽浅黄色，背部有深黄色条斑，初级换羽后羽毛变为纯白色，背线和两翼有浅黄色条斑。眼睛呈粉红色，喙、胫、脚为肉色。基因检测表明，该品种的白羽特性由隐性基因控制。中国白羽鹌鹑在45日龄时开产，年平均产蛋率为80％～85％，年产蛋量为265～300枚，蛋重在11.5～13.5g，料蛋比为3∶1。

图10-2　朝鲜鹌鹑

图10-3　中国白羽鹌鹑

④ 自别雌雄配套系（图10-4）　北京市种禽公司鹌鹑场与南京农业大学在培育隐性白羽纯系过程中，经过13批次试验，确认该白羽纯系含有隐性基因，并具伴性遗传特性。具体表现为：白羽雄鹌鹑与栗羽朝鲜雌鹌鹑或法国肉用雌鹌鹑配对时，其子代的雌雄可以通过胎毛颜色区分，鉴别准确率达100％。这是国内首次发现隐性、伴性白羽鹌鹑，而国际上仅美国和法国有显性、不能自别雌雄的白羽鹌鹑。

图10-4　自别雌雄配套系

在中国白羽鹌鹑纯系雄鹌鹑与栗羽雌鹌鹑配对杂交时，子代羽色（初生雏胎毛）可用于性别区分：浅黄色（初级换羽后为白色）为雌性，栗羽为雄性。自别雌雄配套系的问世对生产、科研和教学具有重要的经济和学术价值。

（2）肉用品种

① 法国肉用鹌鹑　又称法国巨型肉用鹌鹑，由法国鹌鹑育种中心培育，是一种知名的大型肉用鹌鹑品种。其体型庞大，体羽主要为灰褐色和栗褐色，夹杂红棕色的直纹羽毛，头

部为黑褐色，头顶有三条淡黄色直纹，尾羽较短。雄鹌鹑的胸部羽毛呈棕红色，雌鹌鹑则为灰白色或浅棕色，并带有黑色小斑点。初生雏鹌鹑的胎毛为栗色，背部有三条深褐色条带，色彩鲜明且有光泽，头部的金黄色胎毛在 1 月龄后逐步脱换。

法国肉用鹌鹑生活力强，适应性好，饲养周期约为 5 个月。6 周龄时，雄鹌鹑体重约 240g，4 月龄时体重达到 350g。年平均产蛋率为 60%，孵化率为 60%，蛋重 13～14.5g。肉用鹌鹑在 45 日龄时屠宰，0～7 周龄的料耗为 1000g（包括种鹌鹑的料耗），料肉比为 4:1（包括种鹌鹑的料耗）。

② 美国法老肉用鹌鹑　该品种是美国新近育成的肉用型品种。成鹌体重约 300g，经过肥育的仔鹌在 5 周龄时体重可达 250～300g。该品种生长迅速，屠宰率高，肉质优良。根据测定资料，9 周龄的鹌鹑屠宰时活重为 186.68g，净膛胸体平均重 130g，占体重的 69.7%；胴体中，一级品占 86%，二级品占 14%。

③ 美国加利福尼亚肉用鹌鹑　该品种是著名的肉用型品种。成年鹌鹑的体羽颜色有金黄色和银白色两种，躯体皮肤颜色亦有黄白之分。成年雌鹌鹑体重超过 300g，种鹌鹑具有较强的生活力和适应性。肉用鹌鹑的屠宰日龄为 50 天。

此外，英国的白鹌鹑、黑鹌鹑、无尾鹌鹑（包括黑色和白色品种），北美洲的鲍布门鹌鹑，澳大利亚鹌鹑，菲律宾的小型鹌鹑，以及我国的东北金鹌鹑等品种也颇具知名度。

10.2.2　鹌鹑的繁殖

(1) 种鹌鹑的选择

① 种雄鹌鹑　选择种雄鹌鹑时应关注以下特点：羽毛完整且紧密，色泽深且有光泽；体质强健，头部大且有光泽，喙部健康，趾爪正常且尖锐，眼睛大且有神，叫声高亢响亮；泄殖腺发达，交配能力强，体重符合标准。

② 种雌鹌鹑　选择种雌鹌鹑时应关注以下特点：羽毛完整且色彩明显，头部小巧且端庄，眼睛明亮，颈部细长，体态匀称，耻骨与胸骨之间宽度适中；体重应达到品种标准。

(2) 雌鹌鹑产蛋规律

蛋用种雌鹌鹑性成熟较早，通常在 35～50 日龄时开始产蛋，具体开产日龄因品种、营养和光照等条件而异。南京农业大学（种鹌鹑场）数据显示，雌鹌鹑平均在 40～43 日龄开始产蛋，产蛋率达到 50% 时约为 50 日龄。北京市种鹑场的研究发现，引进的朝鲜鹌鹑在某些月份产蛋率可达 106%。雌鹌鹑的产蛋时间主要集中在下午至晚上八点之前，下午三四点为高峰期，通常在早晚集中捡蛋。表 10-3 所示为雌鹌鹑开产 1～12 个月的产蛋率。

表 10-3　雌鹌鹑开产 1～12 个月的产蛋率

开产后月数	1	2	3	4	5	6	7	8	9	10	11	12
产蛋率/%	80	95	90	90	85	85	80	80	75	75	70	65

(3) 种鹌鹑利用

雄鹌鹑在 40～45 日龄时，泄殖腺已完全发育，分泌的白色泡状物增多，鸣声变得完整而响亮，开始表现出求偶和交配行为。鹌鹑的自然配种比例通常为 1:(1～3)，受精率平均约 75%，最高可达 90% 以上。

种用鹌鹑的利用年限一般为一年，因为第二年产蛋量较第一年下降约 30%。除少数优质个体外，大多数种鹌鹑采用"一年利用制"（实际使用期为 8～10 个月），因产蛋后期种蛋质量显著下降。商品蛋鹌鹑的利用期通常为 1～1.5 年，但一般在产蛋率下降约 40％时即将其淘汰。

人工授精主要用于远缘杂交，已成功培育出如白来航、芦花洛克、洛岛红鸡与鹌鹑的各种属间杂种（通过给雌鹌鹑注入公鸡精液），为新生产类型鹌鹑提供了种源基础。

（4）鹌鹑的人工孵化

鹌鹑的孵化期通常为 16～17 天，因家鹑已失去抱孵习性，孵化主要依赖人工，具体的环境条件和操作如下：

① 温度　鹌鹑孵化可以采用恒温或变温方式。分批入蛋的孵化器应保持恒温（37.8℃），孵化室温度应在 20～25℃之间。变温孵化则根据胚胎不同发育阶段调节温度。胚胎初期因代谢能量释放少，需较高温度；随着胚胎发育，温度应逐渐降低。立体孵化器的温度设置为：前期（1～6 天）38.3℃，中期（7～14 天）37.8℃，后期（15～17 天）37.3℃。

② 湿度　鹌鹑蛋皮薄，水分蒸发快，因此湿度控制尤为重要。孵化前期和中期（1～12 天）的相对湿度应保持在 56％～60％；13～14 天时需控制在 54％～55％，以排除羊水和尿囊液；15～17 天时应提高至 65％～70％。湿度适宜与否可通过气室变化和蛋的失重情况判断，同时也可观察雏鹌鹑的体躯状况和卵黄囊吸收情况。湿度过低则雏鹌鹑干瘦，湿度过高则其腹部膨大且卵黄囊吸收不良。

③ 翻蛋　为确保蛋均匀受热，立体孵化器每 2～3h 翻蛋一次，平面孵化器每 24h 翻蛋 4～6 次。

④ 通风换气　孵化室需配备通风换气设备，孵化器可通过调整通风孔的大小进行换气。

⑤ 验蛋　孵化第 6～7 天进行第一次验蛋，以筛除无精蛋；第 14～15 天进行第二次验蛋，以剔除死胚蛋。验蛋的目的在于减少蛋的占用面积，观察胚胎发育状况，并调整孵化条件。

⑥ 出雏　在孵化条件适宜的情况下，通常在第 16 天开始出雏，第 17 天达到高峰。当出雏过半时，应将已出壳且绒毛干燥的雏鹌鹑取出，避免影响其他胚蛋的出壳。雏鹌鹑应放入预先准备的保温育雏箱或笼内休息、恢复体力。如需运输，应将雏鹌鹑放入专用运输箱内，并在底部铺设麻袋布或粗棉布以保暖和防滑。

10.3　鹌鹑的营养及饲养管理

10.3.1　鹌鹑的营养

10.3.1.1　鹌鹑常用饲料

饲料是养鹌鹑的基础，同时影响成本高低。饲料种类繁多，为提高利用率，需要根据鹌鹑的食性特点及不同生长发育阶段的需求来选择和配制饲料，以满足鹌鹑的生长发育要求，并控制饲养成本。通常，应选择品质优良、适口性强、营养全面、价格合理且货源充足的原料来配制饲料。

（1）能量饲料
这类饲料主要含有碳水化合物，可提供较高的热能。

① 玉米　能量丰富，纤维少，适口性强，产量高且价格低，是鹌鹑的优质饲料。其用量可占日粮的 40%～60%。

② 高粱　去壳高粱主要成分为淀粉，粗纤维少，可消化养分高；粗蛋白含量与其他谷物相当，但质量略差；B 族维生素含量类似于玉米，烟酸含量高而胡萝卜素含量少。由于含有单宁，鹌鹑不喜欢，日粮中含量宜控制在 10% 以下。

③ 大麦　饲用价值略优于玉米，氨基酸组成与玉米相似，但粗脂肪含量较低。胡萝卜素和维生素 D 不足，但硫胺素和烟酸含量丰富。

④ 小麦　热能高，蛋白质含量多，氨基酸比其他谷物更为完善，B 族维生素也较丰富。可占鹌鹑日粮的 10%～30%。

⑤ 小麦麸　价格低，蛋白质、锰和 B 族维生素含量较多，是常用饲料。但由于能量低、纤维素含量高、容积大，不宜在鹌鹑日粮中超过 10%。

（2）蛋白质饲料

① 鱼粉　含有高蛋白和完整的氨基酸，特别是含有丰富的蛋氨酸和赖氨酸，还含有大量 B 族维生素及矿物质（如钙和磷），对雏鹌鹑生长以及种鹌鹑和产蛋鹌鹑有良好效果。由于鱼粉价格较高，其用量一般占 3%～12%。

② 肉骨粉　蛋白质含量在 40%～50% 之间，富含赖氨酸、钙、磷及维生素，其中钙含量是磷的两倍，是优质的蛋白质补充料，可以部分替代鱼粉。

③ 血粉　蛋白质含量高达 80%，赖氨酸特别丰富，但蛋氨酸和异亮氨酸含量较低，适口性差，因此日粮中不宜过多。

④ 大豆饼　含粗蛋白 40%～45%，是常用的植物性蛋白源，营养价值高，适口性好，含有丰富的赖氨酸、B 族维生素、钙和磷。一般占日粮 15%～35%。需避免使用生大豆饼或冷榨豆饼，以免抗胰蛋白酶引起鹌鹑拉稀并降低蛋白质利用率。

⑤ 花生饼　是仅次于大豆饼的植物性蛋白源，蛋白质含量为 30%～45%，但蛋氨酸和赖氨酸含量略少。

⑥ 菜籽饼　营养价值低于大豆饼，粗蛋白含量为 30%～38%，烟酸含量较高，适口性差，带有苦辣味。因含有黑芥素，需经过加热或其他脱毒处理后饲喂，用量应控制在 3%～5% 以内。

⑦ 棉籽饼　蛋白质含量接近大豆饼，但赖氨酸、钙及维生素 A、维生素 D 缺乏，营养价值较低。因含有游离棉酚毒素，饲喂时需注意用量并进行脱毒处理。

（3）矿物质饲料

① 磷酸氢钙　为优质的钙、磷来源，含钙 22%～25%，含磷约 16%，使用时需严控氟含量，避免超标。

② 骨粉　可提供丰富的钙、磷，含钙 25%～32%，含磷 11%～15%，使用前应确保未腐败。

③ 贝壳粉　为理想的钙补充料，含钙量超过 30%，在饲料中应保持碎块状，便于鹌鹑吸收。

④ 石粉　含钙高达 38%，价格实惠。因含氟和镁，影响吸收率，故应选用低氟、低镁的石粉。

⑤ 食盐　提供钠和氯，同时具有调味、促进食欲的作用。与鱼粉共用时，需预先测定鱼粉含盐量，以防食盐过量导致中毒。

（4）饲料添加剂

饲料添加剂是指在配合饲料中加入的微量成分，包括合成氨基酸、维生素制剂、微量元素、抗生素、酶制剂、抗氧化剂、着色剂和调味剂等，其主要目的是提升饲料利用率、促进生长、防治疾病及改善产品品质。

① 维生素添加剂 常用禽用多种维生素。青绿饲料和干草粉富含维生素，是替代添加剂的良好选择。鹌鹑喜食嫩青草和各种菜类，青绿饲料的推荐用量为精料的 20%～30%。使用时需注意防止农药中毒。

② 微量元素添加剂 常见的包括硫酸铜、硫酸钴、硫酸锰、硫酸锌、硫酸亚铁、碳酸铜、碳酸钴、碳酸锰、碳酸锌、碳酸亚铁、氧化铜、氧化钴、氧化锰、氧化锌、氧化亚铁、碘化钾和碘酸钙等。微量元素的添加量很少，每 1000kg 饲料约 1～9g。

③ 药物添加剂 根据鹌鹑的健康需求，可在日粮中添加抗生素和驱虫药等药物添加剂。

10.3.1.2 鹌鹑的营养需要

鹌鹑代谢活跃，体温较高，呼吸频率快，具有生长迅速、性成熟早和产蛋量高的特点。然而，它们的消化道较短，消化吸收能力较弱。因此，鹌鹑的营养需求具有特定的特点。

（1）能量

在配制日粮时，首先要考虑日粮能量的高低及相关营养物质的正常比例。鹌鹑能通过调节采食量来满足能量需求，采食量变化会直接影响蛋白质和其他营养物质的摄入。

适合生长鹌鹑、繁殖期与非繁殖期的成龄鹌鹑的能量范围较窄。研究指出，适宜的日粮代谢能范围为 11.286～13.376MJ/kg。生长鹌鹑对能量需求较高；而种用雄、雌鹌鹑及蛋用鹌鹑则不宜进食能量水平过高的日粮，以防过肥，进而保障种用价值和提升产蛋性能。

（2）蛋白质与氨基酸

当日粮中蛋白质和氨基酸不足时，鹌鹑会出现生长缓慢、食欲下降、羽毛生长不良、性成熟延迟、产蛋量减少、受精率降低及蛋重减小等问题。严重缺乏时，鹌鹑可能停止采食、体重下降和卵巢萎缩。

确定日粮蛋白质需求时，需首先明确日粮能量水平。通常，鹌鹑在育雏期（0～20 日龄）和产蛋高峰期对蛋白质的需求最高；育成期和产蛋非高峰期需求稍低；肉用鹌鹑肥育期和蛋用鹌鹑休产期的需求最低。

（3）矿物质

鹌鹑体内矿物质种类繁多，其性质各异。矿物质在调节渗透压、保持酸碱平衡以及构成骨骼、蛋壳、血红蛋白、甲状腺激素等方面发挥重要作用，部分还是酶的组成成分，因此是鹌鹑正常生活和生产所必需的。

鹌鹑对钙和磷的需求最为显著。钙是骨骼的重要成分，蛋壳主要由碳酸钙组成。雏鹌鹑缺钙容易得软骨病，而种雌鹌鹑和蛋鹌鹑缺钙则会导致蛋壳变薄、产蛋量减少和产生软壳蛋。由于谷物和糠麸含钙量低，需额外补充钙。鹌鹑对植物中磷的利用率低，通常仅为 1/3，因此缺少鱼粉时要特别注意磷的补充。

食盐不仅能提高适口性，还含有钠和氯，其在调节渗透压等生理功能中至关重要，因此日粮中应适量添加食盐。

虽然钾、镁、硫等矿物质在鹌鹑日粮中通常足够，但某些微量元素如锰、锌、铜、铁、碘、硒和钴等仍需以添加剂的形式补充。在矿物质缺乏的地区，应确保日粮中有足够的补充。

（4）维生素

维生素不提供能量，也非机体的组成部分，其主要作用是调节代谢。虽然鹌鹑对维生素的需求量较小，但这些维生素在体内代谢中扮演着重要角色。大多数维生素无法由体内合成，必须通过饲料摄取。对鹌鹑而言，B 族维生素、维生素 A、维生素 E 和维生素 D 的补充尤为关键。现有的单一和复合维生素添加剂均可满足其需求。维生素 C 通常在体内合成，只有在夏季炎热或应激情况下才需额外补充。

10.3.1.3 鹌鹑的饲养标准

家禽饲养标准种类繁多，但鹌鹑的标准相比鸡的要简单得多。目前我国尚无专门的鹌鹑饲养标准，通常参考国外制定的家禽饲养标准，例如前苏联畜牧科学研究所推荐的鹌鹑的营养物质需要量（表 10-4）。在实际应用中，可根据具体情况对这些标准进行适当调整。

表 10-4　鹌鹑对营养物质的需要量

营养成分	鹌鹑（7 周龄以上）	后备鹌鹑		食用鹌鹑（4～6 周龄）
		1～4 周龄	5～6 周龄	
粗蛋白/%	21	27.5	17.0	20.5
粗纤维/%	5.0	3.0	5.0	5.0
钙/%	2.8	2.7	2.5	1.0
磷/%	0.7	0.8	0.8	0.8
钠/%	0.3	0.3	0.3	0.3

10.3.1.4 鹌鹑日粮配方示例

鹌鹑日粮的配制应依据鹌鹑的饲养标准，并结合当地实践经验，同时考虑日粮的适口性和饲料来源等因素。以下提供一个较为成熟的鹌鹑日粮配方作为参考（表 10-5）。

表 10-5　朝鲜鹌鹑日粮配方　　　　　　　　单位：%

饲料	育雏期			育成期			成鹑期	
	1	2	3	1	2	3	1	2
玉米	40	54	56	47	59	60	50	51
小麦	10			10			10	
苜蓿粉	3			3			3	
肉粉	6			6			4	
鱼粉	8	15	8.25	2	8	5.5	4	13
熟豆饼	32			31			21	
豆饼		25	28		24	25.5		25
麸皮		4.5	3		7.5	3.4		2
骨粉		1.5	0.5		0.2	0.5		1
肉骨粉			4			4.85		
葵花籽饼							3	3
碳酸钙	0.5			0.5				
食盐	0.5		0.1	0.5		0.1		
石粉					1.3		5	5
蛋氨酸			0.15			0.15		

注：添加剂另加。

10.3.2 鹌鹑的饲养管理

鹌鹑的生长发育阶段在国内尚无统一的划分标准。根据生理特性，可大致划分为：1～21日龄的雏鹌鹑；21～54日龄的仔鹌鹑；54日龄以上的成年鹌鹑。

10.3.2.1 雏鹌鹑的饲养管理

(1) 雏鹌鹑的培育

雏鹌鹑生长迅速，羽毛更换和生长速度都很快。初生重为7～8g；1周龄时体重达到20～23g，日增重约为1.86g，料重比约为1.4∶1；2周龄时体重达到40～42g，料重比约为2∶1。育雏是鹌鹑饲养的关键，其质量直接影响生产性能和经济效益。因此，需关注以下几个方面：

① 接雏　刚孵化出的雏鹌鹑卵黄尚未完全吸收，神经系统和生理机能尚不成熟，体温调节能力差。因此，不应立即将其从孵化器（或箱）中取出，而是需让其在孵化器内等待10h，待其胎毛完全干燥并适应环境后，再转移至育雏器（或箱）。如需长途运输，应在纸箱内放入棉花或碎布以保温，底部放置热水袋或电热瓶，表面铺报纸，确保温度不低于30℃。

② 保温　将幼雏放入育雏器后，应立即开始保温。前3天育雏温度保持在38℃，第4～7天降至37～33℃，第8～14天降至29～32℃，第15～21天降至25～28℃，之后逐渐降低至常温。育雏器可采用长方形结构，或使用两种功率的灯泡作为热源，以便幼雏选择适宜的栖息区域。

③ 光照　初生至3～5日龄时，提供24h光照，照度为每平方米4W。之后逐渐减少，至5周龄时光照时间为10～12h。种用和蛋用鹌鹑在6周龄后逐渐增加光照，开产前光照时间应达到14～16h，光照强度为每平方米1～4W。

④ 饮水和开食　幼雏接回后，稍作休息后应先让其饮用5%葡萄糖温水或口服补盐液。第二天开始让其饮用0.01%高锰酸钾水。开食最好在出壳30h后进行。开食前，应先停止光照半小时，使幼雏休息。恢复光照后，雏鹌鹑会开始寻找食物。开食可以直接饲喂正常日粮，将日粮放置于扁平食槽内。为防止雏鹌鹑将料扒出槽外，可在槽口加一层金属编织网。可以选择昼夜不断供水、供料，或定时定量喂养，但需确保每只幼雏都有足够的食槽和饮水位置。

⑤ 密度　饲养密度应合理，既不应过大，也不能过小（表10-6）。

表 10-6　鹌鹑人工育雏的饲养密度

雏鹌鹑日龄	饲养密度/(只/m²)	每群饲养数/只
1～7	100～150	300～400
8～14	80～100	200～300
15～21	60～80	150～200

(2) 管理要点

① 0～4日龄的幼鹌鹑容易感到骚动并有逃窜行为，因此在加料和饮水时需特别小心。

② 根据表10-7和表10-8，严格执行防疫接种和清洁卫生工作，定期打扫、更换垫料，并及时进行消毒。

③ 应经常观察雏鹌鹑的精神状态、采食情况和排粪情况，发现异常时应立即采取措施。

④ 预防意外事故，包括防范鼠害、火灾和空气中毒等。

表 10-7　商品肉鹌鹑的免疫程序

序号	日龄	免疫项目	疫苗名称	接种方法
1	10	新城疫	新城疫Ⅱ系或Ⅳ系冻干苗	饮水、点眼或滴鼻
2	25	新城疫	新城疫Ⅱ系或Ⅳ系冻干苗	饮水

表 10-8　商品蛋鹌鹑的免疫程序

序号	日龄	免疫项目	疫苗名称	接种方法	说明
1	1	马立克病	HVT 疫苗	颈部皮下注射 1 头份	需专用稀释液稀释用量同雏鹌鹑
2	10	新城疫	Ⅳ系苗	点眼	
3	18	传染性法氏囊病	弱毒苗	饮水	
4	25	新城疫	油乳剂灭活苗	颈部皮下注射 0.2mL	
5	60	禽霍乱	油乳剂灭活苗	皮下注射 0.2mL	

10.3.2.2　仔鹌鹑饲养管理要点

(1) 雌雄分群管理

3 周龄后，根据仔鹌鹑外貌特征进行雌雄分离，便于种鹌鹑筛选培育，以减少啄癖和交配引起的纷扰伤害。

(2) 适当限制饲养

为防种鹌鹑和商品蛋鹌鹑性早熟，提升产蛋量及种蛋合格率，降低成本，需适当减少饲喂量和降低蛋白质比例。自由采食时，粗蛋白应控制在 20% 左右，或日饲喂量为标准量的 90%，产蛋率达 5% 后更换专用饲料。

(3) 光照控制

实施 10h 光照制度，降低光照强度，配合限饲，以控制体重和确保正常性成熟。

(4) 定期体重监测

为确保限饲效果，每月应定期抽样称重（空腹）。饲养量少时全称，量大时抽 10% 称重。根据体重调整日粮营养和饲喂量。

(5) 其他管理措施

注重疾病预防，保持饲养环境清洁干燥。转群前做好全面准备，确保顺利转入各类鹌鹑舍。

10.3.2.3　种鹌鹑及产蛋鹌鹑的饲养管理

种鹌鹑与产蛋鹌鹑在配种技术、笼具规格、饲养密度和饲养标准等方面存在差异，但日常管理基本相似。

(1) 产蛋规律

雌鹌鹑的性成熟期因品种、品系和管理水平不同而有所差异。产蛋性能，特别是高峰期的产蛋量，与管理水平密切相关。雌鹌鹑通常在开产后一个月左右达到产蛋高峰，年平均产蛋率可达 75%～80%。种用鹌鹑初期蛋重较小且受精率低，产蛋后期蛋壳质量差、孵化率低，因此初期和后期的蛋不宜用于孵化。蛋用种雌鹌鹑的采种时间一般为 8～10 个月，而肉用型雌鹌鹑的采种时间较短，为 6～8 个月。雌鹌鹑的产蛋时间主要集中在午后至晚上 8 时，尤其是下午 3～4 时。因此，食用蛋可于次日早晨一次性采集，而种蛋需每日收集 2～4 次以保证孵化效果。笼养条件下，产蛋鹌鹑与种雄鹌鹑可用一年，种雌鹌鹑一般使用半年至两年，育种场可使用2～3年，但第二年产蛋量通常下降15％～20％。

(2) 适时转群

雌鹌鹑在5～6周龄时若已达到5％的产蛋率，应及时转群至种鹌鹑舍或产蛋鹌鹑舍，使其逐步适应新环境，同时将育成料改为种鹌鹑料或产蛋鹌鹑料，并逐步调整光照时间，以符合产蛋需求。

(3) 饲喂方式

可使用粉料、湿粉料、干湿兼饲或碎粒饲料等，要求饲料营养全面平衡。饲喂方式可为自由采食或定时定量，但必须保持稳定。饮水必须不断，冬季宜使用温水。

(4) 光照管理

产蛋期光照时间为每天16～18h，光照强度为10 lx或4W/m^2。也可选择14～16h强光照，其余时间使用弱光照，以保证持续采食和饮水，减少应激，同时不影响休息。

(5) 强制换羽

对优质种雌鹌鹑或产蛋鹌鹑，人工强制换羽可克服自然换羽期长、换羽速度慢及产蛋期不集中等问题。方法为停止喂料和饮水4～7天（夏季可适量饮水），制造黑暗环境，促使鹌鹑群停产换羽，随后逐步恢复喂料和光照，通常20天左右可恢复产蛋。

(6) 清洁卫生

每天清洗食槽和饮水器，盛粪盘需每天清理1～2次。舍门口应设消毒池和消毒盒，谢绝参观，防止鼠、鸟、蚊、蝇等侵扰。

(7) 防止应激

为保持高产和稳定产蛋，减少伤残率、死亡淘汰率和蛋破损率，需保持稳定的饲养制度和安静环境。夏季应加强通风，提供维生素C和电解质水；冬季应采取保暖措施，以稳定产蛋率。

(8) 做好日常记录

记录内容包括入舍鹌鹑数、死亡淘汰数、日耗料量、天气情况及值班日记等，有助于掌握鹌鹑养殖状况，发现潜在问题，制订科学管理措施，提高养殖效益。

10.3.2.4　肉用仔鹌鹑的饲养管理

肉用仔鹌鹑专指肉用型的仔鹌鹑及肉用型与蛋用型杂交的仔鹌鹑（也包括蛋用型的仔雄鹌鹑在内），是供肉食之用。

(1) 笼具

使用专用的肥育笼具。法国肉用仔鹌鹑体型较大，生长迅速，因此笼高应设置为12cm。3周龄时入笼育肥，推荐饲养密度为80～85只/m^2。

(2) 日粮

育肥期间，日粮的代谢能应保持在12.98MJ/kg，蛋白质含量为15％～18％。饲料中应补充足量的钙和维生素D，并添加适量天然或人工色素。任其自由采食，提供充足、清洁的饮水。

(3) 光照

建议采用10～12h的暗光照饲养，使用红光以促使其安静休息。也可选择断续光照模式，即1h光照与1h黑暗交替，以获得更好的饲养效果。

（4）温度

肉用仔鹌鹑在 20～25℃ 的环境中生长最为适宜。需做好夏季防暑降温和冬季保暖工作，以确保最佳饲料转化率和成活率。

（5）分群

1 月龄后，应根据性别、体型和健康状况对仔鹌鹑进行分群育肥。需定期观察，及时隔离病弱残鹌鹑，以保证生长均匀，提高饲料转化率。

（6）适时上市

肉用仔鹌鹑的最佳上市时间为 42～49 日龄，此时体重可达 200～240g；蛋用型仔雄鹌鹑体重可达 130g。捕捉、装笼和运输时需注意安全。

10.4 鹌鹑常见疾病防治

随着鹌鹑养殖业集约化发展，疾病防控已成为保障产业效益的核心环节。本节系统梳理鹌鹑十大高发疾病的病原特性、流行规律与防控策略，涵盖细菌性、病毒性、寄生虫性及营养代谢性疾病四大类。基于临床实践与实验室研究，重点解析雏鹌鹑白痢、新城疫、马立克氏病等烈性传染病的早期诊断要点，提供疫苗免疫程序、药物配伍方案及环境控制参数等实操内容，助力提升鹌鹑健康养殖水平与生物安全建设能力。

10.4.1 雏鹌鹑白痢病

由白痢沙门氏菌引发的急性败血性传染病。主要经带菌种蛋垂直传播，5～7 日龄高发，死亡率达 20%～30%。典型症状：雏鹑聚堆颤抖、闭目垂翅，排泄白色糊状稀粪（"糊肛"特征）。剖检特征：肺脾坏死灶、盲肠干酪样栓塞（"盲肠芯"），成年鹑卵巢变形。防治要点：种蛋需经福尔马林熏蒸消毒，孵化器每批次彻底清洗；发病群体用 0.01% 呋喃唑酮拌料连用 5 天，配合 0.05% 高锰酸钾饮水；慢性病例建议淘汰。

10.4.2 新城疫

副黏病毒科引发的烈性传染病，潜伏期 3～5 天，死亡率超 80%。

特征症状：绿色水样便，扭颈角弓反张，产蛋骤降伴白壳蛋。

病理特征：腺胃乳头点状出血，肠道枣核状溃疡。免疫程序：7 日龄 Ⅱ 系苗双鼻滴注（1:10 稀释），30 日龄 Ⅰ 系苗饮水（1:1000 稀释），产前强化免疫。

紧急处置：发病群立即注射 Ⅰ 系苗 0.3mL/只，全场用 0.5% 过氧乙酸带鹑消毒。

10.4.3 禽霍乱

多杀性巴氏杆菌所致出血性败血症，育成鹑易感。急性型病程 6～12h，特征性"穿孔肝"（针尖状灰白坏死灶）。

防治方案：流行区每季度注射禽霍乱氢氧化铝苗；治疗首选链霉素 3 万单位/只，肌内注射，bid×3 天，配合 0.1% 土霉素拌料；慢性病例关节脓肿需切开排脓，用 5% 碘酊冲洗。

10.4.4 马立克氏病

疱疹病毒致肿瘤性疾病，2～5 周龄高发。临床分型：①神经型，劈叉麻痹、嗉囊扩张；

②内脏型，急性腹水；③眼型，虹膜褪色呈"灰眼"；④皮肤型，毛囊瘤结节。剖检特征：坐骨神经增粗3倍，肠道珍珠样肿瘤。防控核心：1日龄皮下注射火鸡疱疹疫苗0.2mL，严格实施全进全出制，发病群淘汰率需达100%。

10.4.5　支气管炎

禽腺病毒Ⅰ型致呼吸道病，4周龄死亡率40%～60%。典型三联征：喘鸣音（湿性啰音）、集群扎堆、产蛋率下降50%。病理特征：气管黏液栓、肝坏死灶。防控要点：保持舍温28℃±1℃，泰乐菌素0.05%拌料10天，配合0.08%强力霉素饮水；重症用利巴韦林10mg/kg饮水。

10.4.6　溃疡性肠炎

鹌鹑梭菌特异性肠病，夏季高发。特征性"红土样便"，剖检见十二指肠钮扣状溃疡。诊断金标准：肝触片革兰氏阳性粗大杆菌。治疗方案：青霉素1万单位/只，肌内注射，bid×5天，配合0.03%杆菌肽锌拌料；环境用3%烧碱溶液消毒，垫料每日更换。

10.4.7　葡萄球菌病

金黄色葡萄球菌创伤感染，多因笼网刺伤引发。

特征表现：胸骨皮下紫黑色瘀斑、跗关节脓性肿胀。

实验室诊断：血浆凝固酶试验阳性。

治疗：庆大霉素4000单位/kg饮水，配合0.1%维生素K_3止血；局部脓肿用0.1%高锰酸钾冲洗，填塞磺胺粉。

10.4.8　曲霉病

霉变饲料引发的真菌性肺炎，2周内雏鹑死亡率90%。

特征病变：肺实质黄白色结节（粟粒状），气囊霉斑。

紧急处置：制霉菌素5000单位/只拌料，配合1:2000硫酸铜饮水；彻底更换饲料，垫料经阳光暴晒6h。

10.4.9　球虫病

艾美尔球虫致肠道出血，3～8周龄高发。

诊断要点：肠黏膜刮片见配子体，饱和盐水漂浮法检卵囊。

防治方案：氨丙啉0.0125%饮水3天，配合1.2%鱼肝油修复黏膜；潮湿地段每平方米用20g磺胺喹噁啉钠进行土壤消毒。

10.4.10　啄癖症

营养代谢性综合征，常见类型：①啄肛（光照>20 lx诱发）；②啄羽（含硫氨基酸缺乏）；③啄蛋（钙磷比失衡）。综合防控：3日龄红外线断喙（上喙断1/2，下喙断1/3），饲料添加2%羽毛粉＋0.3%石膏粉；笼内悬挂墨绿色遮光网，照度控制在5～10 lx。

市场需求的增加推动了特种经济蛋用动物养殖的发展，使其在农业经济中占据了重要位置。

本章重点介绍了目前市场上比较具有代表性的蛋用动物——鹌鹑的生物学特性、品种与繁殖、营养及饲养管理措施。

【复习题】

1. 分析鹌鹑繁育的特点，以及这些特点对养殖业的影响。
2. 详细描述在鹌鹑人工孵化过程中对温度、湿度的控制及其重要性。
3. 阐述鹌鹑孵化过程中的关键环节及其操作要点。
4. 讨论蛋白质饲料在鹌鹑日粮中的作用及如何选择适合的蛋白质饲料。
5. 论述种鹌鹑及产蛋鹌鹑的饲养管理要点，以及如何确保种鹌鹑的高效产蛋。

（刘秋宁，秦笙）

第11章

经济昆虫养殖

昆虫是地球上种类最繁多的动物，总数超过一百万种，占已知动物种类的三分之二，广泛分布于世界各地。它们在人类生产和生活中扮演着至关重要的角色。一些昆虫已被驯化饲养，例如家蚕用于生产纺织品和高值化产品，蜜蜂则用于生产各种蜂产品，均为人类提供重要的食品来源及工业原料。这些对经济有重要价值的昆虫被称为特种经济昆虫。本章以代表性特种经济昆虫家蚕和蜜蜂为例进行介绍。

11.1 家蚕养殖

家蚕，又称桑蚕，是一种以桑叶为食的泌丝昆虫。它在分类学上归属于节肢动物门昆虫纲鳞翅目蛾亚目蚕蛾科蚕蛾属家蚕种。

11.1.1 家蚕的生物学特性

11.1.1.1 家蚕形态特征

(1) 蚕卵

蚕卵（图 11-1）呈扁平椭圆形，初产时卵面略微隆起。随着胚胎发育，卵内营养物质逐渐消耗，水分持续蒸发，卵面的中央形成凹陷的卵涡。临近孵化时，胚胎的发育与空气进入卵内导致内压升高，使凹陷的卵涡再次膨起。

图 11-1 蚕卵

(2) 幼虫

家蚕幼虫（图 11-2）呈长圆筒形，分为头部、胸部和腹部三部分。头部带有触角、单眼和口器。胸部由前胸、中胸和后胸三节组成，其中前胸最短，后胸最大。每个胸节腹面有一对圆锥形胸足，具备 3 节，末端有黑褐色爪，主要用于夹持桑叶、吐丝和爬行。第 1 胸节两侧有一对气门。腹部由 10 节体节构成，除了第 9 和第 10 腹节间，其余体节均有节间膜，允许蚕体伸缩。第 3 至第 6 和第 10 腹节腹面各有一对腹足，腹足为柔软的肉质凸起，末端有可伸缩的泡状趾。第 1 至第 8 腹节两侧各有一对气门，第 8 腹节背面有圆锥状肉质尾角。

图 11-2　家蚕幼虫

（3）蚕蛹

家蚕蛹（图 11-3）可分为头、胸、腹三部分。头部较小，具有一对复眼和一对触角。蛹期的雌雄外部特征显著，有助于性别鉴别。雌蛹腹部肥大，末端钝圆，且第 8 腹节腹面有 X 形线纹；雄蛹腹部瘦小，末端尖锐，第 9 腹节腹面中央有褐色小点。

（4）蚕蛾

又称成虫（图 11-4），全身覆盖白色鳞片，体段分为头、胸、腹三部分。头部小球形，两侧有大型复眼，通常为黑色，也有红色或白色的。每个复眼由约 3000 个小眼组成，能识别光暗变化、色彩和运动，解析偏光。雌蛾通常体型较大，末端体节演化为外生殖器；雄蛾体型较小，能识别 8 个体节，而雌蛾只能识别 7 个体节。

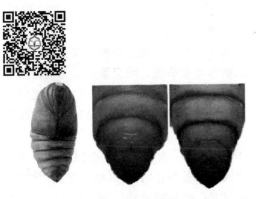

图 11-3　家蚕蛹　　　　　　　　　　图 11-4　蚕蛾

11.1.1.2　家蚕生物学特性

家蚕属于完全变态的昆虫，其生命周期包括卵、幼虫、蛹和成虫四个形态和生理功能截然不同的阶段。卵阶段是胚胎发育成幼虫的阶段；幼虫阶段主要用于摄取和储存营养；蛹阶段是幼虫转变为成虫的过渡期；成虫阶段则用于交配和产卵。

蚕卵通常呈椭圆形，略扁平，一端稍突，分为卵壳和卵内内容物。根据发育特性，蚕卵分为滞育卵（可越年）和非滞育卵（不越年）。非滞育卵产下后约 10 天会孵化成幼虫，而滞育卵则进入一个暂时的滞育期，约 7 天后胚胎会暂停发育，待条件适宜时再继续发育和孵化。

刚孵化的幼虫体色为黑褐色或赤褐色，形似蚂蚁，俗称蚁蚕。幼虫在生长过程中需脱去旧皮，换上新皮，此过程称为蜕皮。蜕皮期间，幼虫固定在蚕座上，进入静止状态，称为眠期。幼虫的蜕皮标志着蚕龄的变化。第 1 龄蚕为刚孵化的蚁蚕，第 1 次眠后的为第 2 龄蚕，第 2 次眠后的为第 3 龄蚕，第 3 次眠后的为第 4 龄蚕，第 4 次眠后的为第 5 龄蚕。第 1~3 龄称为稚蚕期，第 4~5 龄称为壮蚕期。各龄期的生长时间在适宜温度下分别为：第 1 龄 3~4 天，第 2 龄约 3 天，第 3 龄 3~4 天，第 4 龄 4~5 天，第 5 龄 8~9 天。最后的 1 龄末期，幼虫停止进食，体缩透明，称为熟蚕。熟蚕开始吐丝结茧，并在其中化蛹。

蛹呈纺锤形，分为头部、胸部和腹部。头部带有发达的触角和复眼。蛹期是幼虫向成虫转变的阶段，此时外观稳定，但体内正经历剧烈的蜕变。幼虫的器官解体和成虫器官的形成在此阶段完成。蛹期持续 10~15 天，完成发育的蛹会蜕去蛹皮，羽化为成虫（蚕蛾）。成虫体内的生殖器官已成熟，雌蛾和雄蛾交配后，雌蛾产卵，约 7 天后自然死亡，标志着一个世代的结束。

11.1.2 家蚕的品种与繁育

11.1.2.1 家蚕的品种

种质资源，也称遗传资源，是指具备特定生物学或经济性状的群体，其遗传物质能够从亲代传递给子代。种质资源是育种工作的基础，包含各种遗传性状。品种则是在育种目标指导下，从种质资源中选择合适的材料，通过人工培育，使其经济性状和生物学特性符合生产需求，形成的遗传稳定且适应特定环境的生物群体。种质资源在自然界中客观存在，需要不断发掘、收集和保存，以满足选育品种和科学研究的需求。品种则随着对蚕业生产和茧丝质量要求的提高而不断更新。

家蚕的种质资源是现代蚕业发展的基础。目前，中国拥有超过 4500 份蚕种质资源，保存在 27 个省（市、区）的 32 家科研和教学机构中。这些资源包括地方品种、改良种、国外引进品种、多化性品种、种质创新材料、基础材料、基因突变系统、测交系、近等基因系等几大类。按照地理位置，家蚕品种分为四大地理系统：中国系统、日本系统、欧洲系统以及亚热带和热带系统。根据用途和性质，蚕品种可分为春用蚕品种、夏秋用蚕品种以及特殊性状或用途的蚕品种。

统计显示，我国重点蚕区的主要品种几乎每隔 10 年更换一次。目前，全国饲养量前三的蚕品种分别是"932·芙蓉×7532·湘晖"（简称"两广 2 号"）、"菁松×皓月"和"871×872"。此外，我国还培育了抗家蚕血液型脓病（BmNPV）的系列品种，如"871C×872C"（"华康 1 号"）、"秋丰 N×白玉 N"（"华康 2 号"）、"菁松 N×皓月 N"（"华康 3 号"），以及专养雄蚕品种"秋华×平 30"，此外，还有人工饲料育蚕和彩色茧等不同类型的蚕品种。

11.1.2.2 家蚕的繁育

(1) 蚕种繁育制度

我国蚕种生产实行三级饲养四级制种的繁育制度，包括原原种、原种和一代杂交种。具体操作是：原原母种用于生产原原种，原原种用于生产原种，原种用于生产普通种（即一代杂交种）。

原原种级旨在保持和提升品种的优良遗传特性，采用单蛾区育种，强调区间选择优于区内选择及异蛾区交配，制种形式为 14 蛾圈制种。

原种级的目标是提高原种的强健度和繁殖能力，实施蛾区蚁量育（通常以 10～12 蛾区收蚁 2g 为一饲育区），在区间合格的基础上，注重区内个体选择和异品系交配，制种形式为 28 蛾圈制种。

一代杂交种级旨在发挥杂种优势并大量繁殖优良的一代杂交种，采用饲育批混合育（一般 5g 或 6g 蚁为一饲育区，第 2 龄开始混养），重点进行个体选择和不同品种（如中系与日系）间交配，制种形式为散卵。

实践表明，现行蚕种繁育制度不仅提高了设备利用率，降低了生产成本，还适应了蚕茧生产的发展需求。通过从原原种级中择优选留母种，扩大了选择面，提高了选择效果，进而提升了原原母种的质量。

(2) 原种催青

对于越年蚕种（滞育卵）和不越年蚕种（不滞育卵），经越冬冷藏或人工孵化处理后，胚胎已解除滞育。在自然环境下孵化虽然可行，但孵化不均匀且难以预测孵化时间。生产上把蚕种放在人为控制的环境条件中，使其按照人们的愿望，顺利发育，能在预定的日期整齐地孵化，为达到这种目的而进行的保护管理，叫作催青。原种催青比普通种催青在控制孵化日期和催青条件上更加精细。

① 催青准备　蚕种的质量与原蚕时期的生长环境密切相关，因此催青日期的选择对蚕种生产效果至关重要。催青时间需根据桑叶发育、气象预报和历年数据来确定。催青室及用具需在使用前半个月严格消毒。为提高孵化率，催青前 1 个月应进行预备催青。同时，要了解品种对交品系的发育特性，以掌握催青时的开差时间、分批情况及蚁量比例，从而制订发育调节表。

② 催青条件　催青过程中的环境因素对蚕卵胚胎发育及化性有重要影响，因此需严格控制催青环境条件。

a. 温度　催青温度对蚕卵胚胎发育影响最大。温度直接影响孵化均匀性、催青天数、蚁蚕体质以及茧质。一般来说，幼嫩阶段的胚胎需低温，而随着发育，适温逐渐提高。生产中，越年蚕种出库后，通常在 15℃环境下保护 2～3 天，然后转至目标温度，以避免温度骤变并促进胚胎均匀发育。

温度对化性的影响很大。二化性蚕种，25℃高温催青产生越年卵，15℃低温催青产生不越年卵，而 20℃中温催青则会混产两者。

b. 湿度　催青湿度对蚕卵胚胎的影响小于温度。湿度过高或过低都会对蚕卵产生不利影响。湿度低于 50% 时，卵面水分过度散失，导致胚胎失水，降低孵化率并影响蚁蚕体质；湿度过高则阻碍卵面水分散发，导致体重增加且蚁蚕体质虚弱，同时可能导致霉菌感染。湿度对化性的影响不如温度和光线显著。在 25℃以上高温或 15℃低温催青时，湿度对化性影响较小；而在 20℃中温催青时，较高湿度有利于越年卵产出，干燥则有利于不越年卵产出。

c. 光线　催青过程中的光线明暗对蚕卵的发育和孵化有显著影响，特别是对孵化整齐性和时间影响显著。自然光条件下，蚕卵通常在上午 6:00～10:00 孵化，而昼暗夜明时则在下午 6:00～10:00 孵化。常明或常暗的光线会导致孵化不均匀，甚至出现延迟现象。光线明暗也会影响胚胎发育速度：点青前，明亮光线促使胚胎快速发育；点青后，黑暗环境则有助于发育。生产中，利用这一特点，从第 5 胚胎阶段起将蚕种置于完全黑暗中，以抑制快速发育的卵，促进慢发育的胚胎，促使发育均匀。至收蚁日清晨，再开始感光，以提高孵化的整齐度。

③ 催青的技术处理

a. 调节好起点胚子　起点胚子的整齐度直接影响后期胚胎的发育。在温度超过 20℃时，丙 2 胚子的发育速度较快；而在 15℃时，发育速度则较慢。若胚子发育不均，不宜立即升温，应确保大多数胚子进入丙 2 期后，再逐步提高温度至 20℃左右。一般应在起点胚子略偏老时再升温，以利于后期胚胎的均匀发育。

b. 掌握戊 3 胚子　戊 3 胚子是胚胎发育过程中的关键阶段。根据戊 3 胚子的发育情况，可以初步推算发种日期。为了准确把握戊 3 阶段的时间，进入戊 2 阶段后需每日解剖 2 次，并结合催青标准，及时调整湿度和温度，确保每日感光时间为 18h。如果戊 3 胚子的发育不均，应将温度提高至 25℃进行催青，以确保胚胎发育的一致性。

c. 见点观察和黑暗处理　催青后期需密切监测蚕卵变化，并进行见点（己 4 胚子）调查，以确保及时发现并对见点胚子实施全黑暗保护。在黑暗处理期间，需合理调整催青后的温湿度和光线，以决定是否提前或推迟收蚁。通常，春种在点青 25％～30％时进行黑暗处理，而秋种在见点 5％～10％时进行。全黑暗处理有助于保证胚胎发育均匀，从而提高孵化率。

(3) 原蚕饲养技术

原蚕饲育的目标是生产蚕种，因此也称为种茧育。种茧育对桑叶质量、气象条件、饲育技术和环境的要求比丝茧育更高，其饲育质量直接影响杂交种的体质、强健性和杂交优势。

原原种、原种和普通种的繁育方法各有不同。原原种采用单蛾饲育，即将母蛾所产的卵孵化后的蚁蚕放在一个饲育区内。原种则为蛾区蚁量育，即将同品种、同批、同日孵化的蚁蚕（5～7 蛾）放在一起，每个饲育区需收集 1g 蚁蚕。普通种同样采用蛾区蚁量育，一般选择 20～25 蛾，收集 4g 蚁蚕作为一个饲育区。原原种和原种在整个繁育过程中，包括收蚁、上蔟和采茧，都需严格分区，以保持种群的纯正。

① 原蚕收蚁

a. 收蚁准备　在收蚁前 5～7 天，应清洗并消毒蚕房及蚕具，排除药味，并准备好收蚁用具（如鹅毛、绵纸、蚕筷）、焦糠、漂白粉和石灰等。收蚁前 1 天，要对蚕房进行"烘房"以排湿，同时储备足量的收蚁叶。

b. 收蚁时间　收蚁当日早晨 4：00～5：00 开灯感光（对逸散性强的品种可适当推迟）。春季一般在 8：00～9：00 收蚁，夏秋季则提早至 7：00～8：00；对于见苗蚁早、逸散性强、孵化均匀的品种，可以提前收蚁。

c. 收蚁方法　框制种使用打落法结合羽扫法收蚁；散卵种则采用网收桑引法进行收蚁。

d. 原蚕采用分区定量育。为了便于病毒检查和处理，每个饲育区一般设定为 2g 或 4g 蚁量，并按一定顺序设置饲育区号。

e. 注意事项　收蚁叶要新鲜、老嫩均匀、适熟偏嫩，如遇雨水叶需擦干再用。收蚁过程中要避免品种混乱，不同品种、品系应分批处理。收蚁操作要轻柔，避免伤害蚁体，称量要准确，使用漂白粉（漂白粉与石灰按 1：13 比例配制）消毒后，及时定座并提供桑叶。

② 原蚕小蚕饲育

a. 小蚕饲育特点　小蚕生长快，需频繁扩座和匀座；适应高温多湿环境，宜进行"小蚕火养"；呼吸量小，对二氧化碳抵抗力强（每日换气 2 次）；对有毒气体和农药抵抗力差，对病原菌抵抗力弱，需加强消毒防病；活动范围小，桑叶要均匀分配；入眠快，眠中时间短，加网和饷食应早于大蚕。

b. 饲育形式　采用一日两回育或三回育。1～2龄小蚕使用全防干（聚乙烯塑料薄膜覆盖，底部垫料）；3龄采用半防干（仅覆盖，不垫料）。

c. 饲育措施　1龄蚕温湿度要求为温度27～28℃，干湿差0.5～1℃；2龄蚕为温度26～27℃，干湿差1～1.5℃；3龄蚕为温度25～26℃，干湿差1.5～2℃。

小蚕用叶应使用含有效氯0.3％的漂白粉澄清液消毒后晾干。1龄用叶标准为嫩绿色，第2～3位叶，稍有缩皱；2龄用叶为绿色，第4～5位叶，形状固定；3龄用叶为浓绿色，第6～8位叶或三眼叶。

d. 扩座　1～3龄小蚕因生长快，每日需进行两次超前扩座。

e. 蚕体及蚕座消毒　除就眠外，每日结合扩座使用"三七糠"（石灰与焦糠按3：7比例配制）或漂白粉防僵粉对蚕体和蚕座进行消毒。

f. 除沙　1龄一般不除沙，2龄起、眠除沙各1次，3龄起、中、眠除沙各1次。

除沙注意事项：加网前的桑叶量应少，加网后的桑叶量应多，以减少沙底蚕和遗失蚕。除沙应在白天进行，避免夜间操作。使用焦糠、新鲜石灰粉等消毒材料处理蚕箔内的沙。除沙时，尽量避免丢失健康蚕，发现病蚕要将其放入石灰消毒缸中，避免环境污染。蚕房内不得堆放蚕沙，防干纸、蚕网等需清洗消毒，晾干后备用。除沙后应洗手消毒，避免边除沙边喂蚕。

g. 眠起处理　适时加眠网：2龄加网适期为小蚕大部分体色乳白，有蚕驼现象，约0.5％已进入眠期；3龄为大部分体色乳白，体皮紧张有光泽，约0.1％已进入眠期时加网。

眠中保护：保持干燥，1～2龄使用全焦糠，3龄使用半焦糠止桑。眠中温度应低于饲育适温0.5～1℃，避免高温；环境要求安静，避免风吹和振动；保持空气新鲜，光线适中，防止偏光使蚕集中一边。见起蚕后，适当补湿以利于蜕皮。

适时饲食处理：根据起蚕情况，坚持"早止桑，晚饲食"原则，饲食时在起蚕体上撒1：（12～13）的漂白粉防僵粉后加网给桑，饲食叶要求新鲜偏嫩，给桑量以蚕八成饱为宜。饲食后首次给叶时可添加抗生素，随后进行起除。

③ 原蚕大蚕饲养

a. 大蚕饲养特点　大蚕对高温多湿和闷热环境的适应力差，适合在低温干燥环境中生长。其食桑量大，占全龄期用叶量的95％，其中5龄蚕为82％～85％。需合理安排劳力，确保桑叶供应充足。呼吸量大，对二氧化碳抵抗力弱，需加强通风换气，保持良好的环境，做到"大蚕风养"。4～5龄大蚕采用一日三回育或四回育，饲育形式为普通育。

b. 饲养技术措施　4龄蚕的温湿度要求为温度24～25℃，干湿差2～2.5℃；5龄蚕的温度应在23～24℃，干湿差2.5～3℃。桑叶需避免使用污染、虫口、湿润、过嫩或老黄的叶子。为了避免蚕头过密，需做好扩座和除沙工作：4龄蚕在起蚕和眠蚕阶段各除沙1次，中期除沙2次；5龄蚕每日除沙1次。蚕体及蚕座需进行消毒：4龄蚕每日使用防僵粉，5龄蚕则用防僵粉或新鲜石灰粉消毒。眠起处理是养好蚕的关键。在大蚕眠期，见个别眠蚕后，加加眠网。加网后使用片叶或粗切叶饲养，并撒半焦糠止桑；饲食时撒1：8比例的漂白粉防僵粉进行消毒。待蚕充分爬动后，再加网饲食（以八成饱为宜）。根据蚕的生长情况，饲食后首次给桑时可添加抗生素。

④ 原蚕期技术操作要点

a. 进入蚕室和贮桑室时必须换鞋，未经许可的人员不得进入蚕房。

b. 工作人员在操作中需遵守"三洗手"制度，即进入蚕房前、调桑给桑前以及除沙选蚕后都需洗手。

c. 加强消毒防病　每日用含有效氯 0.5％的漂白粉液对调桑用具、走道、蚕房及贮桑室进出口进行消毒（中午和晚上各 1 次）。除常规用漂白粉防僵粉或石灰消毒蚕体和蚕座外，每龄起蚕及盛食期需进行药物防病。每次除沙后，需彻底清扫蚕室和走道地面，并用含有效氯 0.5％的漂白粉液进行消毒。

d. 匀蚕整座工作　应确保各龄蚕在蚕座中均匀分布，防止过密或过稀。每次给桑前需适当扩座，小蚕期提前 30min 揭开防干纸进行扩座和整座；大蚕期提前 20min 或随时进行匀座和整座。

e. 严格淘汰弱小蚕和病态蚕，按要求包好需要镜检的迟眠蚕（1 龄、2 龄、3 龄、4 龄），并做好镜检工作。

（4）上蔟与种茧管理

① 上蔟　上蔟是原蚕饲育的最后阶段，工作量大且时间集中，因此 5 龄后期应提前准备蔟室及蔟具，确保适时上蔟和合理保护。需严格控制上蔟时机，过熟上蔟会导致双宫茧和不正形茧，过生则会导致食桑不足、营茧缓慢、体质差、卵量少或不结茧。控制上蔟密度，每个塑料折蔟上熟蚕应控制在 400～500 头范围内；方格蔟的蚕头数应根据蔟孔确定。上蔟时应分品种、分批次进行，并标记上蔟日期和品种，确保蔟中熟蚕分布均匀，不可堆积。

加强蔟中管理，上蔟初期，蔟中温度应保持在 25～26℃，光线应均匀偏暗；茧壳形成后，保护温度应调整为 24～25℃，相对湿度保持在 70％～75％，避免强光照射。同时，加强蔟室通风和排湿工作，保持干燥。上蔟后隔 1 日，应及时捉出蔟中不吐丝结茧的游山蚕，单独处理。

② 早采茧　原蚕饲养提倡早采茧，目的是人工促使横营茧的形成，以减少缩尾蛹、半蜕皮蛹和死蛹，从而增加产卵量，并为多丝量品种创造充分吐丝的条件，减少生理障碍，达到增产效果。由于不同品种吐丝时间有差异，早采茧的时间一般为上蔟后 3 日。采茧时应轻采轻放，防止蛹体受损，只要茧壳已硬且不影响茧形，建议尽可能偏早采摘。

③ 种茧保护　种茧期是幼虫变为蛹并最终转变为成虫的过渡阶段，此期间蛹体静止但生理上经历剧烈变化。特别是在吐丝结束到复眼着色初期，蛹体内旧组织解离，新组织形成，生殖器官及生殖细胞快速成长。环境因素对蛹期的变态、生命率、产卵量、卵质、滞育性及次代蚕的强健性有直接影响。因此，种茧保护的关键在于创造适宜的环境以支持蛹体的生理变化。

蛹期发育分为三个阶段：自化蛹至复眼开始着色的前期，复眼开始着色至触肢着色的中期，触肢着色至羽化的后期。雄蛹发育速度通常快于雌蛹，且全期随温度升高而缩短。一般春季品种的蛹期为 17～20 日，夏秋季品种为 14～17 日。

温度对蛹体发育影响显著。高温保护虽然可能增加蚕卵的体积和重量，但长期在 28℃以上的环境中，会导致较高的死蛹率、低发蛾率、减少造卵数和产卵数，同时增加叠卵、不滞育卵和不受精卵的比例。低温保护虽然可能增加造卵数，但产卵率和产卵数较低，雌蛾对低温敏感，容易导致不受精卵的增加。一般来说，25℃的保护温度下，产卵量、良卵数和不受精卵率较为理想；而 30℃和 20℃的保护温度效果较差。化蛹前高温影响产卵数，化蛹后高温则增加不受精卵的比例。适温范围为 23～25℃，以 24℃为最佳，21～27℃为安全调节范围。

湿度对种茧保护也至关重要。湿度过低会导致蛹体发育缓慢、发蛾率低和不良蛾增多，产卵数减少，并可能增加不受精卵的比例；湿度过高则容易导致病原微生物繁殖、僵蛹和病蛹增加。通常，湿度保持在 75％～80％ 为宜。

尽管蛹体对二氧化碳的耐受力较强，但仍需加强通风换气。蛾的羽化通常发生在早晨，扰乱明暗规律会导致羽化时间不一致。蛹对光的感受性在春季为羽化前 2 日，在夏秋季为羽化前 3 日。应保持明暗规律，羽化前夕提前遮光，羽化当日提前提供光线，以促使蛾的均匀羽化。

④ 种茧处理　在上蔟后第 7～9 日，应剔除薄皮茧、畸形茧、棉茧、尖头茧、穿孔茧、特小茧等不良茧，剔除率应不少于 3％。随后，进行种茧调查，检查项目包括全茧量、茧层量、茧层率、克蚁收茧量或公斤茧颗数、健蛹率或死蛹率。合格标准依据品种固有性状确定。

种茧调查后，待蛹体复眼着色后进行削茧工作，削茧时要避免伤及蛹体。鉴别蛹前，首先剔除病蛹、死蛹、出血蛹、半蜕皮蛹、特小蛹和畸形蛹；初次鉴别后进行复鉴，并抽样检查，确保雌雄鉴别准确率大于 99％。鉴别后的雌、雄蛹需及时分开摊放。

⑤ 发蛾调节　种茧期的发蛾调节是生产杂交种和对交品种发育平衡计划的最后步骤。调节所用的环境条件应为蛹期的适宜温差范围，雌蛹为 23～25℃，雄蛹为 21～27℃。在此范围内，每升降 1℃，出蛾时间可提前或延迟 1 日，每升降 2℃，则提前或推迟 2 日。相对湿度应保持在 75％～80％ 不变，湿度不作为调节因素。

发蛾调节中，蛹体对光线的敏感性可用于辅助调节。黑暗可抑制出蛾时间，而延长光照时间则可促使蛾的提前羽化，从而提高调节效果。

(5) 制种技术

制种工序包括：发蛾、捉蛾与选蛾→交配与理对→拆对与投蛾→产卵与巡蛾→蚕蛾冷藏与雄蛾再交→收蛾与收种。

① 发蛾、捉蛾与选蛾

a. 发蛾　家蚕的发蛾习性因品种和系统而异。夏秋品种发蛾齐且早，盛发蛾通常在上午 4：00～6：00，雄先雌后，差异小，持续发蛾 5 天左右，其中第 2～4 天的发蛾量占 90％，最高日发蛾量达 40％～50％。春季发蛾较慢，盛发蛾在 5：00～8：00，差异较大，持续 7～8 天左右，第 3～4 日发蛾量约 40％～50％，最高日发蛾量达 30％。

温湿度和光线影响发蛾的时间和均匀度。适温范围内，高温促使发蛾提前且齐，温度低则相反。湿度高则发蛾早且齐，湿度低则发蛾慢且不齐，且不良蛾增多。保持自然的昼夜明暗可以使发蛾更为均匀，而长明或长暗则可能导致陆续发蛾。

b. 捉蛾、选蛾　发蛾当天，春季和早秋季在凌晨 4 时左右感光；中晚秋时在 5 时左右感光。捉蛾时应在蛾翅干燥、蛾体收缩后进行，通常上午 7 时左右开始。首先淘汰纯对蛾，然后依次选择中系品种、日系品种、雌蛾、雄蛾、落地蛾和匾边蛾，最后自上而下逐匾处理。捉出的蚕蛾应均匀放置于蚕匾中，每匾放 250 只雌蛾。捉蛾、投蛾及交配过程中需剔除病态蛾、半蜕皮蛾、大腹蛾、特小蛾、黑节蛾和鳞毛脱落蛾等不良蛾，并淘汰苗末蛾。

② 交配与理对　发蛾后 3～4h，将雄蛾均匀撒在雌蛾匾内，雄蛾数量应多于雌蛾 5％～10％。新鲜雄蛾与再交雄蛾分别使用，每只雄蛾交配次数限 2 次，交配时间为 3～5h。交配室温度为 23～25℃，相对湿度为 75％～80％，保持无风、弱光、安静环境，避免闷热。交配 15～30min 后进行理对，剔除未交配的蛾，确保蛾翅不相碰。

③ 拆对与投蛾　雌雄交配达到规定时间后，按交配顺序拆对。用左手食指按住雌蛾尾

部，右手捏住雄蛾尾部两侧，将雄蛾轻轻提起，分离雌雄蛾。雌蛾排尿后迅速送入产卵室，按制种要求投掷适量母蛾于散卵布或蚕连纸上。产卵室温度控制在24~25℃，湿度在75%左右，保持黑暗并通风。

④ 产卵与巡蛾　雌蛾产卵量和速度因品种、交配状况和环境不同而异。未交配的母蛾产卵速度较慢。交配后24℃时产卵速度最快，尤其在前2h明显。卵核与精核结合受精后，卵对高温和不良环境抵抗力最弱，30℃以上高温易产生不受精卵和死卵。暗光条件下产卵更为齐、快。产卵室温度应控制在24~25℃，湿度在75%~80%，保持黑暗并通风。

投蛾产卵期间需有专人巡蛾，及时捉出逸出蛾，扶正朝天蛾，剔除雄蛾，吸干产卵材料上的蛾尿。根据产卵情况调整蛾的位置，防止稀密不均和叠卵过多。巡蛾工作应反复进行3~4次，直至产卵基本结束。对产卵性差或残存卵多的品种，可适当调整交配时间，并保持产卵室温度略高。

⑤ 蚕蛾冷藏与雄蛾再交　在生产一代杂交种时，要注意发蛾调节，以保持雌雄数量平衡。因对交品种发蛾习性不同，可能需要调整雄蛾的冷藏和再交方法。

a. 雄蛾冷藏　合理保护雄蛾对提高蚕卵品质至关重要。雄蛾冷藏应用广泛，新鲜雄蛾或拆对后的雄蛾需专人管理。检查是否有雌蛾遗漏，装箱时标明品种、批次、发蛾日期、交配次数，每箱数量不宜过多，以防挤压。冷藏温度应为5~10℃，冷藏时间以4~5日为最佳，避免时间过长导致不受精卵增加。取用时要仔细核对，防止差错。

b. 雄蛾再交　雄蛾再交是平衡雌雄比例的常用方法。合理条件下，一头雄蛾可使3头雌蛾受精，但交配次数增加（特别是交配3次以上）会导致不受精卵增多。雄蛾不足时，可使用当日雄蛾拆对后再交。再交时间可缩短至3~4h，拆对后的雄蛾应休息半小时，再交时间可延长5~6h。使用新鲜雄蛾交配效果最佳。

c. 雌蛾冷藏　一般不推荐雌蛾冷藏。试验表明，2.5℃冷藏会完全抑制雌蛾产卵功能；5℃下能产少量卵；超过5℃则雌蛾成熟易在冷藏过程中产卵。在7.5~10℃中冷藏2日对产卵影响不大，超过2日需用5℃冷藏4~6日，但可能增加不受精卵。若必须冷藏雌蛾，冷藏温度在5℃以上时，应在翅干燥后尽早进行，以防雌蛾过分成熟。

⑥ 收蛾与收种　收蛾时间对产卵量和卵质有重要影响。过早收蛾会减少产卵量和良卵量，但可提高良卵率；过迟收蛾则产卵量增加，但不良卵率也会升高。

收种前必须对号分格装蛾，确保蛾号不混错。分段随机抽样，袋每只蛾盒30只，作为检查单位。装蛾时应遵循检查办法，随机挑选，不得挑选或先收后装蛾，装蛾后应及时封口，防止蛾外逸。每只蛾盒需标明品种、制种期别、制种批次和段号，妥善保护。装蛾后，按品种批次清点张数收种，避免堆积震动和品种、批次混错。

即时浸酸种应在盛产卵后14h内送达指定场所；冷藏浸酸种需在盛产卵后36h内送达指定冷库，按规定条件继续保护直至浸酸或入库冷藏；越年种在收种后送蚕种保护室保护。

(6) 蚕种浴消

① 浴消前准备　在蚕种浴消前，需对所有浴消用房及用具进行清洗和消毒。晾种室和蚕种保护室需配备降温和防冻设施，并准备好所需的仪器和药品。同时，淘汰微粒子病等检验不合格的蚕种，并剔除不符合品种固有性状的蚕卵。根据品种的滞育快慢安排浴种顺序，制订浴种计划，通常先处理春制种，再处理秋制种；先处理反交品种（日系为母本），后处理正交品种（中系为母本），最后处理含多化性血统的蚕品种。根据计划，核对品种、批次、数量，并做好标记。

② 浴种适期　蚕卵开始解除滞育但尚未完全解除的时期为适期，通常在 11 月中下旬至 12 月进行。

③ 散卵种的浴消

a. 浸种、脱粒、漂洗　将蚕种浸泡在清水中 40～60min，至蚕卵易脱落后，刮下蚕卵，用清水漂洗以脱去浆液。

b. 消毒、脱药　蚕卵脱浆后，浸泡在含有效氯 0.30%～0.33% 的漂白粉液中 9min，滤沥 1min。接着，用清水逐级漂洗 40～60min，直到漂白粉完全脱净。每千克卵需用漂白粉 4g，消毒液不得重复使用。

c. 盐比、脱盐　脱药后，将蚕卵放入不同密度的食盐水溶液中进行比选。食盐水溶液的相对密度根据品种和制种期别不同而有所不同，轻比约 1.075，重比约 1.090，轻重比差不应超过 0.10。淘汰轻比中的悬浮卵和重比中的下沉卵，然后用清水脱盐。

d. 脱水、晾干　蚕卵脱盐后，进行脱水和吹风晾干，放置在晾种室中保护，温度控制在 5℃，避免低于 3℃ 或高于 7℃。

④ 平附种的卵面消毒　蚕种入库前，用 2%～3% 浓度的甲醛液浸泡 40min，然后用清水漂洗至药味完全去除，及时晾干后装箱。消毒和漂洗液的温度应为 21℃。

(7) 蚕种冷藏与浸酸

必要时，可采用越年蚕种的复式冷藏、单式冷藏、即时浸酸、冷藏浸酸、滞育卵冷藏及浸酸前后冷藏等技术手段，以调整蚕种的使用时间。

① 越年蚕种的冷藏　越年蚕种可通过复式冷藏、单式冷藏或中间补正冷藏进行处理。

② 冷藏浸酸种的冷藏与浸酸

a. 浸酸前冷藏　根据用种期别、冷藏时间、产卵后的积温、蚕种品种、卵色和胚胎发育情况，确定入库时间。对产卵速度慢、卵龄差异大的品种，应适当推迟入库时间。入库前，蚕种应在外库 10～13℃ 中间温度下保护 4～6h，然后转入内库冷藏。

b. 浸酸适期　按预定时间出库，蚕种先在 10～13℃ 中间温度下保护 2h，然后再在自然温度下散冷 2～3h，再进行浸酸。

c. 浸酸操作　插种时，将蚕种按品种和批次装入笼中。浸酸时，新购的盐酸必须经生物实验合格后方可使用。

d. 浸酸后冷藏抑制　浸酸后的蚕种应在 25℃ 保护下，约 30h，当胚胎达到丙 1 阶段时，再经 10～13℃ 中间温度保护 12～18h，置于 2.5℃ 冷藏，冷藏期不超过 30 天；或在 25℃ 保护下经 36～48h，蚕卵达到丁 1～丁 2 阶段后，再经 10～13℃ 中间温度保护 8～12h 后，置于 5℃ 冷藏，冷藏期为 7 天。出库时应在 10～13℃ 中间温度保护 3～6h。

③ 即时浸酸种的冷藏与浸酸

a. 浸酸适期　产卵后，蚕种在 24～25℃ 中保护 18～22h，积温达到 300℃ 左右，通常在产卵次日下午 1～2 时，大部分卵呈淡黄色，少数为黄色，此时适合浸酸。

b. 浸酸操作　操作方法与冷藏浸酸种相同，但不进行比选，脱酸后直接脱水和晾干。

c. 浸酸前冷藏与浸酸后冷藏　需要延期浸酸时，可在产卵后于 25℃ 中保护 18～20h，再置于 5℃ 中冷藏，冷藏期不超过 5 天，尽量缩短冷藏时间。出库后在 20～25℃ 中保护约 2h，再行浸酸。浸酸后，在 24～25℃ 中保护 18～22h，然后置于 2.5℃ 冷藏；也可在 25℃ 中保护 40h 后，置于 2.5℃ 或 5℃ 冷藏。冷藏期限前者为 20 天内，后者为 7 天内较为安全。

④ 整理　冷藏浸酸种或即时浸酸种在浸酸后，散卵越年种浴消后，按品种逐批调查良

卵率。符合标准后，根据每克良卵粒数称量、装盒，每 10 盒捆扎，平放于蚕种箱。平附种晾干和收种后，按品种、批次、用种时期插入线架或装箱。

11.1.3　家蚕的营养与饲养

11.1.3.1　家蚕的营养

家蚕是寡食性昆虫，其主要饲料是桑叶，此外人们还开发了人工饲料。桑叶的主要成分包括水分和干物质。干物质包含蛋白质、碳水化合物、脂肪、无机盐和维生素等关键营养素，这些都是蚕生长发育必需的。

小蚕期应选用营养丰富、易于摄食和消化的适熟桑叶，避免使用未成熟或过老的桑叶。在饲养大蚕时，应提供蛋白质和碳水化合物含量丰富且水分较少的桑叶，以促进丝质的合成，增加产丝量。

11.1.3.2　家蚕的饲养

(1) 蚕与环境

我国的养蚕区域广泛，品种繁多，对气象环境条件的适应性差异很大。同一品种在不同发育时期对环境的要求也不同。温度、湿度、光照、空气和饲料等因素相互作用，共同影响蚕的生命活动。

① 温度　家蚕是变温动物，体温与环境温度基本一致，对温度调节能力较差。桑蚕的适宜发育温度范围为 7～40℃，幼虫的最佳生理温度为 20～30℃。在此范围内，桑蚕幼虫生长良好，发育速度随着温度升高而加快，发育时间则缩短。低于 15℃时，蚕活动迟缓，发育缓慢；而在 35℃ 以上则发育周期延长。

在幼虫生理适温范围内，需根据蚕品种、蚕龄、饲料质量和其他气象因素，确定合适的饲育温度，以保证蚕生长发育良好、生命力强壮、丝质优质且产量高。例如，小蚕适合在 26～27℃饲育，1～2 龄阶段为最佳，3 龄阶段为 25～26℃，其发育速度快，食量、消化量和体重增长显著，茧重也较重；大蚕则适合在稍低温度下饲育，4 龄阶段为 24～25℃，5 龄阶段为 23～24℃。

② 湿度　家蚕只有在适宜的湿度环境中才能良好生长发育。湿度过高时，蚕体水分蒸发受阻，体温上升，呼吸加快，脉搏加速，食量和消化量增加，发育周期缩短。湿度过低时，尽管环境卫生良好，但桑叶容易干枯，影响蚕体水分，特别是小蚕期，可能导致营养不良和蜕皮困难。

蚕体水分变化如下：刚孵化时含水率约 76%，进食桑叶后水分迅速上升，24h 内接近 85%，1 眠时增加 2%～3%；2 龄至 4 眠期间含水率稳定在 87% 左右；5 龄蚕体水分在最初两日略降，第三日急剧减少，到熟蚕时降至接近蚁蚕水平。因此，1 龄时湿度应保持在 80%～90%，随着蚕龄增加，每龄逐步降低 5%～6%，5 龄时相对湿度应为 60%～70%。

③ 空气　空气中含有蚕生存所需的氧气，同时也存在对蚕有害的二氧化碳、一氧化碳、氨气、二氧化硫等气体。由于加温燃烧、蚕沙发酵、蚕和桑叶的呼吸及饲养员的活动等，蚕室内氧气逐渐减少，有害气体增加，妨碍蚕的正常呼吸，影响其生长和健康。因此，大蚕期特别需要定期换气，小蚕在密闭环境中也需注意通风。

适当的气流能够及时排出有害气体，并促进蚕体水分蒸发和体温降低。小蚕期气体散发较少，体积小，水分和热量容易流失，需要适当微气流；过度通风会导致桑叶干枯，影响蚕的生长。大蚕期需较大气流，特别在高温多湿环境下，气流能有效消除蒸热，促进水分蒸发，减轻高温高湿对蚕的影响。一般饲育环境中，0.1～0.3m/s的气流最为适宜。熟蚕上蔟时，因排粪、排尿、吐丝结茧等，会排出大量水分和有害气体，更需注意空气流通，以保持室内新鲜空气，减少死笼茧和不结茧蚕，提高茧丝品质。

④ 光照　光线对蚕卵胚胎的发育速度有显著影响。在蚕卵点青前照明会加快胚胎发育，而点青后在黑暗环境中发育更快。通过遮光处理，可以使发育较慢的胚胎在黑暗中加速发育，而发育较快的胚胎则可利用黑暗而抑制孵化，从而促进孵化的一致性。

蚕幼虫对光的反应表现为趋光性。一般情况下，蚁蚕在5～100 lx的光照范围内表现为正趋光性，尤其在15～30 lx时更为明显。随着蚕龄的增长，蚕对光照强度的需求逐渐降低，熟蚕对13 lx的弱光趋性最强。在同一龄期中，起蚕的趋光性最强，而眠蚕最弱。然而，在超过100 lx的强光下，小蚕和大蚕均表现出负趋光性。

光线影响幼虫的活动，进而影响其食桑行为。在光照条件下，趋光性促使蚕向上层移动，既能防止伏蛹现象，又能确保它们摄取新鲜桑叶，从而促进良好营养和快速发育。

光线对蚕的发育具有一定的抑制作用，尤其在高温时更为明显，但这种抑制会随着蚕龄的增长而减弱。5龄蚕在持续黑暗中饲养时，体重较重，而全茧量则与饲养光照无关，无论是否有光照，小蚕期的全茧量通常较重。

蚕室内应采用散射光线，白天保持微明，夜间则保持黑暗。在熟蚕上蔟时，由于其强烈的背光性，需遮暗上蔟室，并确保光线均匀，以使茧层厚薄一致，减少双宫茧的产生。

(2) 养蚕前准备

养蚕前需要合理安排全年饲养的批次、时期及比例，并统筹规划所需的桑叶、蚕室、蚕具、养蚕物资及劳动力。制订生产计划时，应选择适合当地的蚕品种，确保环境卫生，并对蚕室及蚕具进行清洗和消毒，以保证生产安全。

① 制订养蚕计划　制订养蚕计划的目的是使桑叶产量与养蚕数量相匹配，并确定所需的蚕房、蚕具及蚕药等。计划需基于当地气候条件、桑园面积、桑树品种及生长情况等因素制订。一般来说，每张蚕（10g蚁量）需500～600kg桑叶。在养蚕前，需进行桑叶测产，以确保蚕和桑叶的数量平衡，从而提高经济效益。

② 蚕室、蚕具准备

a. 蚕室或大棚　养一张蚕，小蚕室需面积3m²，大蚕室地面育需30m²，使用蚕匾育需15～20m²，专用贮桑室需6m²。若条件允许，应配备专用的上蔟室；若不具备条件，可与大蚕室共用。

蚕室应朝南北方向建造，选址应地势高、干爽、采光好、通风良好、环境清洁，应设置南北对流窗口和内走廊，以便保温隔热、调节小气候，并便于防病消毒和操作。贮叶室应阴凉、保湿、通风透气；上蔟室要求光线柔和、干爽、空气流通，有助于湿气排除。

蚕室布局应遵循以下原则：小蚕室远离大蚕室及上蔟室；便于大小蚕分开饲养；蚕沙坑应远离蚕室，避免设置在上风处、路边或桑园边。

b. 蚕具　蚕具包括蚕匾、塑料薄膜、蚕网、方格蔟、蚕筷、鹅毛、切桑刀、砧板、桑剪、干湿温度计及黑布等。养一张蚕时，地面育需用7只小蚕专用蚕匾（80cm×100cm/只）、8张打孔塑料薄膜（80cm×100cm/张）、14张小蚕网（80cm×100cm/张）、160～200个方格蔟（156孔/个）。

c. 蚕药　蚕药用于蚕室、蚕具、蚕体和蚕座的消毒，常见药品有漂白粉、漂粉精、优氯净烟熏剂、优氯净防僵粉、甲醛溶液（福尔马林）、大小蚕防病一号（聚甲醛散）、毒消散、防僵灵Ⅱ号（402抗菌剂）、蚕季安Ⅰ号、蚕季安Ⅱ号等。使用蚕药时必须严格遵循生产厂家的说明，禁止使用兽药作为蚕药。

d. 消毒工作　养蚕前，需对蚕室、贮桑室及周边环境进行彻底清扫和消毒，消毒后保持蚕室的清洁和湿润。

(3) 消毒

消毒是通过物理或化学方法消灭环境中的病原微生物，以控制和预防蚕病发生的技术措施。为确保养蚕生产安全，必须根据不同地区和季节的蚕病发生规律，采取全面的防治措施。消毒工作需在养蚕前、蚕期中以及蚕期结束后严格执行，以确保彻底消灭病原体，提高蚕茧质量和产量。

① 养蚕前消毒　养蚕前7～10天需进行消毒。为了提高消毒效果，应按以下步骤操作：搬出蚕具→打扫蚕室→清理垃圾→清洗蚕室及蚕具→浸泡蚕具→环境消毒→蚕室药物消毒→通风。未按此顺序操作可能导致消毒效果不佳。

打扫：在消毒前，对蚕室、大棚、蚕具及周围环境进行彻底清扫，使用小刀刮除残留的病死蚕斑迹、尸体、排泄物和茧丝。垃圾集中焚烧或堆沤处理，以减少病原体。

清洗：打扫后，使用清水彻底冲洗蚕室、蚕具及周围环境，清除病原隐患。将蚕具放在干净场地暴晒。

粉刷：用20%石灰浆和1%漂白粉液粉刷蚕室墙壁和棚顶，以杀灭病原体并使环境洁白美观。

浸泡消毒：用1%漂白粉液对蚕室和蚕具进行喷洒消毒，密闭24h。对于体积较小的蚕具，如塑料折蔟、蚕网等，放入1%漂白粉液中浸泡6h；棉麻蚕网及其他蚕具可用3%福尔马林和5%新鲜石灰液浸泡8h，取出晾干。

熏消：搭好蚕架，摆放蚕具，使用消毒散或优氯净、福尔马林进行熏烟消毒，并增温补湿。密闭门窗24h后，再开门窗排除药味。

完成消毒后，门口应摆放消毒草垫，并提供专用脸盆、毛巾和拖鞋，进入蚕室前需洗手、换鞋。

② 蚕期中消毒　在养蚕过程中，周围环境中的病原体可能通过多种途径进入蚕室，引发蚕病。因此，必须加强蚕期中的消毒工作。

使用新鲜石灰粉或含2%～3%有效氯的漂白粉进行蚕体和蚕座的消毒。小蚕期使用2%漂白粉，桑叶食尽后撒于蚕体和蚕座上，大蚕期使用3%漂白粉。

定期观察蚕的健康状况，初期病蚕表现为体瘦发育不齐。应在眠期前严格分批提青，对弱小、病态蚕进行隔离饲养或淘汰，并定期消毒，减少传染源。发现僵蚕时，及时拣出并每日撒1次防僵粉，保持通风排湿，必要时扩座除沙。发现患病毒病的蚕时，除隔离淘汰外，还需撒新鲜石灰粉进行消毒。

建立防病卫生制度，减少病源传播。蚕室及周围环境应保持清洁，经常消毒。换鞋入室，使用消毒过的用具，盛叶用具和除沙用具应严格分开。除沙后，蚕室地面应用0.3%漂白粉液进行消毒，不得在蚕房内贮存桑叶等。

③ 养蚕后消毒　养蚕期结束后，采茧后应对蚕室进行彻底消毒。此时病源集中，是消灭病源的关键时机。消毒步骤与养蚕前相同：首先用1%漂白粉液喷洒消毒，然后进行

熏烟消毒。将蚕具搬到室外用流水或清水冲洗刷净并晒干。打扫干净蚕室后，用清水冲洗、刷净，再用5％石灰浆喷洒消毒。最后，将已清洗、晒干和消毒的蚕具搬回，并妥善保管。

(4) 小蚕和大蚕饲养

① 小蚕饲养主要技术环节　在蚕茧生产中，小蚕的饲养至关重要，其质量直接影响大蚕的管理、蚕的抗逆能力和蚕茧的质量。科学饲养小蚕是实现蚕茧稳产高产的基础。由于小蚕适应性强，呼吸量少，对二氧化碳耐受性强，普遍采用以防干为主的饲养方法，如防干纸育和塑料薄膜覆盖。这些方法可以有效保温保湿，并可减少水分蒸发，从而有利于保持叶质的新鲜。

小蚕期蚕体生长迅速，体重增加快，睡眠时间短，活动范围小，对桑叶的感知距离短，对病菌、农药和有毒气体的抵抗力较弱。因此，小蚕期的饲养管理需要特别精细。

a. 温度湿度调节　在适宜温度范围内，保持较高湿度，以促使小蚕食桑活跃，发育均匀。1龄期温度应为27～28℃，相对湿度95％；2龄期温度26～27℃，相对湿度85％～90％；3龄期温度25～26℃，相对湿度80％～85％。小蚕期还应适时换气，一般在喂桑时打开蚕室，室内气流不宜过强，以防温湿度下降。

b. 采桑和贮桑　由于小蚕生长快，对桑叶质量要求高，应选择水分丰富、蛋白质含量高、碳水化合物适中的优质桑叶。采桑时以叶色为主要依据，以叶位为参考（表11-1）。建议早晚各采桑一次，气候干燥时增加早晨的采桑量，阴雨天增加傍晚的采桑量。桑叶可放入缸或坑内贮藏，用湿布或塑料膜覆盖。

表 11-1　小蚕各龄用叶标准

龄期	叶色	叶位
收蚁时	绿中带黄	芽梢顶端由上面下第2～3叶
第1龄	嫩绿色	芽梢顶端由上面下第3～4叶
第2龄	浅绿色	芽梢顶端由上面下第4～5叶
第3龄	浓绿色	春期可用止芯芽叶,夏期可用疏芽叶,秋期可在枝条上选适熟叶

c. 切桑和给桑　为便于小蚕取食，桑叶需切成约两倍于蚕体的方块。给桑的频次和量应根据蚕的发育和桑叶的凋萎情况决定。在三回育时，初期给桑1.5层，盛食期给桑2.5层。给桑前需平整蚕座，使蚕分布均匀，给桑时应做到"一撒、二匀、三补"，保证厚薄均匀，确保桑叶适量供给。

d. 扩座与除沙　小蚕生长迅速，需经常扩大蚕座面积，每次给桑后需扩座一次。除沙次数随蚕龄增加而增加，第1龄若蚕沙不厚，可不除沙；第2龄及第3龄蚕在食桑时及将眠时需除沙。除沙时，先加网，给桑两次后提起蚕网清除沙土。

e. 眠期处理　眠蚕和起蚕的处理对小蚕健康发育至关重要。眠前应适时加网，清除沙土，使蚕快速入眠。蚕入眠后停止喂桑，撒上焦糠或石灰粉，对尚未入眠的蚕进行隔离。温度应降低0.5～1℃，湿度适当降低，但避免过干。在蚕蜕皮时，应防止过干，使用防干纸育时需抽走，保持蚕座干燥。

饷食是蚕眠起后的第一次喂桑，需在大多数蚕已入眠且头部呈淡褐色时进行。饷食用叶应柔嫩新鲜，先撒防僵粉，再给桑叶。建议"早止桑，迟饷食"，以促进蚕眠起均匀，保障健康发育，提高养蚕效率，确保丰产丰收。

② 大蚕饲养主要技术环节　4～5 龄蚕称为大蚕（壮蚕）。大蚕对高温高湿的环境耐受性较差，尤其是 5 龄期。其体表面积相对较小，皮肤含蜡量多，气门相对较小，导致体内水分散发困难，散热不畅，从而使体温升高。通常，大蚕的体温比气温高约 0.5℃。在 30℃ 以上的高温和 85％ 以上的湿度环境中，蚕的生命活动会受影响，并容易引发蚕病。大蚕食量大，排泄物多，容易导致空气质量恶化。

因此，必须加强蚕室通风换气，保持蚕座干燥，以减轻高温高湿的影响。大蚕一般在较低温度和干燥环境下饲养，同时需要保持适当气流。4 龄蚕适宜的温度为 24～25℃，相对湿度为 70％～75％；5 龄蚕适宜的温度为 23～24℃，相对湿度为 65％～70％。应避免低于 20℃ 的低温和高于 28℃ 的高温，并做好通风换气。

给桑次数主要根据饲养方式和桑叶的凋萎速度决定。使用芽叶或片叶饲喂时，桑叶较易凋萎，通常每日喂 3～4 次，大棚条桑育每日喂 2～3 次。大蚕食桑量大，占全龄总叶量的 95％ 左右，合理掌握各次给桑量对蚕茧生产成本影响显著。在少食期、中食期时，给桑应以食尽为宜；盛食期时，注意饱食，残桑应尽量减少，以促进丝腺充分生长。给桑时要迅速均匀，先扩座、整座，使蚕分布均匀，然后均匀撒桑，淘汰不良叶。

由于大蚕食量大，排粪多，蚕沙容易堆积，易滋生病原体，因此需要定期除沙，保持蚕座清洁。一般 4 龄期需除沙 2 次，5 龄期每 1～2 日除一次。大棚条桑育可不除沙。

眠起处理方面，四眠期时间最长，一般需 40～48h。为促使上蔟整齐并提高茧质，应进行提青分批处理。若不分批处理，可能导致眠蚕被层层蚕沙埋藏，不利于其生理健康，且容易感染病菌。通常在 90％～95％ 的蚕已起时开始饷食，饷食用桑需新鲜且偏嫩，头两次给桑量应少。

在大蚕的中后期，特别是 5 龄期，丝腺生长加快。因此，应提供蛋白质丰富、水分较少、碳水化合物含量较高的桑叶，确保蚕充分进食，促进丝腺发育，从而提高蚕茧的产量和质量。

（5）上蔟和采茧

蚕在 5 龄后期开始减少或停止进食桑叶，排出大量绿色软粪，胸部变透明，身体变软缩短，头胸部抬起并左右摆动，寻找吐丝结茧的地方，这种状态称为熟蚕，是上蔟的适宜时机。上蔟即将熟蚕移至蔟具上，让其吐丝营茧，这是决定蚕茧品质的关键环节。上蔟时间需掌握得当，过早或过迟都可能影响蚕茧的质量和产量。

① 蔟具的准备　蔟具是蚕结茧的场所，其制作形式和材料直接影响蚕茧的质量。主要体现在：一是影响蚕吐丝与结茧的位置；二是影响蔟中的小气候环境，从而影响蚕茧的解舒和茧色。因此，蔟具需具备以下条件：a. 结构合理，有利于提高上茧率；b. 空气流畅，易于排湿，提高蚕茧解舒率；c. 材料来源多，成本低，体积小，便于保存与消毒；d. 采茧方便，工效高。

目前常用的蔟具包括方格蔟、塑料折蔟和蜈蚣蔟（俗称草龙）。每张蚕种需要 200 个方格蔟（156 孔/个）或 140 个塑料折蔟，每个塑料折蔟上放置 200 头熟蚕。

② 熟蚕处理及上蔟　熟蚕出现后，减少桑叶供应，以免浪费。在适温范围内，可适当加温促使蚕尽快成熟。一般早晨熟蚕较少，12～14 时熟蚕较多；第一天熟蚕较少，第二天较多，第三天熟完。上蔟应做到先熟先上，以免熟蚕吐丝过多影响质量。未熟蚕需及时收缩蚕座并继续喂桑叶。

上蔟方法包括悬挂法、平铺法和网收法等，具体方法根据蚕的发育阶段和蔟具种类决定。上蔟后需进行翻蔟、通风排湿、调节温湿度等管理措施，以确保蚕茧顺利形成和发育。

a. 悬挂法上蔟　根据饲养形式选择悬挂方法。使用地蚕育时，在蚕畦两头放置两条凳，然后将方格蔟挂在竹竿上，排成搁挂蔟列（视蚕座稀密灵活掌握）。使用蚕台育时，两层蚕台面间距应超过 60cm，将竹竿固定在蚕台面上方，方格蔟底部应略高于蚕座约 1cm。自动上蔟的蚕台，一般在上蔟 8h 后需翻蔟，若不翻蔟，可在顶层方格蔟上水平放置一层。24h 后开门开窗通风排湿，清除游蚕和地沙。

b. 平铺法上蔟　将方格蔟或塑料折蔟平铺在蚕座上，约 2h 后将蔟提起，悬挂到竹竿上，然后将蚕座上的蚕合并，再铺上新蔟。

c. 网收法上蔟　整平蚕座后，加大蚕网（塑料网），待蚕爬上网后提网，将熟蚕撒在方格蔟上，提网后将蚕座上的蚕合并，再用网铺上蔟。为使蚕熟得更整齐，可使用蜕皮激素，但需在 5%～10% 熟蚕出现后按说明书使用，避免提前或超量使用。

③ 蔟中管理　使用塑料折蔟时，结茧三日后应将折蔟悬挂在通风处。使用方格蔟时，当熟蚕自动入孔达到 90% 以上时，立即将蔟具搁挂于蚕台竹竿上，蔟片间距 12～15cm，剩余未入孔的熟蚕需人工集中上蔟，两日后拣去浮蚕，并进行位置调整，以使熟蚕分布均匀，减少双宫茧和薄皮茧。上蔟室温度应控制在 25～26℃，相对湿度为 60%～70%（干湿差为 3～4℃）。温湿度和通风的调节对蚕茧的形成至关重要，应加强通风排湿，并在地面撒吸湿材料（如焦糠、生石灰粉等）。光线应稍暗且均匀，防止强风直吹。上蔟两日后需拣出病蚕和死蚕，以免污染健康茧，导致污茧和黄斑茧。

④ 采茧　采茧是养蚕的最后一步，完成后即可销售。虽然采茧操作较简单，但对茧质的影响很大。采茧的最佳时机是蚕化蛹、蛹体变为棕黄色时。春蚕一般上蔟后 5～7 日、夏秋蚕上蔟后 4～6 日为适期。采茧过早，蛹未成熟或较嫩，易出水，影响质量；采茧过晚，蛹可能化蛾。

采茧时应按上蔟顺序先上先采，采前需清除死蚕和烂茧，以免污染好茧。采茧时应轻拿轻放，避免乱掷以防损伤蛹体。茧分为上茧、次茧、下茧（双宫茧、黄斑茧、柴印茧、畸形茧）和烂茧四类。采集一定数量后，应薄摊于蚕箔内，以 2～3 粒茧厚度为宜，避免堆积过多影响茧质。采完茧后，要去除蔟具上的浮丝。花蔟、木制方格蔟可用明火烧除；塑料折蔟用含 1% 有效氯的漂白粉液浸洗；纸质方格蔟用电动吸丝器除去。只有将浮丝彻底清除，才能确保下次熟蚕的顺利上蔟结茧。

11.1.4　家蚕常见疾病防治

家蚕在饲养过程中常遭遇多种病害，这些病害容易导致大面积发病和大量死亡，每年造成严重的经济损失。因此，了解家蚕的发病特点，并根据发病途径，采取"预防为主、综合防治"的原则，实施有效措施，是保证家蚕健康成长、提高蚕茧产量和质量的关键。

11.1.4.1　常见家蚕疾病

家蚕疾病分为传染性和非传染性两大类。传染性蚕病由病毒、细菌、真菌或原生动物等病原微生物引起，这些病原体在蚕体内增殖，并能通过病蚕传染给健康蚕。非传染性蚕病则由非病原体因素如节肢动物侵害、农药中毒、机械创伤等引发，不会通过蚕体传播给其他蚕。

（1）病毒病

感染家蚕的病毒主要包括核型多角体病毒（Bombyx mori nucleopolyhedrovirus，BmNPV）、质型多角体病毒（Bombyx mori cytoplasmic polyhedosis virus，BmCPV）、家蚕传染型软化病毒（Bombyx mori infectiou sflacherie virus，BmFV）和浓核病毒（Bombyx mori densonucleosis virus，BmDNV）等。

① 家蚕血液型脓病　由 BmNPV 引起，也称家蚕核型多角体病毒病或脓病。该病是目前养蚕生产中最常见且危害严重的亚急性传染性疾病。发病率高，病原体在极端条件下仍具强致病性。常见于养蚕地区，传染性极强，易暴发且难以控制，严重时可造成严重损失，甚至颗粒无收。家蚕血液型脓病可发生于各龄期蚕，以 4 龄、5 龄蚕为主，典型症状包括食欲不振、体躯肿胀、乳白色体液、体壁紧张发亮、行动狂躁不安。晚期行动缓慢，体壁易破，流出乳白色血液，蚕体最终皱缩死亡，死后组织溃烂。根据症状可将病蚕分为不眠蚕、起缩蚕、高节蚕、脓蚕和黑斑蚕。5 龄蚕在上蔟前大多死亡，但有时也能营茧化蛹，病蛹体色暗褐色，振动后体壁易破，严重影响蚕丝质量。

② 家蚕中肠型脓病　由 BmCPV 引起，通过食入或创伤侵入，感染家蚕中肠上皮圆筒形细胞，形成多角体。潜伏期和发病过程较长，为慢性传染性疾病。感染蚕发育缓慢，体积缩小，食桑和行动不活跃，常伏于蚕座四周或残桑中，群体发育不齐，龄期存在差异。大蚕期发病时，消化道空虚，胸部半透明，呈空头状，因此该病又称"空头病"。症状还包括吐液、下痢，严重时排出稀粪或乳白色黏液。解剖病蚕可见中肠乳白色横纹或肿胀。此病与核型多角体病毒病的主要区别在于病蚕血液澄清。此病对蚕业生产危害严重，目前防治措施主要限于消毒预防。

③ 家蚕病毒性软化病　也称亮头蚕，由 BmFV 引起，通过直接或间接接触被病毒污染的桑叶或病蚕粪便感染。发病初期（约 3 日后），表现为食欲减退、个体差异大、发育不良、眠起不齐。病情发展后出现起缩、空头、缩小、吐液、下痢等症状，死后尸体扁瘦。起缩蚕在各龄期食桑后 1～2 日，体躯缩小、体壁皱纹增多、吐液、排黄褐色稀粪或污液，最终萎缩死亡。空头症状主要在各龄盛食期出现，特别是大蚕盛食期最为明显。体色由青白变锈色，胸部略膨大，呈半透明略带暗红色，最后全身半透明，排稀粪或污液，死前吐液，死后尸体软化。此病有明显的空头症状，头胸昂举，体色略暗红。

④ 家蚕浓核病　由家蚕浓核病毒（BmDNV）引起，通过吞食病毒污染的桑叶感染。感染后约 3 日出现食欲减退、发育延缓、迟眠、体积特小等症状。一周左右，蚕进食减少，消化管内充满黄褐色液体，外观空头，并伴有下痢和吐液现象，不久死亡。本病属慢性蚕病，潜伏期和病程较长，从感染到死亡一般需 7～12 日。生产中多见于小蚕期感染，大蚕期发病，特别是 5 龄 5～6 日最易发病。

（2）细菌病

家蚕细菌病是由细菌引起的常见病害，主要在夏秋季节发生，尤其在环境条件差的蚕室中更易出现。病蚕尸体软化腐败，统称为软化病。根据病原细菌和病症类型，细菌病可分为细菌性败血病、细菌性肠道病和细菌性中毒病（常称猝倒病）等。

① 细菌性败血病　由细菌在蚕、蛹和蛾的血液中寄生繁殖引起，随血液循环分布全身。细菌直接由体壁创伤侵入血液的称为原发性败血病，细菌经口进入肠道后再侵入血液的称为继发性败血病。常见的病原细菌包括黑胸败血病菌、沙雷菌和青头败血病菌，这些细菌引起的败血病发病广泛且严重。还有一些细菌如铜绿假单胞菌、变形杆菌、链球菌和葡萄球菌

等，发病较少，且症状不明显。细菌性败血病病蚕表现为软化腐烂，细菌通过创伤进入血液并繁殖，导致血液变性，血细胞和脂肪体破坏，最终导致各组织器官的液化。

② 家蚕细菌性肠道病　这种病害在蚕种生产或人工饲料喂养的蚕中较常见，主要由肠球菌（*Enterococci*）引发。肠球菌紊乱导致的肠道病表现为食欲减退、行动不活跃、体型瘦小、发育不齐等慢性症状。常见的症状有起缩、空头和下痢。此病多发生在 4～5 龄蚕期，5 龄蚕饷食后发育极度不齐，体型明显小于正常蚕，行动迟缓，食桑能力减弱，蚕体色不能转青。肠球菌紊乱时间长，蚕体缩小，体壁皱缩，体色深，爬附在蚕座边缘，最终停止进食而死。急性发病时，蚕可能在眠中突然死亡，尸体变黑褐色并腐烂。部分病蚕能上蔟结茧或正常化蛹，通过及时治疗可以恢复正常。

③ 家蚕细菌性中毒病　由摄食苏云金杆菌（*Bacillus thuringiensis*，Bt）产生的 δ-内毒素引起，又称猝倒病。大量毒素摄入后，蚕会突然停止食桑，表现为苦闷、痉挛、全身麻痹，迅速死亡。少量毒素摄入则初期表现为食桑不旺、肌肉松弛，最终可能出现红色污液排出、倒卧而死。病蚕尸体初期体色不变，随后变色并腐烂。使用苏云金杆菌及其毒素的生物农药容易引发大规模流行，高温多湿的环境有利于其传播。

（3）真菌病

家蚕真菌病是由病原真菌通过皮肤侵入蚕体内寄生引发的传染性疾病，常在多湿地区或夏秋季节发病。真菌病大致分为两类。一类是蚕体死亡后尸体僵化不易腐败，称为僵病或硬化病。根据寄生真菌不同，尸体上可能长出各种颜色的分生孢子，诱发白僵病、绿僵病、灰僵病等，其中白僵病和绿僵病危害最严重。另一类是病蚕尸体不硬化，而是在病斑处形成硬块，随着时间推移，硬块上出现菌丝和分生孢子，称为曲霉病。

① 白僵病　主要由球孢白僵菌和卵孢白僵菌引发。病原真菌的生长周期包括分生孢子、营养菌丝和气生菌丝三个阶段。在适宜的温湿度（20～30℃，75％以上）条件下，分生孢子发芽形成发芽管，侵入蚕体后转变为营养菌丝。营养菌丝增殖过程中产生芽生孢子和节孢子。蚕体死亡后，气生菌丝在尸体表面形成分生孢子梗，最终形成新的分生孢子，使体壁覆盖白粉，再次污染环境。感染至死亡约需 3～6 日。

② 绿僵病　由绿僵菌引发，属于半知菌亚门的野村菌属（*Nomuraea*），学名为莱氏野村菌（*Nomuraea rileyi*）。感染后，蚕体前部及胸足基部出现圆形或轮状的大型病斑，初期尸体呈乳白色，2～3 日后长出白色菌丝，随后覆盖绿色分生孢子。绿僵病的潜伏期较长，一般为 8～10 日。

③ 曲霉病　主要由黄曲霉和米曲霉等曲霉菌引发，对小蚕的危害较大。小蚕感染后体色发黑，死后尸体干瘪，头部显大，全身长满绿色或黄褐色菌丝及球状分生孢子。大蚕感染后，皮肤出现黑色块状病斑，死后病斑处长出白色菌丝，最终形成褐色或黄绿色分生孢子。尸体上的病斑处会因细菌繁殖而腐烂变黑。

（4）家蚕微粒子病

家蚕微粒子病是由家蚕微孢子原虫引起的传染性疾病，微孢子原虫呈卵圆形、椭圆形或球形，大小通常为 3～5μm。病原体的生活史分为感染期和裂殖增殖期。微粒子病通过食下传播和胚种传播可传染给子代，对蚕种生产造成严重威胁，因此我国将微孢子原虫列为法定检疫对象。

家蚕微粒子病是一种慢性传染病，发病时间因感染早晚和病情轻重而异。胚种传染的蚁蚕或第 1～2 龄蚕在第 3 龄时发病，随后逐渐死亡。第 3 龄蚕感染后大多数在上蔟前死亡，部分在蛹期死亡，极少变成蛾。第4~5龄蚕，尤其是第5龄蚕，可能带病完成世代，因此蚕、蛹、蛾和卵均可感染，且不同发育阶段有不同症状。

感染的蚁蚕食桑量减少，多日不见疏毛，体色变暗，体躯瘦小，发育缓慢，重者逐渐死亡。大蚕体色暗淡，行动迟缓，食欲减退，发育缓慢，群体大小不均，背部或气门线上下出现黑褐色渣点，重者呈半蜕皮状态而死亡。熟蚕多不结茧，吐丝缓慢，结成薄皮茧。蚕蛹体色暗淡，无光泽，腹部膨大松软，反应迟钝，脂肪粗糙，血液黏稠度低。蚕蛾翅薄脆，鳞毛稀少，易脱落，翅展不好，易成卷翅蛾，卵少且不规则，血液浑浊，尿呈红褐色。病重时，蚕蛾产卵稀少、不整齐，常出现未受精卵或死卵。轻病蚕蛾产卵与正常蚕无异，但卵仍可能携带微孢子虫。

感染微孢子虫的蚕全身感染，包括消化管、马氏管、丝腺和生殖细胞等。病蚕体内已带有微孢子虫孢子，所产蚕粪、蛾尿、卵壳、茧皮及吐出的肠胃液等都是传染源。蚕沙坑、蚕室地面和上蔟场所是病原体集中地，病原体通过人畜、禽类和自然环境传播，附着在桑叶或尘埃上重新进入蚕室感染健康蚕。病蚕也能通过蚕座污染传染给健康蚕，引发蚕病。

(5) 蝇蛆病

家蚕蝇蛆病由寄生于蚕体内的蝇幼虫（蚕蝇蛆）引起，全年均可发生，尤其在夏秋季节较为频繁，对蚕生产影响严重。蚕蝇每年可繁殖6~7代。雌蝇在交配后第二天会飞入蚕室产卵，每只雌蝇可产卵400~500粒，每条蚕体上产1~2粒，感染几百条蚕。蝇卵在蚕体上孵化成蛆后，立即钻入蚕体内寄生，寄生部位的皮肤则形成黑色病斑，形状类似硬物刺伤，病斑所在环节可能出现肿胀或扭曲。

3~4龄蚕被寄生后通常在大眠中无法蜕皮而死于眠中。5龄蚕被寄生后则可能出现早熟现象，通常能结茧或结成薄皮茧，但无法化蛹而死于茧中，形成死笼茧，蛆体还能穿破茧层，导致形成蛆孔茧。

(6) 农药中毒

家蚕对农药非常敏感，接触农药或食用被农药污染的桑叶会引发中毒。轻度中毒影响蚕的生长发育，重度中毒则可导致大批死亡。农药，包括杀虫剂、杀菌剂和除草剂等，具有强生理活性，黏附在桑叶上的毒性可持续数日甚至超过100日。农药在桑园和蚕室中使用不当会对蚕造成危害。不同农药进入蚕体后会引发不同的中毒机制。目前广泛使用的杀虫剂大多为神经毒剂，这些药物会抑制神经传导过程中胆碱酯酶的活性或影响乙酰胆碱的正常循环，导致神经传导障碍，表现为异常冲动或麻痹瘫痪。

① 有机磷农药中毒　常见的有机磷农药有敌百虫、敌敌畏、杀螟松、磷胺和辛硫磷等。它们对蚕有胃毒、触杀和熏蒸作用。蚕接触这些农药后，会出现头胸突出、胸部膨大、尾部瘦小、部分蚕脱肛、排粪异常以及吐液而死等症状。食用喷洒了辛硫磷的桑叶后，蚕初期头胸昂起、抓握力减弱，重者身体扭曲、头胸左右摇摆、口吐胃液，迅速死亡。食用磷胺污染的桑叶后，蚕会表现出拒食、食桑缓慢的现象，中毒后头胸昂起、静伏，头胸摆动，抓握力减弱，口吐胃液，出现仰卧和倒爬，死亡后蚕体弯曲，尸体发软。

② 有机氯农药中毒　有机氯农药用于桑园除虫，蚕食用喷洒过这种农药的桑叶后，多表现为头部昂起，左右摇摆，口吐胃液，全身污染。第5龄蚕微量中毒后，上蔟后乱爬、不结茧，吐平板丝，变成裸蛹，形成畸形茧。

③ 菊酯类农药中毒　菊酯类农药对昆虫神经系统的影响类似于有机氯杀虫剂，但更具击倒作用。它们对昆虫的中枢神经系统和感觉器官也有作用。菊酯类农药残效期较长，有时

在处理桑枝后 35 日内采叶喂蚕，仍会出现中毒症状。中毒蚕身体左右摇滚成螺旋状或弯曲成钩状，不吐水，随即死亡。常用的溴氰菊酯中毒后，轻者拒食乱爬，重者表现为摇头烦躁，胸部膨大，口吐大量胃液，全身翻滚。死蚕身体明显缩短，呈卧伏状或侧伏状，少数出现脱肛现象。

④ 沙蚕毒素农药中毒　沙蚕毒素（nereistoxin）是海生沙蚕体内的一种神经毒物，常用的有杀虫双等。此药对家蚕剧毒，用 25％杀虫双水剂 1000 倍液喷洒桑叶后，采摘桑叶喂蚕，死亡率可达 100％。中毒蚕表现为不爬不动，腹部抽搐，迅速死亡。老熟蚕吐丝不结茧，或不吐丝不化蛹，死后有异臭。

⑤ 烟碱类杀虫剂中毒　烟碱类杀虫剂结构与乙酰胆碱类似，易与乙酰胆碱受体竞争结合，引起乙酰胆碱积蓄，导致神经过度刺激。烟碱中毒的蚕胸部膨大，头胸昂起并向背后弯曲，病势进展时头低垂，吐出大量绿色或褐色胃液，迅速死亡。

11.1.4.2　预防措施

家蚕发病有一定的规律，只要明确发病的主要途径，就能采取有针对性的防治措施，从而保证蚕茧的产量并实现经济效益。发病通常由以下因素引起：忽视消毒导致环境中存在病原菌，或管理不当，如桑叶管理不当、饲养技术不熟练等。了解蚕病根源，遵循"预防为主、综合防治"的原则，实施相应措施，可以降低发病概率，控制病害传播，提升养殖产量。

(1) 蚕病早期诊断方法

采用"看、摸、听、嗅"四种方法进行诊断。一看：观察蚕体的生长发育、体色、体态及排泄物。健康蚕体色青白，排泄物墨绿色、六角形；病蚕体色灰暗，表皮松弛、褶皱，节间膜失去弹性，或出现病斑。二摸：触摸蚕体。健康蚕体结实有弹性，而病蚕体质松弛、弹性差。三听：听蚕进食的声音。声音大表示健康，声音细小则可能是病蚕或亚健康蚕。四嗅：闻蚕室气味。气味异常（如腐烂味、霉变味）则说明蚕生病；如闻到桑叶香气则表示蚕健康。

(2) 蚕病综合防治措施

① 选育和应用优良抗病品种　通过筛选和应用抗病性强的品种，可以有效防治蚕病，减少化学消毒剂使用量，降低环境污染，节省资源。

② 增强消毒意识　贯彻"预防为主、综合防治"的方针，增强消毒意识，做好桑叶、蚕室、蚕具及蚕体的消毒工作。消毒流程为消→洗→消→熏，确保消毒彻底。

③ 加强桑园管理　定期施肥，施用有机肥，以生产优质桑叶。防治桑树病虫害时应了解药性，合理配备设备。改善病蚕生存环境，调整轮作区，避免药物污染；对污染的桑叶进行消毒，减少病原体。适度规划桑园，减少工业废气污染。

④ 加强饲养管理　注意加温保湿，避免温湿度剧烈变化。对施药桑叶先试喂，确保无害后再大面积使用。根据蚕的眠期提供适当叶质的桑叶，改善饲喂环境。发现病蚕时，及时隔离处理，并对蚕座进行消毒。

总之，蚕病的防治需要全面考虑，严格遵循"蚕前彻底消，蚕中继续消，蚕后立即消"的"三消方针"，将消毒防病贯穿整个养蚕过程，采取综合措施以预防为主，实现预期效果。

11.2 蜜蜂养殖

11.2.1 蜜蜂的生物学特性

蜜蜂是节肢动物门昆虫纲膜翅目蜜蜂科蜜蜂属生物。得益于中国辽阔的疆域，适合蜜蜂获取食物的蜜源植物众多，发展养蜂业具有得天独厚的优势，中国是蜂群数量、蜂产品产量全世界最多的国家。蜂产品涵盖蜂蜜、花粉、蜂王浆、蜂蜡、蜂毒、蜂胶等众多产品，具有医疗、滋补和保健的功效；此外蜜蜂还具有授粉提高农作物产量的作用，农作物增产带来的间接价值比蜂产品价值高出 100 多倍，这也是其"农业之翼"美称的由来。

11.2.1.1 蜜蜂的形态特征

蜜蜂的躯体由几丁质构成的外骨骼包裹着，并起到支持和保护内部柔软组织的作用；蜜蜂体表密布的绒毛具有保护身体和保温的作用，也是蜜蜂的一种感觉器官，对其采集、传播花粉具有特殊意义。

(1) 头部

蜜蜂头部两侧生长着一对复眼，头顶处分布三个呈倒三角形排列的单眼。面部中央部位则长了一对紧靠的触角，正下面是其口器。

① 眼睛　蜜蜂的眼睛分为复眼与单眼两种。复眼位于头部两侧，每只复眼由数千个小眼组成。头顶处有三个呈倒三角形排列的单眼。蜜蜂的视觉功能由单眼与复眼共同实现。

② 触角　蜜蜂的触角呈膝形，由柄节、梗节和鞭节构成。触角是蜜蜂最重要的触觉和嗅觉器官。

③ 口器　蜜蜂的口器为嚼吸式的，适用于咀嚼花粉和吸吮花蜜。口器由上唇、上颚、下唇、下颚四部分组成。上部口器由一对大的上颚和上唇构成，主要负责咀嚼。下部口器则由一对下颚和下唇组成，并结合形成管状喙。喙是蜜蜂摄取液体食物的器官。

(2) 胸部

① 足　蜜蜂具备前、中、后三对足，这些足既是运动器官，也是蜜蜂的听觉器官。工蜂的后足较长，经过进化形成了一种特殊装置，即花粉筐，可用于携带花粉或蜂胶。

② 翅　蜜蜂拥有两对透明膜质翅，翅上有加厚的网状翅脉。在飞行过程中，翅膀每秒可扑动 400 多次，使其飞行敏捷。翅膀扇动产生的气流可调节温度和湿度，同时翅膀振动发声，可用于信号传递。

(3) 腹部

腹部为蜜蜂的消化和生殖中心，由多个腹节组成，腹节之间由节间膜连接。腹板和背板构成的腹节，伸缩、弯曲自由，有利于采集、呼吸和蜇刺等行为。每侧腹板上均有成对的气门。腹腔内分布着消化、排泄、呼吸、循环和生殖等器官，以及臭腺、蜡腺和螫针。臭腺能分泌挥发性物质，用于发出信息、吸引同类。蜡腺专门分泌蜡液，工蜂蜡腺在 12～18 日龄时最为发达。工蜂的螫针是由已失去产卵功能的产卵器特化而成的，具有倒钩状结构，内含毒液，是蜜蜂的自卫器官。工蜂失去螫针，生命很快会结束。

11.2.1.2 蜜蜂的生活习性

蜜蜂作为社会性昆虫，其生活以群体形式进行。一个完整的蜂群通常由一只蜂王、数千至数万只工蜂以及数百只雄蜂组成，共同构建了一个高效且有序的整体（图 11-5）。蜂群是蜜蜂生存的基本单位，任何一只蜜蜂脱离群体都无法正常生存。

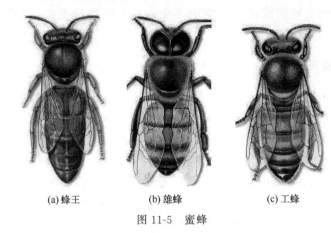

(a) 蜂王　　　　(b) 雄蜂　　　　(c) 工蜂

图 11-5　蜜蜂

（1）蜂王

蜂王是蜂群中唯一的生殖器官发育完全的雌性蜂，具有二倍染色体，生殖器官特别发达。在蜂群中，其主要职责是产卵。新出房的健全蜂王会在巢内巡视，寻找并破坏其他王台，遇到其他蜂王时会发生争斗，直至仅留下一只。经过数日的试飞和辨认蜂巢后，性成熟的处女王会进行交尾飞行，即"婚飞"。这一行为通常发生在午后 2～4 时，气温需高于20℃，且需无风或微风条件。在一次婚飞中，蜂王会与 10～20 只雄蜂连续交尾。经过 1～3日的休整后，蜂王开始产卵。除非发生自然分蜂或蜂群飞逃的情况，受孕后的蜂王将不再离开蜂巢。蜂王的寿命可长达数年，但通常在 2 年以上的蜂王，其产卵能力会逐渐下降。因此，在生产中通常每年更换新蜂王，并及时替换衰老、残伤或产卵量下降的蜂王。

（2）工蜂

工蜂是蜂群的主体，由受精卵发育而成，具有二倍染色体，是生殖器官发育不完全的雌性蜂。工蜂的幼虫在前 3 天由其他工蜂饲喂蜂王浆，之后则转为喂食蜂蜜与花粉混合物，这一过程导致工蜂的生殖器官发育受到抑制，从而失去正常的生殖功能。

工蜂承担着巢内外所有的日常劳动，其职能随着年龄增长而发生变化，即呈现"异龄异职"现象。年轻的工蜂负责保温、孵卵以及清理巢房等工作；稍大一些的工蜂则开始饲喂大幼虫；6～12 日龄的工蜂，由于其王浆腺发达，主要负责分泌王浆饲喂小幼虫和蜂王；随着王浆腺的逐渐萎缩和蜡腺的成熟，13 日龄以后的工蜂开始分泌蜡质建造蜂巢。工蜂在巢内的最后一项工作是守卫蜂巢，随后转至巢外活动，如采集花蜜、花粉、水、蜂胶等，或进行蜜源侦察。

工蜂的采集工作通常从 17 日龄开始，20 日龄后其采集能力得到充分发挥，直至老死。工蜂采集活动的最适宜气温为 15～25℃，当气温低于 12℃ 时，工蜂通常不进行采集活动。采集活动主要在距离蜂巢约 1km 的范围内进行，但若蜜源场地距离蜂场较远，采集半径可扩大至 2～3km 以上。

工蜂的寿命约为 6 周，但不同季节工蜂的寿命可能会有显著差异。在越冬蛰伏期，工蜂的寿命可长达 6 个月以上。

（3）雄蜂

雄蜂是蜂群中一种特殊的存在，其发育源于未受精卵的孤雌生殖，拥有单倍染色体结构。雄蜂并不具备采集能力，缺乏螫针，同时亦无蜡腺与臭腺。其命运完全取决于蜂群的需求状况，通常在秋、冬季节，由于无法满足蜂群的需求，会被工蜂驱逐出巢房，最终因冻饿而结束生命。雄蜂的主要职能在于与空中飞翔的处女王进行交配，完成交尾使命后便会死去。

11.2.1.3 蜜蜂的发育过程

蜜蜂作为一种完全变态的昆虫，其发育过程经历卵、幼虫、蛹和成蜂四个阶段。不同种类的蜜蜂以及不同性别的个体，在发育时间上会有所差异（表11-2）。通过精确掌握蜜蜂的发育日期，以及了解蜂群内未封盖的子脾（卵虫脾）与封盖子脾的比例（卵、虫、蛹的比例为1∶2∶4），可以有效判断蜂群的发展是否正常。此外，通过了解蜂王和雄蜂的发育日期，可以合理安排人工培育蜂王的工作日程，确保养蜂活动的顺利进行。

表 11-2　中蜂与意蜂发育的天数

蜂种	三型蜂	卵期/日	未封盖幼虫期/日	封盖幼虫期和蛹期/日	共计/日
中蜂	工蜂	3	6	11	20
	蜂王	3	5	8	16
	雄蜂	3	7	13	23
意蜂	工蜂	3	6	12	21
	蜂王	3	5	8	16
	雄蜂	3	7	14	24

11.2.2 蜜蜂的品种与繁殖

11.2.2.1 蜜蜂的品种

蜜蜂品种可分为大蜜蜂、黑大蜜蜂、小蜜蜂、黑小蜜蜂、东方蜜蜂和西方蜜蜂六种，前四个种类为野生蜂种，主要分布在我国海南、广西、云南等省份；后两者包含多个品种，其中部分为自然品种，即地理种或地理亚种。人工选育的蜜蜂品种多为杂交种。同种内各地品种间可相互杂交，种与种之间存在生殖隔离，不能杂交。目前人工饲养的主要有东方蜜蜂和西方蜜蜂。

（1）东方蜜蜂

东方蜜蜂包含多个自然品种，如印度蜂、爪哇蜂、日本蜂和中华蜜蜂等。东方蜜蜂工蜂嗅觉灵敏，发现蜜源速度快，善于利用零星蜜源，飞行敏捷，采集积极性高。不采树胶，蜡质不含树胶。抗蜂螨能力强，盗性强，分蜂性强，蜜源缺乏或病虫害侵袭时易飞逃。抗巢虫能力弱，爱咬毁旧巢脾。易感染囊状幼虫病和欧洲幼虫病。蜂王产卵力弱，每日产卵量较少超过1000粒，但可根据蜜粉源条件的变化，调整产卵量。蜂群丧失蜂王易出现工蜂产卵。中华蜜蜂（简称中蜂，图11-6）对我国各地的气候和蜜源条件有很强的适应性，适合定地饲养，尤其在南方山区，具有其他蜂种不可取代的地位。

（2）西方蜜蜂

① 意大利蜂　简称意蜂（图11-7），原产于意大利的亚平宁半岛，为黄色品种。工蜂腹板几丁质黄色，第二至第四节腹节背板前缘有黄色环带。分蜂性弱，能维持强群；善于采集持续时间长的大宗蜜源。造脾快，产蜡多。性温和，不怕光，提脾检查时，蜜蜂安静。抗巢

图 11-6　中华蜜蜂

虫力强。意蜂易迷巢，爱作盗，抗蜂螨力弱。蜂王产卵力强，工蜂分泌蜂王浆多，哺育力强，从春到秋能保持大面积子脾，维持强壮的群势。意蜂是我国饲养的主要蜜蜂品种，其产蜜能力强，产浆力高于其他蜜蜂品种，是蜜浆兼产型品种，也是生产花粉的理想品种，也可用其生产蜂胶。

图 11-7　意蜂

② 卡尼鄂拉蜂　简称卡蜂（图 11-8），原产于巴尔干半岛北部的多瑙河流域，大小和体型与意蜂相似，腹板黑色，绒毛灰色。卡蜂善于采集春季和初夏的早期蜜源，也能利用零星蜜源。分蜂性较强，耐寒，定向力强，不易迷巢，采集树胶较少，盗性弱。性温和，不怕光，提脾检查时蜜蜂安静。蜂王产卵力强，春季群势发展快。主要采蜜期间蜂王产卵易受到进蜜的限制，使产卵圈压缩。分蜂性强，不易维持强群，饲料消耗低，产蜜能力强，而产浆能力稍弱，是理想的蜜型品种。

图 11-8　卡蜂

③ 欧洲黑蜂　简称黑蜂，原产于阿尔卑斯山以西以北的广大欧洲地区。其体型较大，腹部宽阔，几丁质为黑色。尽管产卵能力较弱，且分蜂性不强，但夏季过后能形成强大的群势。其采集能力突出，尤其擅长利用零星的蜜粉源，但对深花管蜜源植物的采集能力稍显不足。在饲料使用上表现出节约的特点。然而，其性情较为凶暴，对光线敏感，在开箱检查时易引发骚动和蜇人事件。此外，其不易迷巢，盗性相对较弱，春季的产蜜量略低于意蜂和卡蜂。图 11-9 为欧洲黑蜂工蜂。

④ 高加索蜂　简称高蜂（图 11-10），源自高加索山脉中部的高山谷地。其体型、体型大小以及绒毛特征与卡蜂相近，几丁质为黑色。该蜂种产卵能力强，分蜂性弱，能够维持较大的群势。采集力较强，性情温和，对光线不敏感，在开箱检查时表现安静。特别值得一提的是，其采集树胶的能力在所有蜜蜂品种中表现最为突出，同时也有造赘脾的习性。然而，其定向能力较差，易迷巢，且盗性较强。鉴于其强大的采胶能力，高蜂被认为是生产蜂胶的理想品种。通过与意蜂、卡蜂的杂交，可以展现出显著的杂种优势，从而实现良好的增产效果。

图 11-9　欧洲黑蜂工蜂

图 11-10　高蜂

在我国，还培育出了如东北黑蜂、新疆黑蜂等优良的地方品种。近年来，经过养蜂工作者的不懈努力，已成功培育出萧山、平湖、白山 5 号、浙江农大 1 号、国蜂 213 等高产蜜蜂品种。

（3）蜜粉源植物

蜜源植物是指能分泌花蜜供蜜蜂采集的植物，而粉源植物则是指能产生花粉供蜜蜂采集的植物。蜜粉源植物在养蜂业中扮演着重要的物质基础角色。因此，需要对蜜粉源植物的种类、分布、开花泌蜜习性、利用价值以及产蜜量的预测预报等方面进行深入的调查与研究。在此基础上，结合养蜂生产的实际情况，合理开发利用蜜粉源资源。我国主要的蜜粉源植物种类详见表 11-3。

表 11-3　我国主要蜜粉源植物的花期、产量及分布情况

名称	花期/月	花粉	蜂群产蜜量/kg	主要分布地区
荔枝	3～4	少	20～50	亚热带地区
紫云英	3～5	多	10～30	长江流域
柑橘	3～5	多	10～30	长江流域
橡胶树	3～5	少	10～15	亚热带地区

名称	花期/月	花粉	蜂群产蜜量/kg	主要分布地区
苕子	4～6	中	20～50	长江流域
白刺花	4～6	中	20～50	陕西、甘肃、四川、贵州、云南
龙眼	5	少	15～25	亚热带地区
刺槐	5	微	10～50	长江以北、辽宁以南
柿树	5	少	5～15	河南、陕西、河北
紫苜蓿	5～6	中	15～25	陕西、甘肃、宁夏
枣树	5～6	微	15～30	黄河流域
窿缘桉	5～7	多	25～50	海南、广东、广西、云南
山乌桕	6	多	25～50	亚热带地区
荆条	6～7	中	20～50	华北、东北南部
乌桕	6～7	多	25～50	长江流域
老瓜头	6～7	少	50～60	宁夏、内蒙古荒漠地带
草木犀	6～8	多	20～50	西北、东北
椴树	7	少	20～80	东北林区
芝麻	7～8	多	10～50	江西、安徽、河南、湖北
棉花	7～9	微	15～30	华东、华中、华北、新疆
胡枝子	7～9	中	10～20	东北、华北
向日葵	8～9	多	15～30	东北、华北
大叶桉	9～10	少	10～20	亚热带地区
野坝子	10～12	微	15～25	云南、贵州、四川
鸭脚木	11～1	中	10～15	亚热带地区
油菜	12～4,7	多	10～50	长江流域,三北地区

11.2.2.2 蜜蜂的繁殖

(1) 人工分蜂

分蜂现象可分为自然分蜂和人工分蜂两种。在蜂群壮大过程中，老蜂王会引领约一半的蜜蜂离巢，另寻新址筑巢，并永久性脱离原巢，从而使原蜂群分为两个部分。根据外部蜜粉源条件、气候以及蜂群内部状况，人们可有意识地将一群蜜蜂分为两群或数群，此为人工分蜂，这是扩增蜂群的基本方法。

常见的人工分蜂步骤如下：首先，保持原群位置不变，从原群中提取 2～3 张封盖子脾和蜜粉脾，连同 2～3 框的青年蜂和幼年蜂，放入一个空箱内，蜂王仍留在原群中。接着，将无蜂王的小群搬至离原群较远的地方，缩小巢门，以防盗蜂。一天后，为新小群引入一只刚产卵不久的新王。在新王产卵一段时间后，自强群中抽取适量带幼蜂的脾和正在羽化出房的子脾，补充至新小群。

(2) 人工育王

蜂群生产力受蜂王及与之交尾雄蜂种性的影响，而优秀的蜂种基因型若缺乏良好的育王技术，亦无法充分发挥其潜力。人工育王技术能够按照生产计划的要求，及时培育出优质的新蜂王。

① 人工育王最佳时机　通常选择自然分蜂季节，此时气候宜人、蜜源丰富，蜂势强大，巢内青年与幼年工蜂数量众多，雄蜂亦开始大量羽化。在此时期进行移虫育王，幼虫接受率高、发育好，所育出的处女王质量上乘，交尾成功率亦高。例如，华北地区 5 月刺槐花期、长江中下游流域 4 月油菜与紫云英花期，以及云、贵、川地区 2～3 月油菜花期，均为适宜的人工育王期。此外，在主要蜜源较早结束但辅助蜜粉源充足的地区，亦可在采集期结束后

进行人工育王。

②　父母群的挑选　应综合考虑蜂产品的生产性能、群势发展速度、维持群势的能力、抗病性及抗逆性等多方面因素，同时还需特别关注重点形态特征的一致性。

③　雄蜂的培育　育王过程中的一个重要环节就是精选父群。通常在移虫育王前的 19～24 天开始培育雄蜂，这是因为雄蜂从卵发育至成虫需 24 天，羽化出房后需再经过 8～14 天的性成熟过程方可进行交尾。

④　育王群　为确保育王过程的顺利进行，育王群应在移虫前的 2～3 天预先组织好。育王群需为拥有 10～15 框蜂的强壮蜂群，具备充足的采集蜂和哺育蜂，蜂群密度需适中，确保蜂脾相称或蜂多于脾，且巢内饲料应充分备齐。利用隔王板将蜂王隔离在巢箱内，形成专门的繁殖区，同时将育王框置于继箱内，构建育王区。育王区内应配置 2 张幼虫脾、2～3 张封盖子脾，外侧辅以 2～3 张蜜粉脾，以确保育王环境的适宜性。每次育王群所接受的王台数量应控制在 30 个以内。若育王工作安排在夏季进行，需特别注意防暑降温措施的实施。在处女王羽化出房的前一天，应将成熟的王台逐一引入各个交尾群，以确保其顺利交配。

⑤　大卵育王　经研究表明，蜂王的初生重与其产卵能力之间存在显著的正相关关系，同时卵的大小与其发育成的蜂王质量也密切相关。因此，采用大卵孵化出的幼虫培育处女王，可望获得初生重较大的蜂王。同一只蜂王所产的卵，其初生重较大的个体，往往拥有更多的卵巢管数目，且交尾成功率与产卵量也相对较高。

卵的大小与蜂王的产卵速度存在关联。当蜂王产卵速度较快时，卵的重量会相应减轻，导致卵体变小。为获取较大的卵，可通过限制蜂王的产卵速度来实现。在移虫前的 10 天，利用框式隔王板将母本蜂王限制在蜂巢的一侧，并在限制区内放置一张蜜粉脾、一张大幼虫脾和一张小幼虫脾，确保巢脾上几乎无空巢房，从而迫使蜂王停止产卵；在移虫前的 4 天，向限制区内加入一张已产过 1～2 次卵的空巢脾，让蜂王在此脾上产卵，以获取较大的卵。此外，另一种限制蜂王产卵的方法是使用蜂王产卵控制器。即在移虫前的 10 天，将母本蜂王放入产卵控制器内，并将控制器置于蜂群中，以迫使蜂王停止产卵；在移虫前的 4 天，用一张已产过 1～2 次卵的空脾替换控制器内的子脾，使蜂王在这张空脾上产卵，同样可获得较大的卵。

⑥　移虫操作规范　在育王框被置于育王群内并经过工蜂数小时清理后，方可进行移虫操作。为确保移虫过程顺利进行，建议此工作于室内进行，同时，室内温度需维持在 25～30℃，相对湿度应控制在 80%～90% 的适宜范围内。移虫技术主要分为单式移虫和复式移虫两种。

单式移虫的操作步骤如下：将经过工蜂清理的育王框从蜂群中取出，并移至室内；随后，从母群中提取已准备好的卵虫脾（即产卵后第四天的巢脾），利用移虫针，轻轻沿幼虫背部将龄期为 12～18h 的幼虫挑出，移入人工王台基内，确保幼虫平稳地浮于王台基底部的王浆之上。最后，将育王框重新放回育王群进行哺育。

复式移虫的操作如下：将已在育王群哺育一天的育王框取出，使用镊子将王台中已接受的小幼虫取出、丢弃，随后从母群中重新挑选龄期为 12～18h 的幼虫进行移入。完成移虫后，再次将育王框放回育王群继续哺育。需要注意的是，首次移入的幼虫不需来自母群，但第二次复移的幼虫必须确保全部来源于母群。在整个过程中，需定期检查蜂王的接受程度及发育状况。

⑦　交尾群管理规程　交尾群是为了满足处女王交尾需求而临时组建的小规模蜂群。应

根据待诱入的成熟王台数量，组织相应数量的交尾群，并确保在诱入王台的前一天完成组建工作。为便于蜂王在交尾回巢时识别其交尾箱，需在交尾箱巢门上方的蜂箱外壁上，贴以不同颜色、不同形状的纸片作为标识。

交尾群的群势应保持适当强度，至少应包含一框足蜂，以确保蜂王能够正常产卵。在移虫的第 11 天（即处女王羽化出房的前一天），将王台诱入交尾群，每个交尾群中诱入一个王台，并轻轻将其嵌入巢脾之间。王台诱入后的第二天，需全面检查处女王的出房情况，及时淘汰坏死或瘦小的处女王，并补充备用的王台。在王台诱入后的 5～7 天，若天气晴好，处女王便可进行交尾；交尾完成后 2～3 天，处女王便开始产卵。因此，在诱入王台后的第 10 天左右，需对交尾群进行全面检查，观察其交尾及产卵情况。

⑧ 在筛选蜂王的过程中，首要关注的是王台的品质。王台应具备身体粗壮、长度适中的特点。在王台出房后，所挑选的处女王需满足身体健壮、行动敏捷的标准。而对于新产卵的蜂王，要求其腹部较长，爬行在巢脾上时稳定且速度适中。此外，其体表绒毛应鲜润，且产卵应整齐成片。为确保蜂群的健康与高效，一般应在 1 年左右对蜂王进行更换。

11.2.3　蜜蜂的饲养管理

11.2.3.1　场址选择

(1) 充足的蜜粉源

蜜蜂的主要食物来源为蜜粉源植物提供的花粉和花蜜，定点养殖需确保蜂场周边至少有 2～3 个主要蜜源植物，以及多种花期交替的辅助蜜源和粉源植物。蜜源植物距离场地应在 3km 以内，应生长状况良好，蜜流量稳定，无病虫害且无农药污染。

(2) 清洁的水源

场地附近应具备良好的水源，以确保蜜蜂采水、人工用水以及蜜源植物的生长。但需避免紧邻大江或大河水面，以防蜜蜂溺水，最佳选择为干净的溪水。

(3) 交通便利

场地距离公路较近，有利于蜂群的运输、蜂产品的销售，同时便于蜂产品的保鲜和储运，有利于实现养蜂机械化。

(4) 宁静卫生的环境

蜂场应远离铁路、工厂、机关、学校、畜牧场、农药库、食品厂和高压线，防止烟雾、声音、震动等因素引发蜂群不安，导致人、畜被蜇。为确保蜂场间的疾病不传染，建议两个蜂场之间的距离为 2～3km。

11.2.3.2　蜂机具

(1) 蜂箱

在制作蜂箱时，应选择坚实、轻质、抗变形性能优良的木材，并确保其充分干燥。在我国，北方地区适合使用红松或白松，南方地区则以杉木为佳。十框蜂箱是目前全球养蜂领域应用最为广泛的蜂箱类型，其构件包括箱盖、副盖、巢箱与继箱、箱底、巢门及巢框、隔板以及闸板等（图 11-11、图 11-12）。

蜂路是指巢脾之间、箱壁与巢脾之间的间距。若蜂路过大，可能导致赘脾的产生；若过小，则可能对蜜蜂造成压迫或影响其通行。普遍认为，意大利蜂单行蜂路的适宜宽度为 6～

8mm，双行道蜂路宽度为 10mm。关于前后蜂路，前后箱壁至巢框两侧条间的蜂路均设为 8mm，巢框前后各有 2mm 的灵活空间，以确保蜂路的宽度在 6～10mm 之间。

（2）巢础

用蜂蜡制作，经巢础机压印而成，是蜜蜂筑造巢脾的基础。供土框蜂箱使用的，规格为高 200mm，长 425mm，我国蜂具厂生产的以此为最多。

（3）养蜂用具

养蜂所需工具包括面网、起刮刀、蜂扫、隔王板、喷烟器等（图 11-13）。

面网由黑色线网或尼龙网制成，下端可收紧，防止蜜蜂进入。面网能保护养蜂者头部、面部和颈部。

起刮刀主要用于撬动副盖、继箱、钉子、隔王板和巢脾等，同时可用于刮除蜂胶、蜂蜡和清扫蜂箱，是蜂场必备的工具。

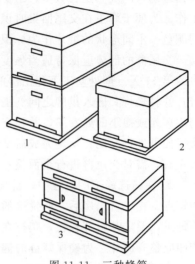

图 11-11　三种蜂箱
1—十框标准箱；2—中蜂标箱；
3—十六框卧式蜂箱

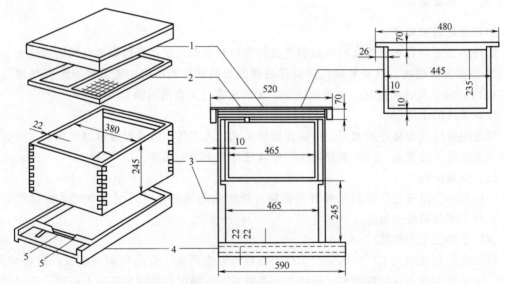

图 11-12　标准箱的结构与尺寸（单位：mm）
1—箱盖；2—副盖；3—箱身；
4—箱底；5—巢门

蜂扫为长毛刷，用于清除巢脾上的蜜蜂。

隔王板为栅板，可控制蜂王的活动范围和产卵区域，工蜂可自由通行。平面隔王板用于区分育虫巢和储蜜继箱，便于取蜜并提高蜂蜜质量。框式隔王板则可将蜂王限制在特定脾上产卵。

喷烟器用于在蜂群中喷烟，使蜜蜂安静，便于检查蜂群。采收蜂蜜时，喷烟可安抚蜜蜂，减少人被蜇的风险。

饲喂器由无毒塑料制成，可用于储存液体饲料（如糖浆或蜂蜜）和水，供饲喂蜂群。

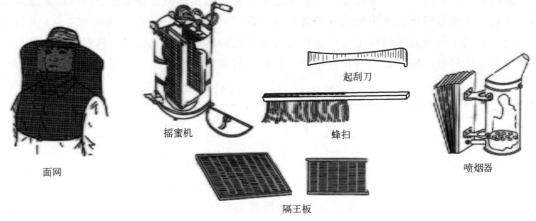

图 11-13　常用蜂具

割蜜盖刀用于割除蜜脾两面封盖蜡，简称割蜜刀。

分蜜机又称摇蜜机，我国常用两框换面式分蜜机，适合小型转地蜂场，利用离心力分离蜂蜜。

产浆框尺寸与巢框相同，内设 3～5 条木台条，每条木台条上可有 20～34 个王台。

移虫针用于移虫育王和蜂王浆生产，一般采用弹性移虫针。

脱粉器可将大部分花粉从蜜蜂后腿的花粉筐中取出，并使花粉落入集粉盒中。

11.2.3.3　蜂群的饲养管理

(1) 蜂箱排列

蜂箱的排列应当综合考虑场地规模、季节因素及饲养模式，以确保管理便捷，并利于蜜蜂识别蜂箱位置。通常，蜂箱之间的间距建议保持在 1～2m 之间，而各排蜂箱之间的间距则建议为 2～3m，且前后排蜂箱位置应相互交错。

在大型蜂场中，由于蜂群数量众多，往往受到场地限制。因此，可采用双箱或多箱并列的排列方式。在转地放蜂时，蜂箱可采用方形或圆形排列法。对于包含处女王的交尾群，应将其分散放置于蜂场外围的显眼位置，并确保各蜂箱的入口相互错开。

在摆放蜂箱时，应确保蜂箱左右平衡，且后部稍高于前部，以有效防止雨水流入。此外，蜂箱的巢门通常应朝南或偏向东南、西南方向，以充分利用日照并适应风向。

(2) 蜂群的检查

① 开箱检查　开箱检查应选择阳光充足、温暖且无风的天气，确保温度在 8℃ 以上，并避开蜜蜂出勤高峰时段。检查过程中，需穿着白色或浅色干净衣物，佩戴面网。同时，准备好记录本、起刮刀、喷烟器、割蜜刀等必备工具，操作时要保证轻柔、迅速、稳定。

在操作过程中，用拇指、食指和中指紧紧握住框耳，使巢脾面与地面保持垂直。观察虫卵时，需背对阳光，以便清晰地查看房底内部情况。检查时应注意以下几点：蜂王是否存在、产卵及幼虫发育状况、蜜蜂和子脾数量变化、是否存在病虫害等。检查完毕后，依次恢复原状，确保副盖和箱盖已盖好。填写蜂群检查记录表（表 11-4）。

为了降低蜂蜇风险，在进行蜂群检查时，建议穿着白色或浅色衣物，并避免身上带有蒜、葱、酒、香皂、腥臭等强烈刺激性气味，仅在必要时使用喷烟器。若不幸被蜇，应采用反向刮除的方式拔除螫针。紧接着，用清水或肥皂清洗螫伤部位并将其擦干，以消除蜂毒气味，随后再次检查蜂群。大多数人在被螫后会出现红肿、疼痛等症状，通常在 2～3 天后自行消失。实践中发现，涂抹蜂王浆于螫伤处可缓解红肿热痛，效果显著。然而，极少数人被螫后可能发生过敏反应，如全身出现疹块、心悸等现象，此时应尽快送医就诊。

表 11-4　蜂群检查记录表

检查日期	群号	蜂框数	子脾		饲料		空脾	蜂王情况	用脾数	处理情况	备注
			卵虫	蛹	蜜	粉					

② 箱外观察　通过箱外观察可分析与判断蜂群状况，并针对不同情况采取适当措施。失王情况：在晴朗温暖的天气中，部分工蜂于门前剧烈振翅、来回爬动，表现出不安定迹象；螨害情况：巢门前地面上有翅短缺或发育不全的幼蜂爬出；中毒情况：箱前或蜂场附近发现新近死亡的工蜂，部分工蜂仍携带花粉与花蜜，死后喙部外露，腹部弯曲；分蜂情况：巢门出现"挂胡子"现象，工蜂工作积极性降低，预示即将发生自然分蜂。一旦发现异常情况，应果断采取相应措施。

(3) 蜂群的饲喂

在蜜蜂养殖过程中，饲喂糖浆主要分为补助饲喂和奖励饲喂两类。补助饲喂旨在确保缺蜜的蜂群能够维持生存，通常采用高浓度的蜂蜜或糖浆进行喂养，如我国北方越冬饲料的饲喂。而奖励饲喂则是为了促进产卵育虫，通过喂给少量稀薄的蜜汁或糖浆来实现，这在春季繁殖期尤为常见。

此外，蜜蜂采收的花粉主要用于调制蜂粮以养育幼虫。在繁殖期内，若外界粉源不足，应及时补喂花粉。粉脾或花粉饼是常见的饲喂方式，即将花粉或代用花粉撒入巢脾的巢房，然后喷灌稀蜜水，再将灌好的粉脾插入蜂巢。喂花粉饼则需将花粉或代用花粉与等量的蜜和糖浆（糖水比为 2∶1）充分搅拌均匀，制成饼状后置于框架供蜂采食。

另外，流蜜期蜜蜂通常不会缺水，但流蜜期过后，若气候变得干燥，应在蜂场附近设置饮水器补水。在喂水的同时，可添加适量盐分，一般浓度为 0.1％。

(4) 诱入蜂王

在进行引种、处理蜂群失王情况、实施分蜂操作、组织双王群结构以及蜂王更换等养蜂活动时，均需向蜂群引入蜂王。这一过程可通过间接诱入或直接诱入两种方式进行。无王群的蜂王引入，首要步骤是彻底清除巢脾上所有存在的王台；更换蜂王应提前半天至一天将待淘汰的蜂王移出；对于失王时间较长、老蜂多且子脾和脾量相对较少的蜂群，在诱入蜂王之前，应提前 1～2 天补充幼虫脾。

① 间接诱导法　将蜂王置于诱导器内，接着从无王群中选取一框带有蜜的虫卵脾，从中提取 7～8 只幼蜂放入诱导器，然后在脾上选择贮蜜部位扣上诱导器，并抽出底片，将其放回无王群。一昼夜后，再次提取脾观察，若发现大量蜜蜂聚集在诱导器上，甚至有的用上颚咬铁纱，说明蜂王尚未被接受，需继续扣留；如诱导器上的蜜蜂已散开，或观察到有的蜜蜂将吻伸入诱导器饲喂蜂王，表示蜂王已被接受，可将其放出。

② 直接诱导法　在蜜源丰富的季节，无王群对外来产卵蜂王容易接受时，可将蜂王轻轻放置在框顶或巢门口，让其自行爬上巢脾；或从交尾群中提出一框连蜂带王的巢脾，放置

在无王群隔板外侧约一框距离，经过 1～2 天后，再调整至隔板内。若工蜂不接受新蜂王，有时会出现围王现象，即许多工蜂将蜂王围住，形成以蜂王为核心的蜂球。通常采取向蜂球喷洒清水或稀蜜水的措施，使工蜂散开。蜂王解圈后，若未受伤，可暂时用诱导器扣在脾上保护，待蜂群接受后再释放；若发现蜂王受伤，则应予以淘汰。

(5) 合并蜂群

蜂群合并的目的是培育强群，从而提升蜂群的整体质量。合并方法可分为直接法和间接法两种。

① 直接合并法　适用于流蜜期、蜂群越冬后未进行认巢和排泄飞行，或转地抵达目的地后开启巢门前的时间点。将两群蜂置于同一蜂箱两侧，中间设置隔板。在巢脾上喷洒具有气味的水，或于巢门口喷洒少量淡烟，以消除气味差异。两天后，抽掉隔板即可完成合并。

② 间接合并法　即将待合并的蜂群与已合并的蜂群放入同一蜂箱，中间以铁纱相隔。待两群蜂的气味相近时，再将它们合并在一起。

(6) 修造巢脾

巢脾的数量及品质对养蜂事业的成败具有重大影响。一般来说，一张巢脾的寿命为 1～2 年。对于转地饲养的蜂场，若使用标准蜂箱，每群蜂应配备 15～20 张巢脾。在镶装巢础的过程中，需在巢框两侧边条上钻 3～4 个孔，穿入 24 号铅丝并拉紧，直至手指弹动时发出清脆声响，即可固定。将巢础的一边嵌入上框梁的巢础沟内，利用埋线器沿铅丝滑动，使铅丝埋入巢础中。

注意保持巢础边缘与下梁 5～10mm 的距离，与框耳 2～3mm 的距离。在外界蜜粉饲料丰富且蜂群内有适龄的泌蜡工蜂的情况下，可将镶好巢础的巢框插入蜂群进行筑脾。闲置的巢脾容易发霉、滋生巢虫、吸引老鼠和盗蜂。在贮藏前，需将巢脾清理干净，并用二硫化碳或硫黄进行彻底消毒，具体方法可参考巢脾的硫黄熏烟消毒教程。

(7) 收捕分蜂团

分蜂启动时，首先少量蜜蜂离巢，在蜂场天空盘旋翱翔。随后，蜂王伴随众多蜜蜂飞出，约数分钟后，离巢蜜蜂在附近树木或建筑上集结成蜂团。进而，分出的蜂群将长途迁徙至新居所。在自然分蜂初期，蜂王尚未离巢之际，应立即关闭集合门，阻止蜂王出巢。接着，打开箱盖，自纱盖上向巢内喷水，待蜜蜂安定后，方可开箱检查，拆除所有自然王台。离巢蜜蜂将自行归巢。

若大量蜜蜂拥出巢门，蜂王已离巢并在蜂场附近的树林或建筑上结团，可选用一根较长的竹竿，将带蜜的子脾或巢脾绑定一端，举至蜂团前方。当蜂王攀爬上脾，将巢脾归位，其他蜜蜂随即自行返回。若蜂团附着在小树枝上，可轻柔锯断树枝，后将蜂团抖落至箱内。

11.2.3.4　蜂产品生产及其质量鉴定

(1) 蜂蜜的生产

蜂蜜，源于蜜蜂采集的植物花蜜，是经工蜂精心酿造而成的甜味黏稠液体，其主要成分包括葡萄糖、果糖，以及水分、蔗糖、矿物质、维生素、酶类、蛋白质、氨基酸、酸类、色素、胆碱和芳香物质等。蜂蜜具备"清热、补中、解毒、润燥、止痛"等多重功效，既是传统的医疗保健佳品，亦是营养价值丰富的天然食品。蜂蜜成熟后，工蜂会采用蜡质封存。取蜜过程包括抽脾脱蜂、割蜜盖、蜂蜜分离以及回脾等环节。

① 抽脾脱蜂　该步骤需紧握蜜脾两侧，使其垂直，并借助手腕的力量，快速上下挥动

四五下，使蜜蜂脱落至箱底。随后，利用蜂帚清理剩余的蜜蜂。在此过程中，需保持蜜脾的垂直平衡，避免碰撞箱壁和挤压蜜蜂，以免引发蜜蜂的愤怒。

② 割蜜盖　将封盖蜜脾的一端置于木板上，使用割蜜刀沿框梁由下而上切割蜜盖。在使用割蜜刀前，务必确保其锋利，以防止损坏巢房，否则可能造成雄蜂房的改造。

③ 分离蜂蜜　将割去蜜盖的蜜脾放入摇蜜机的框笼内，通过转动摇蜜机将蜂蜜分离出来。在转动摇把时，应从慢到快逐渐加速，再从快到慢减速停止。在摇完一面后，调换脾面进行另一面的摇动。对于含有幼虫的蜜脾，应轻柔摇动，以防幼虫被甩出；对于贮满蜜的新脾，为防止房底穿孔，可先摇出一面的 1/2，再翻转脾面摇干净另一面，然后翻过来，将原先留下的 1/2 摇净。

④ 回脾　摇完蜜的空脾应立即归还蜂群。

⑤ 蜂蜜装桶　摇出的蜂蜜需通过滤蜜器过滤后再装桶。摇蜜结束后，将摇蜜机清洗干净、晒干，并在机件上涂抹防锈油。同时，清理场地和用具。尤其在流蜜末期，要特别注意防止盗蜂的出现。

(2) 蜂王浆的生产

蜂王浆，是工蜂王浆腺所分泌的特殊物质，主要用以喂养蜂王及幼虫，其色泽乳白或淡黄，药用与营养价值极高。蜂王浆口感酸涩浓郁、辛辣且略带甜意。作为一种生物活性成分极为复杂的物质，蜂王浆几乎涵盖了人体生长发育所需的所有营养成分，且不含任何有毒或具有副作用的物质。蜂王浆的生产主要包含以下三个步骤：

① 预备幼虫　为确保生产王浆的顺利进行，需要在移虫前 4～5 天，将空脾加入新分群或双王群内，以便蜂王产卵，从而在移虫时拥有大量适龄幼虫。

② 移虫　产浆移虫的方法与育王移虫相似。在首次产浆时，将王浆框放入蜂群清理约半小时，随后用蜂王浆蘸蜡碗，并移置稍大一点的幼虫，以提高接受率。在蜂群管理方面，需注重促进繁殖、保持强群产浆、确保蜜粉充足，并密集群势。

③ 取浆　移虫后 64～72h，便可取出产浆框取浆。先将产浆框从蜂群内取出，轻轻抖掉或扫去附着蜂，再用割蜜刀沿塑料蜡碗的水平面削去多余的台壁，注意切勿削破幼虫。随后用镊子夹出幼虫，最后用挖浆笔挖出王浆，装入王浆瓶，于 5℃ 以下避光保存。取浆后，王浆框需紧密保存，以便及时进行移虫，继续生产王浆。

(3) 蜂花粉的生产

蜂花粉是一种富含全面且比例适宜的营养物质的天然产物，被誉为"完全营养品"和"微型营养库"。其中，包含着人体必需的蛋白质、脂肪、糖类、微量元素和维生素等，同时还含有丰富的生物活性物质，具有特殊的生理功效。

在主要粉源植物开花期间，通常需在每天上午 8～11 点安装巢门脱粉器进行采集。在巢门踏板前放置收集器，根据花粉进入的速度，每隔 15～30min 用小刷子清理巢门，并收集花粉，之后将其晾干或烘干。新鲜的花粉也可以通过冷藏方式进行保存。在花粉生产季节，需确保为蜜蜂预留足够的花粉，以供幼虫的饲养和蜜蜂自身的消耗。

(4) 蜂胶

蜂胶，源于蜜蜂对胶源植物新生枝腋芽处的树脂类物质的采集，并经过蜜蜂将上颚腺、蜡腺分泌物混入并反复加工，形成的一种具有芳香特性的固体胶状物质。蜂胶的化学成分丰富，包括 30 多种黄酮类物质、多种芳香化合物、20 多种氨基酸，以及 30 多种人体必需的微量元素。此外，蜂胶还富含有机酸、维生素、萜烯类、多糖类、酶类等天然生物活性成分。

蜂胶具备广泛的抗菌作用，并对血糖具有双向调节功效。对于1型和2型糖尿病，蜂胶具有显著的降糖效果，同时对糖尿病并发症也有良好的预防和治疗作用。此外，蜂胶还能降低血压、防治心血管疾病，抗衰老、排毒养颜，抑制肿瘤生长、消除息肉，以及治疗由细菌、真菌、病毒引发的各类疾病。当前，蜂胶的开发与利用正逐渐兴起。

除蜂胶外，养蜂还能产出蜂蜡、蜂巢、蜂毒、蜂蛹等多种蜂产品。利用蜜蜂为温室草莓等农作物进行授粉，已成为一项重要的农艺措施。

11.2.4 蜜蜂常见病敌害防治

11.2.4.1 蜂场的卫生与消毒

在养蜂生产中，蜂场的卫生与消毒是防治蜂病的关键环节，也是防止蜜蜂疾病发生与传播的主要措施。

(1) 场地的卫生与消毒

将蜂场内的杂草彻底清除，并及时处理或焚烧病死的蜜蜂。也可采用5%的漂白粉乳剂对蜂场及越冬室进行消毒。蜜蜂具有自我清理卫生的本能，患病死亡的蜜蜂幼虫或成年蜂尸体会被清理出巢，落在蜂场附近。有效地消灭这些被清理出箱外的病死蜜蜂，有助于预防和减少疾病传播。

(2) 养蜂用具的卫生消毒

蜂箱、隔王板、巢框、饲喂器在保存和使用前均需进行卫生清理和消毒。在保存前，可用刮刀将蜂箱、隔王板及饲喂器上的蜂胶、蜂蜡等清除干净，随后水洗风干，以便进一步消毒。

① 燃烧法 适用于蜂箱、巢框、木质隔王板、隔板等。用点燃的酒精喷灯或煤油喷灯外焰对准以上蜂具的表面及缝隙仔细燃烧至焦黄为止。这样可以有效杀灭细菌及芽孢、真菌及孢子、病毒、病敌害的虫卵等。

② 煮沸法 巢框、隔板、覆布、工作服等小型蜂机具可采用煮沸法消毒，煮沸时间根据要杀灭的病原体不同而有所不同。预防消毒时，煮沸时间至少应在30min。

③ 日光暴晒法 日光能使微生物体内的蛋白质凝固，对某些微生物具有一定的杀伤作用。将蜂箱、隔王板、隔板、覆布等放在强烈的日光下暴晒12h，可起到一定的消毒作用。

④ 化学药品消毒法 常用的化学药品包括0.1%高锰酸钾、4%甲醛、2%氢氧化钠、0.5%～1%次氯酸钠溶液、0.1%新洁尔灭、0.1%～0.2%过氧乙酸等。具体做法为将蜂箱、巢框、隔王板、隔板、饲喂盒等浸泡洗刷，然后用清水冲洗干净，风干。

(3) 巢脾消毒与储存

巢脾是蜜蜂繁殖幼虫以及储存蜂蜜和蜂粮的场所，若遭受病原物污染，可能导致蜜蜂感染病害。在集中储存巢脾之前，首先需清除巢脾上的赘蜡和蜂胶，然后根据大蜜脾、半蜜脾、粉脾和空脾进行分类消毒储存。以下为常见的巢脾消毒方法。

① 高效巢房消毒剂消毒 消毒剂主要成分为二氯异氰尿酸钠，为广谱含氯消毒剂，具有较强的病毒和细菌杀伤力，可用于消毒被蜜蜂病毒和细菌污染的巢脾及其他蜂具。每片药剂兑水200mL溶解，采用喷雾或浸泡法进行消毒。

② 漂白粉溶液浸泡法 漂白粉对多种细菌具有杀灭作用，其5%的水溶液可在1h内杀死细菌芽孢，可用于蜂场、越冬室、蜂具等消毒。使用0.2%～1%的澄清液浸泡巢脾进行

消毒，效果良好。

③ 硫黄熏烟消毒　硫黄燃烧时产生二氧化硫（SO_2）气体，可杀死蜂螨、真菌、蜡螟成虫和幼虫。间隔 7 天进行一次，连续进行 2～3 次（因二氧化硫无法杀死蜡螟的卵和蛹，故在卵孵化成幼虫、蛹羽化为蛾后进行熏治）。熏治时，每个继箱放置 8～9 张巢脾，5～7个箱体叠成一组，最下方放置一个空继箱，四角用砖头垫平，内部放置一耐燃容器。1m 宽的塑料布（呈密闭桶状）上端封死，展开后可恰好套住两组。将木炭在炉灶上点燃，放入容器中，将硫黄按每箱 3～5g 撒在炭火上，迅速将容器推入空继箱中，将塑料布下端压实，密闭熏治 24h 以上。巢脾使用前置于通风处 2～3 天，以防蜜蜂中毒。

④ 二硫化碳消毒　二硫化碳（CS_2）是一种无色或微黄色液体，易挥发、易燃，在常温下由于分子量较重而下沉。具有刺激性气味，有毒。可用于杀灭蜡螟的卵、幼虫、蛹和成虫，常用于巢脾储存前消毒。

⑤ 冰醋酸消毒　冰醋酸（CH_2COOH），无色液体，其蒸气对孢子虫、阿米巴虫和蜡螟的卵、幼虫具有较强杀灭作用。每箱使用 96%～98% 的冰醋酸 20～30mL，密闭熏蒸 48h，消毒效果显著。

消毒后的巢脾在非使用期间，应密闭保存在阴凉通风的房间内。为确保安全，巢脾在使用前还需进行一次检查消毒。

（4）饲料的卫生消毒

蜜蜂饲料的洁净卫生对蜜蜂的健康具有决定性影响。鉴于从其他蜂场获取的蜂蜜和花粉可能携带病原体。因此，在用作蜜蜂饲料之前，必须实施严格的消毒措施。

① 饲料蜜的消毒　对饲料蜜的消毒主要采取加温煮沸法。具体操作步骤为，将蜂蜜与适量水混合，置于锅中加热至沸腾，并持续煮沸 30min，待冷却至微温后方可喂蜂。

② 花粉的消毒　花粉消毒常用的方法有三种，分别是蒸汽消毒法、微波炉消毒法和 ^{60}Co 辐照消毒法。蒸汽消毒法是将花粉适当湿润后搓成花粉团，或直接放置于蒸锅布上，通过蒸汽消毒 30min。微波炉消毒法是将干花粉约 500g 均匀铺于微波炉玻璃盘中，以中等微波火力烘烤，每盘持续 3min，可达到良好的消毒效果。^{60}Co 辐照消毒法是利用专用的钴源设备，对花粉进行 100 万～150 万拉德（rad，1rad＝10mGy）的辐照处理，可有效杀灭潜在的病原体。

11.2.4.2　蜜蜂病害防治

（1）大蜂螨

大蜂螨，又称雅氏瓦螨，可在未封盖的幼虫房内产卵繁殖，寄生于成蜂体，吸取血淋巴，导致蜜蜂寿命缩短、采集能力下降，进而影响蜂产品产量。病情严重的蜂群会出现大量幼虫和蜂蛹死亡，新羽化出的幼蜂翅膀残缺，行为异常，蜂群势力迅速减弱，严重者甚至导致全群死亡。

受害蜂群最明显的特征是在巢门和子脾上可见翅膀残缺的蜜蜂爬行，并在蛹体上可见到大蜂螨附着，此时即可确诊为大蜂螨病。取 50～100 只工蜂，检查其腹部节间和胸部有无蜂螨寄生。同时，揭开 50～100 个封盖巢房，观察蜂蛹体上及巢房内有无蜂螨寄生，计算寄生率。

利用蜂群自然断子期或人为断子，使蜂王停止产卵一段时间，此时蜂群内无封盖子脾，再用杀螨剂进行驱杀，效果彻底。定地养蜂可采用分巢防控方法，先从有螨蜂群中提出封盖子脾，集中羽化后再用杀螨药剂杀螨，原群蜜蜂体上的蜂螨可选用杀螨剂驱杀。利用蜂螨喜寄生雄蜂房的特点，可用雄蜂幼虫诱杀，在螨害蜂群中加入雄蜂巢脾。待雄蜂房封盖后提出，切开巢房，杀死雄蜂和蜂螨。

治螨药剂包括速杀螨、敌螨熏烟剂、甲酸、螨扑等。为避免产生抗药性，不建议长期使用同一种药物。

(2) 亮热历螨

亮热历螨又称小蜂螨，对蜜蜂的危害程度比雅氏瓦螨更为严重。其主要寄生于蜜蜂的幼虫和蛹体，较少在成蜂体上寄生，且在成蜂体上的存活时间较短。因此，亮热历螨不仅会导致幼虫大量死亡、腐烂变黑，还会造成蜂蛹和幼蜂的死亡，常见"白头蛹"的现象。受影响的幼蜂翅膀残缺、身体瘦弱、行动迟缓，受害蜂群的群体实力迅速减弱，甚至全群死亡。

诊断时，从蜂群中取出子脾，抖落蜜蜂，将子脾面向阳光（或向脾面喷烟），即可观察到爬行的小蜂螨。

亮热历螨在蜂体上存活仅 1～2 天，无法吸食成蜂的血液、淋巴液；在蜂蛹体上最多存活 10 天。可采用割断蜂群内幼虫的方法进行生物防治，具体操作如下：封闭蜂王 9 天，打开封盖的幼虫房，将幼虫从巢脾内全部摇出，以达到防治目的。此外，也可采用药物防治，升华硫对防治小蜂螨具有良好效果。将封盖子脾提出，抖去蜜蜂，将升华硫粉末均匀涂抹在封盖子脾表面或撒在巢脾之间的蜂路上，每条蜂路用药 0.3g，每群用量 3～4g。用药期间需确保饲料充足。

(3) 蜜蜂孢子虫病

蜜蜂孢子虫病亦称蜜蜂微粒子病，为成年蜂所患的消化道传染病，由蜜蜂微孢子虫引发，其在蜜蜂中肠上皮细胞内寄生，以蜜蜂体液为营养来源，进行发育与繁殖。

临床诊断以腹泻，中肠浮肿、无弹性且呈灰白色为特征。病蜂初期症状不显著，随后呈现出行动迟缓、体色黯淡等症状，晚期则丧失飞行能力。病蜂多聚集在巢脾框梁上部、边缘以及箱底，腹部 1～3 节背板呈棕色稍透明状，末端 3 节呈暗黑色。病蜂中肠呈灰白色，环纹模糊且失去弹性。确诊需实验室检验，方法为从蜂群中捕获 10 只病蜂，拉出肠道，剪取中肠研磨，加入 5mL 蒸馏水制备成悬浮液，取一滴置于载玻片上，加盖玻片。在 400～600 倍显微镜下观察，若发现长椭圆形孢子，则可确诊。

依据孢子虫在酸性溶液中可受到抑制的特性，可选用柠檬酸、米醋、山楂水制备酸性糖浆。浓度为每千克糖浆内加入柠檬酸 1g，米醋 50mL 或山楂水 50mL。在早春结合奖励饲喂，选用其中一种药物喂蜂可预防孢子虫病。在我国现有药剂中，保蜂健防治孢子虫病效果显著，使用浓度为 0.2%。具体做法为：将保蜂健粉剂溶解于少量温水中，然后加入所需浓度，待傍晚蜜蜂回巢后喷洒蜂群，每隔 3～4 天 1 次，连续防治 3～4 次为一个疗程，间隔 10～15 天后再进行第二个疗程，可实现治愈。

(4) 白垩病

白垩病，又称石灰子病，是由蜂球囊菌引起的蜜蜂幼虫真菌性传染病，通过孢子传播，是我国蜜蜂主要传染性病害之一。感染该病的幼虫体态呈白色，随着真菌孢子的形成，幼虫尸体呈现灰黑色或黑色木乃伊状。白垩病的典型病症为死亡幼虫呈干枯状，体表遍布白色菌丝或灰黑色、黑色附着物（孢子）。死亡幼虫无固定形状，无臭味，无黏性，易于清理，常在蜂箱底部、巢门前及附近场地可见干枯死虫尸体。

中期患病幼虫体态柔软膨胀，腹面布满白色菌丝，菌丝甚至粘贴在巢房壁。后期虫体菌丝密布，萎缩，逐渐变硬，呈粉笔状，部分虫体体表有黑色子实体盖，呈黑色粉笔状。虫体被工蜂拖出巢房，散落于箱底、箱门口或蜂箱前。可疑病蜂的检验方法为：挑取少许幼虫尸体表层物置于载玻片上，加1滴蒸馏水，加盖玻片，在低倍镜下观察，若发现白色似棉纤维状菌丝或球形的孢子囊及椭圆形的孢子，即可确诊为白垩病。

白垩病的防治应以预防为主，结合蜂具、花粉的消毒和药物防治综合措施。主要预防措施包括消除潮湿环境、合并弱群、选用优质饲料、消毒巢脾。对于经过换箱、换脾的蜂群，使用杀白灵、优白净、灭白垩1号等药物可获得较好的防治效果。

(5) 美洲幼虫腐臭病

美洲幼虫腐臭病的病原菌为幼虫芽孢杆菌。该病通常感染2日龄幼虫，4～5日龄幼虫发病，显著症状出现在封盖幼虫期，可导致幼虫死亡。

诊断依据主要包括子脾封盖下陷、穿孔，封盖幼虫死亡、蛹舌等特征。该病主要导致封盖后的老熟幼虫和蜂蛹死亡，子脾表面房盖下陷，呈湿润和油光状，有针头大小的穿孔。死亡幼虫最初失去丰满及珍珠色的光泽，萎缩变成浅褐色，并逐渐变成咖啡色，具有黏性，用镊子挑取时，可拉出细丝，并伴有难闻的鱼腥臭味。幼虫尸体干瘪后变成黑褐色，呈鳞片状，紧贴于巢房下侧房壁上，与老巢脾颜色相近，难以取出。若蛹期发病死亡，则在蜂蛹巢房顶部有蛹头突出（称"蛹舌现象"）。取可疑病虫尸体少许涂片镜检，发现较大数量的单个或呈链状的杆菌以及芽孢时，再进行芽孢染色法检验以确诊。

防控措施包括严格检疫，防止病原传入；患病蜂群所使用的蜂箱、蜂具、巢脾须严格消毒后方可使用，一般可用0.5%过氧乙酸或二氯异氰尿酸钠刷洗，巢脾需浸泡24h消毒。同时，未发病蜂群需喷、喂药物防治。严重患病蜂群尽量烧毁，轻度患病蜂群需换箱、换脾消毒后进行药物治疗，方能取得满意效果。

在药物治疗方面，可在1kg糖浆中加入土霉素5万国际单位、复方新诺明0.5g或红霉素5万国际单位进行饲喂或喷脾，隔日一次，每次每框蜂100g，治疗3～4次；或使用0.1%磺胺嘧啶糖浆，亦具有较好疗效。为避免抗生素污染蜂产品，治疗时间应尽量安排在早春、晚秋及非生产季节。

(6) 欧洲幼虫腐臭病

欧洲幼虫腐臭病是一种细菌性传染病，由蜂房蜜蜂球菌引起。该病在蜜蜂群体中发生较为普遍，主要影响幼虫，导致小幼虫死亡，蜜蜂群体数量减少，以及蜂产品产量降低。感染欧洲幼虫腐臭病的幼虫一般在1～2日龄时发病，经过2～3天的潜伏期，多数在3～4日龄尚未封盖时死亡。患病幼虫的尸体无黏性，具有酸臭味，干燥后变为深褐色，容易被工蜂清除，从而导致巢脾出现插花子脾的现象。

诊断欧洲幼虫腐臭病的主要依据是2～4日龄未封盖幼虫死亡。临床诊断方法为抽取2～4天的幼虫脾1～2张，如有虫卵交错、幼虫位置混乱、颜色呈黄白色或暗褐色、无黏性、易取出、背线明显、散发酸臭味等特征，即可做出初步诊断。此外，可通过革兰氏染色镜检进行微生物学诊断，若发现大量披针形，紫色，单个、成对或链状排列的球菌，即可确诊为欧洲幼虫腐臭病。

针对欧洲幼虫腐臭病的防控措施主要包括：加强饲养管理，紧缩巢脾，注意保温，培养强群；对于病情严重的蜂群，采取换箱、换脾等措施，并使用福尔马林、次氯酸钠、过氧乙酸等消毒药物进行消毒；对发病蜂群，可在糖浆中加入土霉素、链霉素或红霉素进行饲喂或喷脾，隔日一次，每次每框蜂100g，连续防治3～4次。

11.2.4.3 蜜蜂的敌害防治

(1) 蜡螟

在蜂群中，蜡螟和其幼虫（又称巢虫）是对蜂群造成常见危害的两种害虫。蜡螟的幼虫会破坏巢脾，穿蛀隧道，并对蜜蜂的幼虫和蛹造成伤害，导致"白头蛹"的现象。这种情况轻者会影响蜂群的繁殖，重者甚至可能导致蜂群飞逃。针对蜡螟的防治措施，主要是抓住其生活史的薄弱环节，有效消灭幼虫，以确保蜂群的正常繁殖。具体方法包括及时化蜡，清洁蜂箱，饲养强群，以及对不用的巢脾进行二硫化碳熏蒸并妥善保存。

(2) 胡蜂

胡蜂是蜜蜂的主要敌害之一，尤其在我国南部山区，中蜂受害最为严重，胡蜂是夏秋季山区蜂场的主要敌害。胡蜂为杂食性昆虫，主要捕食双翅目、膜翅目、直翅目、鳞翅目等昆虫。在昆虫类饲料短缺的季节，胡蜂会集中捕食蜜蜂。针对胡蜂的防治措施，主要包括摧毁养蜂场周围的胡蜂巢穴，以及对侵入蜂场的胡蜂进行拍打消灭。此外，还可捕捉侵犯养蜂场的胡蜂，将其经过敷药处理后放回巢穴，以毒杀其同伙，从而达到毁灭全巢的目的。

此外，蜜蜂的其他敌害还包括蚂蚁、蜘蛛、壁虎、蜥蜴、蟾蜍、啄木鸟、蜂虎、山雀、老鼠、刺猬、黑熊等。

【 本章小结 】

本章重点介绍了目前市场上比较具有代表性的经济昆虫——家蚕和蜜蜂的生物学特性、品种与繁育、营养与饲料、常见疾病防治等内容。旨在指导家蚕和蜜蜂的科学养殖，提升蚕茧产量与丝质，优化蜂群健康，提高蜂产品收益，为农产品创收及产业可持续发展提供科学支持。

【 复习题 】

1. 什么是滞育卵和非滞育卵？它们在发育上有什么区别？
2. 催青过程中，温度、湿度和光线对蚕卵发育的影响分别是什么？
3. 原蚕小蚕在饲育过程中需要注意哪些环境和桑叶要求？
4. 简述消毒的重要性以及不同消毒方法的优缺点。
5. 常见的家蚕病毒病有哪些？病症是什么？各有什么不同？
6. 蜂群的定义是什么？三种蜂如何在蜂群中合作分工？
7. 东、西方蜜蜂主要特点分别是什么？各有什么不同？
8. 列举本地区主要蜜源植物、粉源植物种类和分布情况。
9. 蜂产品有哪些？具体的生产步骤有哪些？
10. 蜜蜂遭受蜂螨虫危害如何诊断？有哪些防治措施？

（李涛，孙霞，张彦）

参 考 文 献

[1] 李光玉，鲍坤，张旭，等. 中国特种经济动物养殖产业发展综述 [J]. 农学学报，2018，8（1）：140-144.

[2] 任国栋，郑翠芝. 特种经济动物养殖技术 [M]. 北京：化学工业出版社，2009.

[3] 任国栋，郑翠芝. 特种经济动物养殖技术 [M]. 2版. 北京：化学工业出版社，2016.

[4] 张丽丽. 特种经济动物养殖发展前景预测分析 [J]. 中国饲料，2020（16）：146-149.

[5] 杨宗玲，姜璇，薛瑾. 特种经济动物养殖 敲开致富大门 [J]. 中国农村科技，2019（291）：54-57.

[6] 盛恒. 特种经济动物养殖的现状及存在问题 [J]. 吉林畜牧兽医，2019（4）：63，65.

[7] 熊家军. 特种经济动物生产学 [M]. 北京：科学出版社，2016.

[8] 熊家军，刘兴斌. 特种经济动物饲养与产品加工 [M]. 北京：中国农业大学出版社，2008.

[9] 李典友，高本刚. 特种经济动物疾病防治大全 [M]. 北京：化学工业出版社，2019.

[10] 罗婷匀，朱江. 特种经济动物的饲养与疾病防控 [J]. 畜牧兽医科技信息，2018（7）：150.

[11] 杨鸿雁. 2020. 特种经济动物的饲养与疾病防控 [J]. 兽医导刊，2020（1）：76，86.

[12] 崔春兰. 特种经济动物养殖与疾病防治 [M]. 北京：化学工业出版社，2014.

[13] 刘建柱，马泽芳. 特种经济动物疾病防治学 [M]. 北京：中国农业大学出版社，2014.

[14] 马美湖. 特种经济动物产品加工新技术 [M]. 2版. 北京：中国农业出版社，2008.

[15] 赵晨霞. 食品加工技术概论 [M]. 北京：中国农业出版社，2007.

[16] 马美湖. 特种经济动物产品加工新技术 [M]. 北京：中国农业大学出版社，2002.

[17] 金永国，马美湖. 特种经济动物产品加工新技术 [M]. 2版. 北京：中国农业大学出版社，2013.

[18] 王玉田. 肉制品加工技术 [M]. 北京：中国环境科学出版社，2006.

[19] 崔伏香，刘玺，朱维军. 畜肉食品加工大全 [M]. 郑州：中原农民出版社，2008.

[20] 马美湖. 毛皮特种动物深加工工艺与技术 [M]. 北京：科学技术文献出版社，2002.

[21] 赵全民，赵海平. 茸鹿提质增效养殖技术 [M]. 北京：中国科学技术出版社，2019.

[22] 赵裕芳. 茸鹿高产关键技术 [M]. 北京：中国农业出版社，2013.

[23] 周元军. 高效养蝎子 [M]. 北京：机械工业出版社，2019.

[24] 赵渤. 蝎子、蜈蚣养殖实用技术 [M]. 北京：中国农业出版社，2002.

[25] 高本刚，陈习中. 特种禽类养殖与疾病防治 [M]. 北京：化学工业出版社，2004.

[26] 李家瑞. 特种经济动物养殖 [M]. 北京：中国农业出版社，2002.

[27] 马丽娟. 特种动物生产 [M]. 北京：中国农业出版社，2006.

[28] 李忠宽. 特种经济动物养殖大全 [M]. 北京：中国农业出版社，2001.

[29] 余四九. 特种经济动物生产学 [M]. 北京：中国农业出版社，2006.

[30] 陈春良. 新编特种经济动物饲养手册 [M]. 上海：上海科学技术文献出版社，2004.

[31] 卫功庆. 特种动物养殖 [M]. 北京：高等教育出版社，2004.

[32] 王洪玉. 实用特禽养殖大全 [M]. 延吉：延边人民出版社，2003.

[33] 程德君，李焕玲，孟昭安. 珍禽养殖与疾病防治 [M]. 北京：中国农业大学出版社，2004.

[34] 马泽芳. 野生动物驯养学 [M]. 哈尔滨：东北林业大学出版社，2004.

[35] 佟煜仁，谭书岩. 狐标准化生产技术 [M]. 北京：金盾出版社，2007.

[36] 张复兴. 现代养蜂生产 [M]. 北京：中国农业大学出版社，1998.

[37] 朴厚坤. 毛皮动物饲养技术 [M]. 北京：科学出版社，1999.

[38] 黄文诚. 养蜂技术 [M]. 2版. 北京：金盾出版社，2005.

[39] 陈盛禄. 中国蜜蜂学 [M]. 北京：中国农业出版社，2001.

[40] 佟煜仁，谭书岩. 水貂标准化生产技术 [M]. 北京：金盾出版社，2007.

[41] 马丽娟. 鹿生产与疾病学 [M]. 2版. 长春：吉林科学技术出版社，2003.

［42］　卢斌山．特种经济动物养殖——以梅花鹿为例［J］．甘肃畜牧兽医，2019，49（4）：33-35，39.

［43］　单永利，张宝庆，王双同．现代养兔新技术［M］．北京：中国农业出版社，2004.

［44］　崔松元．特种药用动物养殖学［M］．北京：北京农业大学出版社，1991.

［45］　王金民．科学养蝎彩色图说［M］．北京：中国农业出版社，2003.

［46］　王宝维．特禽生产学［M］．北京：中国农业出版社，2004.

［47］　毕玉泉．蓝孔雀养殖技术要点［J］．养殖与饲料，2017（4）：37-38.

［48］　冯家新．蚕种研究文集［M］．浙江：浙江大学动物学学院特种经济动物系，2023.

［49］　张国政，李木旺，鲁成．中国养蚕学［M］．上海：上海科学技术出版社，2020.

［50］　余四九，张复兴．现代养蜂生产［M］．北京：中国农业大学出版社，1998.

［51］　曾志将．养蜂学．3版．北京：中国农业出版社，2017.

［52］　陶岳荣．獭兔的毛色类型与品种特征［J］．草食家畜，1988（2）：11-13.